工业和信息化部“十四五”规划教材

数据结构

（C语言描述）

（慕课版）

范翠香　罗作民　主　编

宋　昕　李　晔　副主编

张　彤　鲁晓锋　主　审

電子工業出版社

Publishing House of Electronics Industry

北京 · BEIJING

内 容 简 介

本书是工业和信息化部“十四五”规划教材。本书可作为中国大学 MOOC（慕课）爱课程平台、智慧树平台上由西安理工大学建设的数据结构课程的配套使用教材。为配合线上慕课的实施，本书以慕课教学推进次序为主线，将知识划分为小知识点，并配有相应的教学视频（扫描二维码观看）。

本书共 8 章。第 1 章介绍数据结构的基本概念，以及算法与评价；第 2 章介绍线性表的概念，以及两种存储方式（顺序存储和链式存储）下的运算实现；第 3 章介绍栈、队列的特点，以及不同存储方式下运算的实现；第 4 章介绍特殊矩阵、稀疏矩阵的压缩存储，广义表的概念与存储，以及串的基础知识和模式匹配算法；第 5 章介绍树与二叉树的概念、存储、运算与实现，以及哈夫曼编码；第 6 章介绍图的概念、存储、运算与实现，以及几个图的经典应用；第 7 章介绍常用的几个静态和动态查找算法；第 8 章介绍常用的几类排序算法及其性能比较。

本书可用于线上、线上线下混合及线下等多种教学模式，适合作为本科、高职高专计算机相关专业教材，也可供对数据结构有兴趣的初学者线上或线下学习使用。

图书在版编目（CIP）数据

数据结构：C 语言描述：慕课版 / 范翠香，罗作民主编. —北京：电子工业出版社，2021.7
ISBN 978-7-121-41535-7

Ⅰ. ①数…　Ⅱ. ①范…　②罗…　Ⅲ. ①数据结构－高等学校－教材　②C 语言－程序设计－高等学校－教材　Ⅳ.①TP311.12②TP312.8

中国版本图书馆 CIP 数据核字（2021）第 131256 号

责任编辑：冉　哲
印　　刷：北京盛通数码印刷有限公司
装　　订：北京盛通数码印刷有限公司
出版发行：电子工业出版社
　　　　　北京市海淀区万寿路 173 信箱　邮编　100036
开　　本：787×1 092　1/16　印张：15.25　字数：390 千字
版　　次：2021 年 7 月第 1 版
印　　次：2025 年 1 月第 5 次印刷
定　　价：48.00 元

凡所购买电子工业出版社图书有缺损问题，请向购买书店调换。若书店售缺，请与本社发行部联系，联系及邮购电话：（010）88254888，88258888。

质量投诉请发邮件至 zlts@phei.com.cn，盗版侵权举报请发邮件至 dbqq@phei.com.cn。

本书咨询方式：ran@phei.com.cn。

前　言

本书是工业和信息化部“十四五”规划教材。本书可作为中国大学MOOC（慕课）爱课程平台、智慧树平台上由西安理工大学建设的数据结构课程的配套使用教材，它适合本科、高职高专计算机相关专业在校学生和对数据结构有兴趣的初学者线上或线下学习使用。

“数据结构”是计算机科学大类中（包括所有专业方向）的一门核心专业基础课程，是计算机程序设计的重要理论和实践基础。学习本课程可为后续课程（如操作系统、数据库原理、编译原理、软件工程、图形处理等）和未来的工程实践打下良好的理论基础。

为配合线上慕课的实施，本书以慕课教学推进次序为主线，将每章每节中的知识进行合理划分，分为若干个小知识点。知识点的讲解除教材中文字描述外，还配套了相应的教学视频（扫描二维码观看），视频时长控制为3～5分钟。因此本书可用于线上、线上线下混合及线下等多种教学模式。

为落实新工科理念，培养出具有更高编程能力的人才，教材各章内容均有应用实例讲解及学科前沿综合应用案例讲解，使读者可以深入理解数据结构中的经典算法，并将其应用在实际问题的解决中。

本书特别融入了课程思政的内容，体现了立德树人的理念。

数据结构的原理与算法都比较抽象和枯燥，学习起来比较难理解。本书中对抽象的算法进行了深入浅出的描述，并以二维码的方式提供相应算法的动画演示过程，以加深读者对算法的理解，提高读者的学习兴趣。

教材中二维码对应的教学视频是对课程中的重点、难点知识的讲解。如果需要，读者可通过中国大学MOOC爱课程平台、智慧树平台加入由西安理工大学建设的数据结构课程进行学习，并观看完整的教学视频。在讨论区教师可以解答读者提出的问题。

本书共8章。第1章介绍数据结构的基本概念，以及算法与评价；第2章介绍线性表的概念，以及两种存储方式（顺序存储和链式存储）下的运算实现；第3章介绍栈、队列的特点，以及不同存储方式下运算的实现；第4章介绍特殊矩阵、稀疏矩阵的压缩存储，广义表的概念与存储，以及串的基础知识和模式匹配算法；第5章介绍树与二叉树的概念、存储、运算与实现，以及哈夫曼编码；第6章介绍图的概念、存储、运算与实现，以及几个图的经典应用；第7章介绍常用的几个静态和动态查找算法；第8章介绍常用的几类排序算法及其性能比较。

本书由西安理工大学多位有着多年丰富教学经验的教师编写完成。其中：第1、2章由罗作民编写；第3、6章由范翠香编写；第4、5章由宋昕编写；第7、8章由李晔编写；各章习题由闫晋佩编写；所有视频处理由西安理工大学现代教育技术中心杨景林完成。本书由范翠香、罗作民负责统稿，由张彤、鲁晓锋负责审稿。

本书的出版获得了西安理工大学教材建设立项支持，西安理工大学计算机科学与工程学院对本书的顺利出版给予了大力支持，西安理工大学雷西玲对教材编写提出了宝贵意见，在此一并表示衷心的感谢！

由于编者水平有限，教材中难免存在一些不足之处，恳请各位专家和广大读者批评指正。

编　者

目 录

第 1 章

绪论

数据结构（Data Structure）是计算机相关专业的一门核心专业基础课程。本课程不仅为操作系统、数据库原理、编译原理等后续专业课程打下了坚实的知识基础，也为计算机及其应用的专业人员提供了必要的技能训练，以满足国家对培养高新技术人才的需求。本章简要介绍数据结构的概念、算法与算法分析的相关知识。

1.1 数据结构的概念

数据结构主要研究各种数据逻辑结构、数据存储结构、数据运算及其实现。为此，首先要理解数据逻辑结构、数据存储结构及算法等概念。

1.1.1 数据结构的研究方向

利用计算机解决一个实际问题时，首先要从具体问题中抽象（概括）出一个适当的数学模型，然后对此数学模型设计出一种计算方法（算法），再根据该计算方法利用某种计算机语言进行编程，最后进行上机调试直至得出最终结果。这个过程如图 1-1 所示。

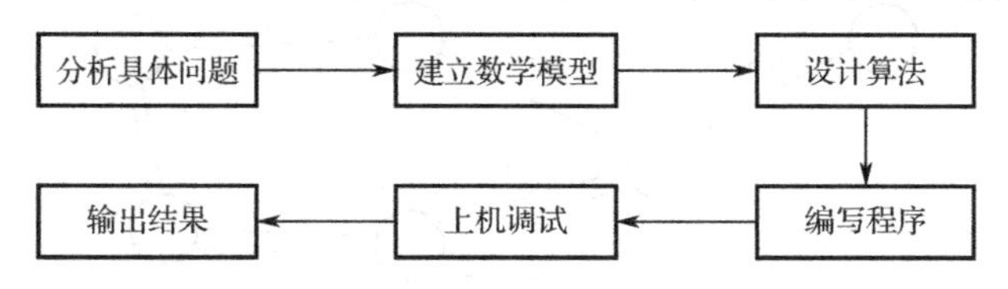

图 1-1 计算机解决具体问题的过程

建立数学模型的实质是分析问题，从中提取操作的对象，并找出这些操作对象之间的关系，然后用数学语言加以描述。如果这些操作对象之间的关系（数据之间的关系）能用数学方程加以描述，这类问题就称为数值计算问题。如果这些操作对象之间的关系不能用数学方程加以描述，这类问题就称为非数值计算问题。

例如，学生信息查询问题，要在计算机中查询学生信息，首先要在计算机中保存学生信息，而学生信息之间的关系显然不能用数学公式、方程、方程组等来描述，因此，这是一个非数值计算问题。通常，用表来保存学生信息及它们之间的关系，如表 1-1 所示，表中的一行就是一个学生的信息。

表 1-1　某高校学生信息表

学　号	姓　名	性　别	专业班级	联系方式
1701001	张三	男	数学 171 班	18611111111
1602058	李四	女	物理 162 班	13733333333
1705069	王五	男	计算机 172 班	13922222222
……	……	……	……	……

又如，行政管理系统，如图 1-2（a）所示，这些管理部门之间的关系同样不能用数学公式、方程、方程组等来描述，因此该问题也是非数值计算问题。这些管理部门之间的关系是一对多的关系，呈现出明显的层次关系，可用如图 1-2（b）所示的树来表示。

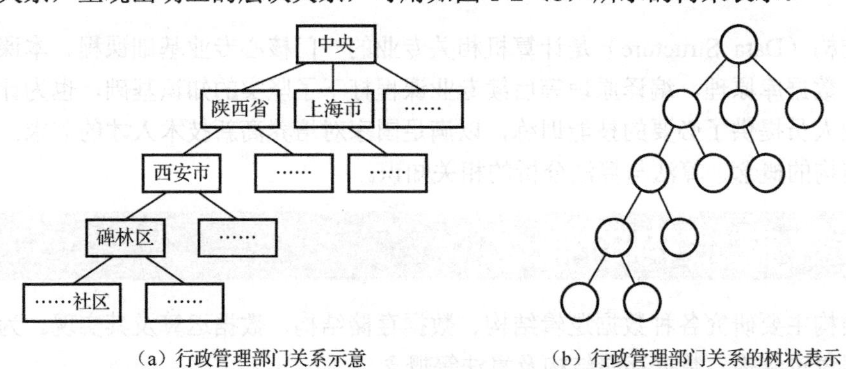

（a）行政管理部门关系示意　　（b）行政管理部门关系的树状表示

图 1-2　行政管理系统

再如，城市间最短路径问题，城市之间的交通关系也不能用数学公式、方程、方程组等来描述。通常，用图来描述城市及其之间的关系。如图 1-3 所示描述的就是几个城市间的交通关系，基于该图可以确定两个城市之间的最短路径。

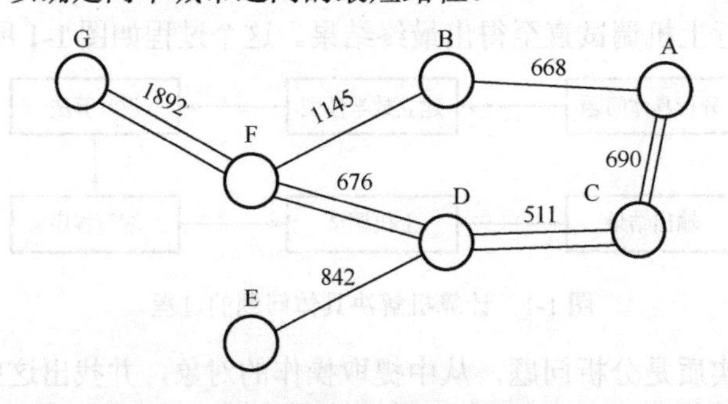

图 1-3　城市间最短路径问题（单位：km）

由以上三个实例可以看出，现实世界有许多问题的数学模型都不能用数学方程来描述，要用诸如表、树、图之类的数据结构来表示。

数据结构研究的就是这些数学模型不是数学方程的非数值计算的程序设计问题中所出现的计算机操作对象（数据）及它们之间的关系和操作。

1.1.2 数据结构的基本术语

1. 数据

数据是描述客观事物的数值、字符及所有能输入计算机中并被计算机程序所处理的符号的集合。

2. 数据元素

数据元素是数据处理的基本单位，是数据集合中的个体，在计算机中通常作为一个整体进行考虑和处理。

数据是由一组或几组性质相同的数据元素构成的。

3. 数据项

数据项用来描述数据元素的属性和特征。一个数据元素由若干个数据项组成，数据项是数据元素中不可分割的最小单位。

4. 数据对象

数据对象是性质相同的数据元素的集合，它是数据的子集。例如，整数数据对象是集合 $N=\{0,\pm1,\pm2,\cdots\}$，而大写字母字符数据对象是集合 $C=\{'A','B',\cdots,'Z'\}$。

图 1-4 所示的表格是一个班学生信息的集合。这个集合就是一个数据对象；其中一行为一个数据元素，该集合共有 33 个数据元素。而每个数据元素均有 6 个数据项（域），即学号、姓名、性别、籍贯、民族和专业。

	数据项1	数据项2	数据项3	数据项4	数据项5	数据项6	
	学号	姓名	性别	籍贯	民族	专业	
数据对象	98001	王立	男	河北	汉	计算机	数据元素1
	98002	李立	男	山西	汉	自动化	数据元素2
	98003	张颖	女	陕西	回	电信	数据元素3
	……	……	……	……	……	……	……
	980033	杨越	男	陕西	汉	通信	数据元素33

图 1-4 数据元素、数据项、数据对象在学生信息表中的体现

5. 数据结构

结构是指事物之间的相互联系或约束。数据结构就是相互之间存在着某种特定关系的数据元素的集合。因此，数据结构有两个要素：一个是数据元素的集合，另一个是关系的集合。

6. 数据结构研究的三方面内容

数据结构研究的三方面内容：数据的逻辑结构、数据的存储结构及数据的运算。

（1）数据的逻辑结构

数据的逻辑结构是指数据元素之间逻辑上的关系，它可以被看作从具体问题抽象出来的

数学模型，它不考虑数据在计算机中的具体存储形式，即它独立于计算机。

根据数据逻辑关系的不同特性将逻辑结构划分为以下4种类型。

① 集合结构：数据元素之间除属于同一集合外，没有其他任何关系，如图1-5（a）所示。

② 线性结构：数据元素之间存在一对一的关系，除第一个元素没有直接前驱，最后一个元素没有直接后继外，其余每个元素都有且仅有一个直接前驱，有且仅有一个直接后继，如图1-5（b）所示。

③ 树状结构：数据元素之间存在一对多的关系，呈现出自然界中倒立的树的形状，除一个元素没有直接前驱外，其余元素均有唯一的直接前驱，而每个元素可以有0个或多个直接后继，如图1-5（c）所示。

④ 图结构：数据元素之间存在多对多的关系，即每个元素都可以有多个直接前驱和多个直接后继，如图1-5（d）所示。

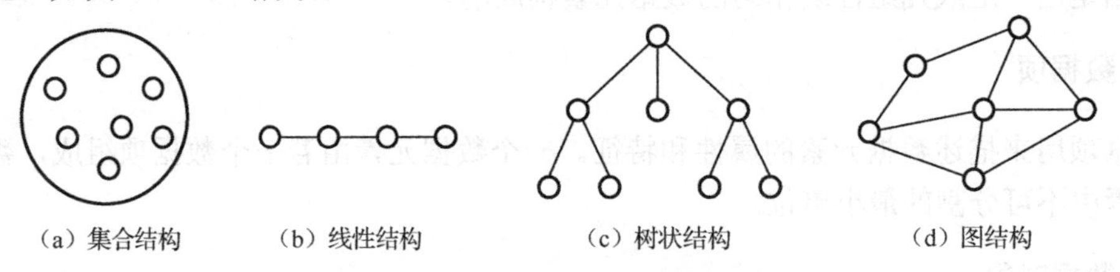

图1-5　数据的4种基本逻辑结构

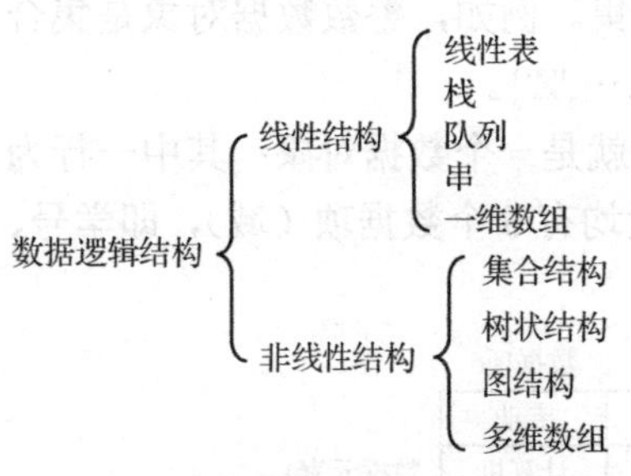

图1-6　数据逻辑结构的分类

依据数据元素之间关系的不同，数据逻辑结构又分为线性结构和非线性结构两大类。其中，线性结构是指数据元素能按某种顺序排列在一个序列中，包括线性表、栈、队列、串和一维数组等。非线性结构指各个数据元素不能保持在一个线性序列中，每个元素可能与0个或多个其他元素发生联系，包括集合结构、树状结构、图结构和多维数组等。数据逻辑结构的分类如图1-6所示。

（2）数据的存储结构

数据的存储结构也称为数据的物理结构，是指数据的逻辑结构（数学模型）在计算机中的存储表示，它既要存储数据元素本身，也要存储数据元素之间的关系。

实际应用中，数据的存储可有多种方式，常见的有以下4种存储结构。

① 顺序存储结构：把逻辑上相邻的数据元素存储在物理位置相邻的存储单元中，数据元素之间的逻辑关系由存储单元的邻接位置关系来体现；在程序中通常采用一维数组来实现。

② 链式存储结构：逻辑上相邻的数据元素其物理位置并不要求相邻，通常用附加在元素中的指针来表示出数据元素之间的逻辑关系。

③ 索引存储结构：在存储所有数据元素信息的同时按关键字建立辅助索引表，通过索引表查找数据元素的存储位置。

④ 散列存储结构：根据数据元素的关键字利用某个散列函数直接计算出数据元素的存储位置。

根据运算的方便性及算法的时间、空间要求，同一种逻辑结构可采用上述单一的存储结构或者它们的组合。

（3）数据的运算

数据的运算是施加在逻辑结构上的一组操作的总称。运算的定义直接依赖于逻辑结构，但运算的实现必须依赖于存储结构，即在逻辑结构上定义运算，在存储结构上实现运算。

基本运算通常包括插入、删除、修改、查找、排序等。

1.1.3　数据类型与抽象数据类型

数据类型是一个数据元素的集合和定义在这个集合上的一组运算的总称。例如，C 语言中整数（int 型，占 4 字节）的取值范围为-2^{31}～$2^{31}-1$（-2147483648～2147483647），其运算有加、减、乘、除、求余等。

抽象数据类型（Abstract Data Type，ADT）是指一个数学模型及定义在该模型上的一组运算。数学模型包括数据对象及数据元素间的关系，所以抽象数据类型的定义要从数据对象、数据元素间关系及运算三方面说明。抽象数据类型定义中仅指定逻辑特性而不指定具体的实现细节，这样更容易描述现实世界。

例如，复数的抽象数据类型定义如下：

```
ADT  Complex
{  数据对象：D={real, image | real∈实数, image∈实数}
   数据关系：R={<real,image> | real 是复数的实部，image 为复数的虚部}
   基本运算：
      InitComplex(&c)          //构造一个复数 c
      GetReal(c,&real)         //复数 c 存在时，通过 real 返回 c 的实部
      GetImage(c,&image)       //复数 c 存在时，通过 image 返回 c 的虚部
      OutputComplex(c)         //复数 c 存在时，输出 c 的值
      Add(c1,c2,&c)            //复数 c1 和 c2 存在时，通过 c 返回 c1 与 c2 的和
      Sub(c1,c2,&c)            //复数 c1 和 c2 存在时，通过 c 返回 c1 与 c2 的差
      Mul(c1,c2,&c)            //复数 c1 和 c2 存在时，通过 c 返回 c1 与 c2 的乘积
      Div(c1,c2,&c)            //复数 c1 和 c2 存在时，通过 c 返回 c1 除以 c2 的商
}
```

1.2　算法与算法评价

数据的运算过程是通过算法来描述的。算法与数据结构密不可分，算法设计一定要基于确定的数据结构，因此在讨论某一种数据存储结构时必然会考虑算法的实现及算法的效率。

1.2.1　算法的概念与描述

1．算法的概念

算法是对特定问题求解步骤的一种描述，是若干条指令组成的有限序列。

2．算法的特点

算法具有以下 5 个特点。

① 输入性：有 0 个或多个输入。

② 输出性：有一个或多个输出（处理结果）。

③ 确定性：每步的含义都是确切、无歧义的。

④ 有穷性：算法应在执行有穷步后结束，整个指令序列在有限的时间内完成。

⑤ 可行性：算法中的每个步骤都可通过执行有限次基本操作实现。

3．评价算法的性能指标

评价一个算法的优劣有以下 5 个性能指标。

① 正确性：这是对算法的最基本要求。

② 可读性：算法的描述要清晰且易于理解。

③ 健壮性：对于一些非法数据或边界数据都能正确处理。

④ 高效性：算法的运行时间尽可能短。

⑤ 低存储性：算法的实现应尽可能占用少的存储空间。

4．算法与程序的区别

算法与程序至少有以下区别：

① 算法满足有穷性，程序不一定满足有穷性。以操作系统为例，只要不关机、不断电，操作系统就一直处于执行状态，因此，操作系统不具有有穷性，它不是一个算法而只是一个程序。

② 程序中的每条语句必须是计算机能识别并可执行的，而对算法描述的步骤并没有这个要求。

③ 算法代表了对问题的解决过程的步骤描述，而程序则是算法在计算机上的特定实现。

5．算法的描述

主要的算法描述方法有以下 4 种。

（1）自然语言

即用自然语言（汉语、英语等）描述算法。

缺点：

① 容易产生歧义，往往要根据上下文才能判别其确切含义；

② 描述较长，尤其是描述包含选择和循环的算法时，不太方便。

（2）流程图

① 传统流程图

传统流程图常用符号如图 1-7 所示。

传统流程图的优点：直观形象，各种操作一目了然，不会产生歧义，便于理解，算法出错时容易发现，并可以直接转化为程序。

传统流程图的缺点：对流程线的使用没有规范，使算法的流程描述具有随意性，影响了对算法的正确理解和算法的修改与优化。同时，如果算法复杂，传统流程图的篇幅也会很大，描述很不方便。

计算一个学生的总评成绩并判断是否及格的传统流程图如图 1-8 所示。

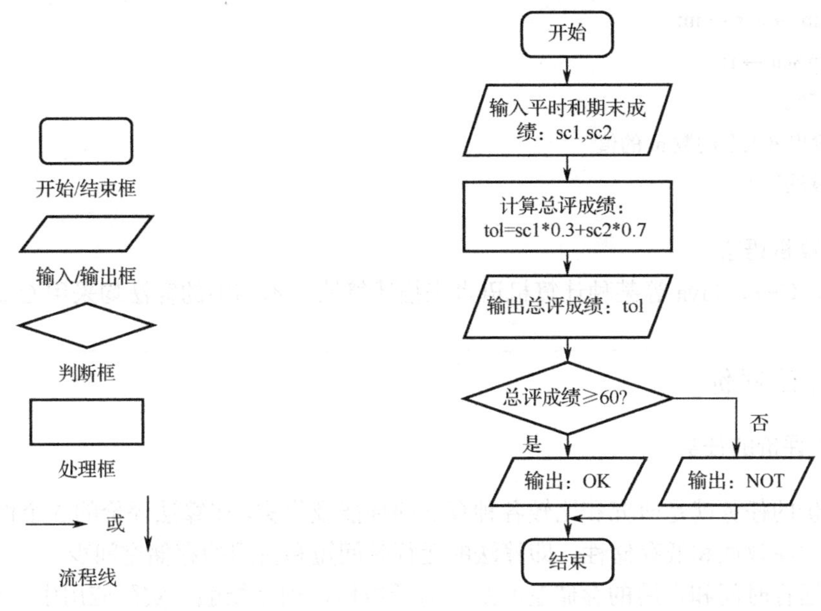

图 1-7 传统流程图常用符号

图 1-8 学生成绩处理的传统流程图

② N-S 结构化流程图

N-S 结构化流程图常用符号如图 1-9 所示。计算一个学生的总评成绩并判断是否及格的 N-S 结构化流程图如图 1-10 所示。

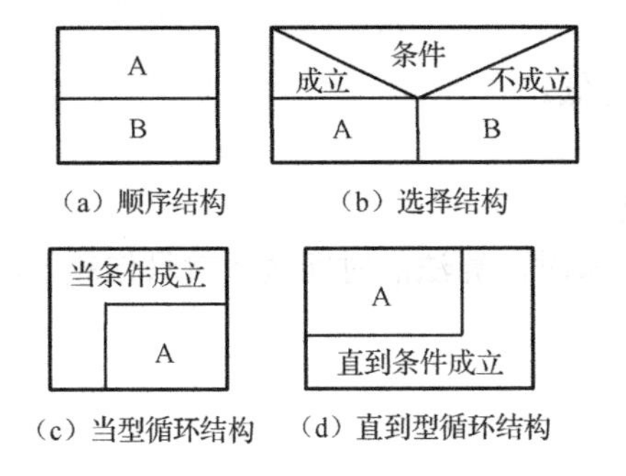

图 1-9 N-S 结构化流程图常用符号

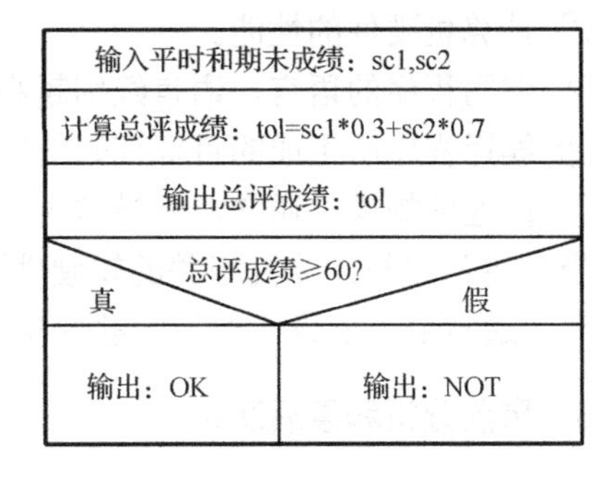

图 1-10 学生成绩处理的 N-S 结构化流程图

N-S 结构化流程图的优点：比传统流程图更紧凑、易画，尤其是它废除了流程线，整个算法结构是由各个基本结构按顺序组成的，执行顺序从上到下。

（3）伪码语言（也称类语言）

伪码语言介于计算机高级语言和自然语言之间，可以用自然语言、数学语言及计算机语言等混合表示算法，只要能清晰地把意思表达明白即可。

例如，用辗转相除法求两个整数的最大公约数，伪码语言描述如下：

```
int GCD(整数 n,整数 m)
if n>m
```

```
    n ↔ m
    n%m → r;
L: if   r=0 时,转 E;
      m → n, r → m;
      n%m → r;
      转 L;
E: 输出最大公约数 m 的值;
    算法结束
```

（4）计算机语言

即用 C、C++、Java 等某种计算机语言来描述算法。本书中的算法均采用 C 语言描述。

1.2.2 算法评价

1. 算法评价的任务

算法评价的任务就是研究和比较各种算法的性能及优劣，在算法评价的 5 个性能指标中，通常主要考虑高效性和低存储性，即算法的运行时间短和占用的存储空间少。

通常，运行时间和占用的存储空间是一对矛盾体，相互抵触。实际应用中，对算法的优劣评价会更注重算法的运行时间，因此这里主要讨论算法的时间特性。

2. 影响算法运行时间的因素

一个算法转换成程序在计算机中运行后，其运行时间取决于下列因素：

① 计算机硬件的性能。

② 编写程序的语言。语言级别越高，运行效率越低。

③ 编译程序所生成的目标代码的质量。

④ 问题的规模。通常，规模越大，所用时间越长。

当上述各种与计算机相关的软硬件因素都确定下来时，算法的时间效率就只依赖于问题的规模（通常用正整数 n 表示问题规模）了。

3. 事前分析和事后测试

算法的效率分析可分为事前分析和事后测试两种。事前分析是指确定该算法的一个时间和空间界限函数，主要通过算法的时间复杂度和空间复杂度来进行。事后测试则是指收集算法的运行时间和实际占用存储空间的统计资料。本书采用事前分析方法进行效率分析。

4. 算法运行时间及语句频度

一个算法是由控制结构（顺序、选择和循环）和原操作（基本类型的操作）组成的。控制结构只控制原操作的执行流程和次数；算法中原操作的执行次数越少，算法运行时间也就相对较短。因此：

算法运行时间=算法中每条语句执行时间之和

单条语句执行总时间=该语句重复执行的次数（语句频度）×该语句执行一次所需的时间

语句执行一次所需的时间取决于计算机系统的硬件性能、指令性能和编译所产生的代码质量等诸多因素，故同一条语句在不同机器上执行，其执行时间并不一定相同。

将一条原操作的执行次数称为该操作的频度，也称语句频度。一个算法的运行时间就可以用该算法中所有原操作的语句频度之和来衡量。

【例 1-1】 下列代码的功能是求两个 n 阶方阵的乘积，请给出该段代码的语句频度。

```
//n 为方阵的阶数
void  MatrixMultiply(int  A[n][n], int  B[n][n], int  C[n][n])
{  int  i, j, k;
   for (int  i = 0; i < n; i++)                    //频度为 n+1
         for(int  j=0; j < n; j++)                 //频度为 n*(n+1)
         {   C[i][j] = 0;                          //频度为 n*n
              for(int  k=0; k < n; k++)            //频度为 n*n*(n+1)
                  C[i][j]=C[i][j]+A[i][k]*B[k][j]; //频度为 n*n*n
         }
}
```

在上述代码中，涉及的原操作类型有循环条件的判断、赋值语句（这里不考虑变量定义语句），共有 5 个原操作语句，其频度分别标在每条语句之后。

所有语句的频度之和为 $2n^3+3n^2+2n+1$。

5．时间复杂度的概念

一般，算法中基本操作重复执行的次数是问题规模 n 的某个函数，用 $T(n)$表示。对于某个辅助函数 $f(n)$（注：$f(n)$是正整数 n 的函数），若存在一个正的常数 M，使

$$\lim_{n\to\infty}\frac{T(n)}{f(n)}=M$$

则称 $f(n)$是 $T(n)$的同数量级函数，记为 $T(n)=O(f(n))$，称 $O(f(n))$为算法的时间复杂度。

例 1-1 代码中所有语句的频度之和为 $T(n)=2n^3+3n^2+2n+1$，可以找到辅助函数 $f(n)=n^3$，使

$$\lim_{n\to\infty}\frac{T(n)}{f(n)}=2$$

所以，例 1-1 代码的时间复杂度为 $T(n)=O(n^3)$。

6．时间复杂度的计算

时间复杂度的计算主要考虑基本运算（原操作）的次数，而基本运算通常指加、减、比较、赋值等。

在一个算法中若有两部分，其时间复杂度分别为：$T_1(n)= O(f(n))$和 $T_2(n)=O(g(n))$，则在 O 下的求解规则如下：

求和法则 $T_1(n)+T_2(n)=O(\max(f(n),g(n)))$

乘法法则 $T_1(n)\times T_2(n)=O(f(n)g(n))$

关于时间复杂度的计算还有如下法则：

① 执行一条读写或赋值语句所用的时间为 $O(1)$。

② 依次执行一系列语句所有的时间采用求和法则。

③ if 语句的执行时间决定于 then 子句、else 子句耗时较多的部分，同时要考虑检测条件的耗时 $O(1)$。

④ 对循环语句，其运行时间为每次执行循环体的时间及循环检测条件的时间。

7．时间复杂度计算举例

【例 1-2】 分析下列代码的时间复杂度。

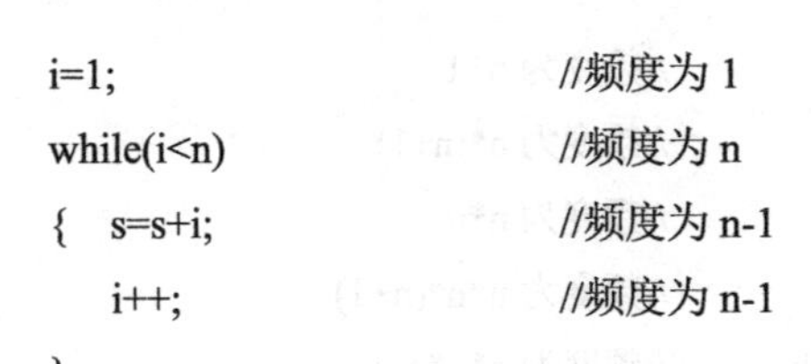

```
i=1;                    //频度为 1
while(i<n)              //频度为 n
{   s=s+i;              //频度为 n-1
    i++;                //频度为 n-1
}
```

经过分析，在上述代码的各语句之后标出了其频度。所有语句的频度之和为 $T(n)=1+n+(n-1)+(n-1)=3n-1$。因此，可以确定辅助函数 $f(n)=n$，使

$$\lim_{n\to\infty}\frac{T(n)}{n}=\lim_{n\to\infty}\frac{3n-1}{n}=3$$

因此上述代码的时间复杂度为 $O(n)$。

通常，算法的时间复杂度取决于算法中最深层循环体内的基本操作。

【例 1-3】 下列代码完成计算 $s=1+2+3+\cdots+n$，试分析该算法的时间复杂度。

```
int  sum(int  n)
{  int  i=1,s=0;
   while(i<=n)
   {  s=s+i;
      i++;
   }
   return  s;
}
```

分析可知，上述代码中有一个循环体，因此起决定作用的就是该循环体的执行次数。该循环体中包含两条语句，每条语句的频度为 n，故算法的语句频度近似为 $2n$，所以，该算法的时间复杂度为 $O(n)$。

【例 1-4】 分析以下代码的时间复杂度。

```
for(i=1;i<=n;i++)                //频度为 n+1
  for(j=1;j<=n;j++)              //频度为 n*(n+1)
     x=x+1;                      //频度为 n*n
```

在上述代码的各语句之后标出了其频度。所有语句的频度之和为 $T(n)=(n+1)+n(n+1)+n^2=2n^2+2n+1$，可确定辅助函数 $f(n)=n^2$，满足：

$$\lim_{n\to\infty}\frac{T(n)}{n^2}=\lim_{n\to\infty}\frac{2n^2+2n+1}{n^2}=2$$

所以，该算法的时间复杂度为 $O(n^2)$。

【例 1-5】 下列代码的功能为完成交换 x 和 y 的值，计算其时间复杂度。

```
temp=x;
x=y;
y=temp;
```

其中三条语句是基本语句，各执行一次，因此其语句频度为 3。确定辅助函数 $f(n)=1$，故该上述代码的时间复杂度为 $T(n)=O(1)$。

【例 1-6】 分析以下代码的时间复杂度。

```
for(i=1; i<=n; i++)
    for(j =1; j <=i; j++)
        x=x+1;
```

分析可知，这是一个双重循环，其最深层循环体内的语句为“x=x+1;”，它的执行次数起决定性作用，其频度为 $\sum_{i=1}^{n}\sum_{j=1}^{i}1=1+2+\cdots+n=\frac{n(n+1)}{2}$。

确定辅助函数 $f(n)=n^2$，所以，该算法的时间复杂度为 $O(n^2)$。

常见的时间复杂度级别有：

$$O(1)< O(\log_2 n)< O(n)< O(n\log_2 n)< O(n^2)< O(n^3)< O(2^n)$$

当 n 很大时，指数时间算法和多项式时间算法在所需的时间上相差得非常悬殊。算法优化的主要目的就是降低算法时间复杂度的级别。

在某些情况下，算法中基本操作重复执行的次数还随问题的输入数据集不同而不同。通常，要考虑算法平均时间复杂度或者算法在最坏情况下的时间复杂度。如果没有特殊说明，通常都是确定其最坏情况下的时间复杂度。

【例 1-7】 以下是冒泡排序算法描述，试分析其时间复杂度。

```
void   BubbleSort(int   a[],int   n)
{   int   i,j,t ;
    swap=1;
    for(i=0;i<n-1&&swap;i++)
    {   swap=0;
        for(j=0;j<n-1-i;j++)
          if (a[j]>a[j+1])
          {   t=a[j]; a[j]=a[j+1];a[i+1]=t;        //基本操作
              swap=1;
```

```
            }
        }
    }
```

该算法在最好情况（待排序序列已排好顺序时）下的元素交换次数为 0，在最坏情况（待排序序列逆序时）下的元素交换次数达到 $n(n-1)/2$ 次，平均时间复杂度为 $O(n^2)$。

8．空间复杂度

空间复杂度是指程序运行从开始到结束所需的存储空间大小。程序运行所需的存储空间包括以下两部分。

① 固定部分：程序代码所占的存储空间，如常数、简单变量、定长成分（如数组元素、结构成分、对象的数据成员等）变量所占的存储空间。

② 可变部分：规模与实例特性有关的成分变量所占的存储空间、引用变量所占的存储空间、递归栈所用的存储空间、通过 malloc 和 free 命令动态使用的存储空间。

同一问题的不同算法的空间复杂度衡量通常考虑可变部分的大小。

如果所占存储空间的大小依赖于特定的输入，则除特别指明外，均按最坏情况分析。

1.3　本章小结

本章介绍了数据结构的研究方向、数据结构的基本概念和术语、算法的概念与描述，以及算法分析的相关知识。通过本章的学习，希望读者能够知晓数据结构研究的是非数值计算问题，明白数据结构研究内容包括数据的逻辑结构和数据的存储结构及数据的运算，清晰数据的 4 种基本逻辑结构和 4 种基本存储结构，了解抽象数据类型的概念，理解算法与程序的区别，掌握算法时间性能分析的方法。

习题 1

一、客观习题

1．研究数据结构就是研究（　　）。

A．数据的逻辑结构

B．数据的存储结构

C．数据的逻辑结构和存储结构

D．数据的逻辑结构、存储结构及其数据在运算上的实现

2．以下说法正确的是（　　）。

A．数据元素是数据的最小单元

B．数据项是数据的基本单位

C．数据结构是带有结构的各数据项的集合

D．一些表面上很不相同的数据可以有相同的逻辑结构

3．在计算机中算法指的是解决某一问题的有限运算序列，它必须具备输入、输出、（　　）。

A．可行性、可移植性和可扩充性　　　　B．可行性、有穷性和确定性

C．确定性、有穷性和稳定性 D．易读性、稳定性和确定性

4．某算法的时间复杂度为$O(n^2)$，表明该算法的（ ）。

A．问题规模是n^2 B．执行时间为n^2

C．执行时间与n^2成正比 D．问题规模与n^2成正比

5．比较一个问题不同的算法的空间复杂度时主要度量（ ）。

A．算法中输入数据所占用的存储空间的大小

B．算法本身所占用的存储空间的大小

C．算法中占用的所有存储空间的大小

D．算法中需要的临时变量所占用的存储空间的大小

6．通常要求同一逻辑结构中的所有数据元素具有相同的特性，这意味着（ ）。

A．数据具有同一特点

B．不仅数据元素所包含的数据项的个数要相同，而且对应数据项的类型要一致

C．每个数据元素都一样

D．数据元素所包含的数据项的个数要相等

7．算法是（ ）。

A．计算机程序 B．解决问题的计算方法

C．排序算法 D．解决问题的有限运算序列

8．通常从正确性、易读性、健壮性、高效性等方面评价算法的质量，以下解释错误的是（ ）。

A．正确性是指算法应能正确地实现预定的功能

B．易读性是指算法应易于阅读和理解，以便调试、修改和扩充

C．健壮性是指当环境发生变化时，算法能适当地做出反应或进行处理，不会产生不需要的运行结果

D．高效性是指算法要达到所需的时间性能

9．设n是描述问题规模的非负整数，下面程序段的时间复杂度是（ ）。

```
x=2;
while(x<n/2)
  x=2*x;
```

A．$O(\log_2 n)$ B．$O(n)$ C．$O(n\log_2 n)$ D．$O(n^2)$

10．下面程序段的时间复杂度是（ ）。

```
count=0;
for(k=1;k<=n;k*=2)
  for(j=1;j<=n;j++)
    count++;
```

A．$O(\log_2 n)$ B．$O(n)$ C．$O(n\log_2 n)$ D．$O(n^2)$

11．以下程序段中语句“m++;”的频度是（ ）。

```
int  m=0,i,j;
for(i=1;i<=n;i++)
```

```
for(j=1;j<=2*i;j++)
    m++;
```

A. $n(n+1)$　　B. n　　C. $n+1$　　D. n^2

12．数据在计算机内有链式和顺序两种存储方式，在存储空间使用的灵活性上，链式存储比顺序存储要（　　）。

A. 低　　B. 高　　C. 相同　　D. 不确定

二、简答题

1．请分别解释什么是存储实现和运算实现。

2．算法的时间复杂度反映的是算法的绝对执行时间吗？两个时间复杂度都为 $O(n^2)$的算法，对于相同的问题规模 n，它们的绝对执行时间是否一定相同？请说明原因。

3．简述 4 种逻辑结构中的数据元素之间的关系。

4．存储结构是由几种基本的存储方式实现的？请分别进行解释。

5．分析以下算法的时间复杂度。

（1）
```
x=90;
y=100;
while(y>0)
    if(x>100)
      {  x=x-10;
         y--;}
    else x++;
```

（2）
```
s=0;
for(i=0; i<n; i++)
        for(j=0; j<n; j++)
              s+=B[i][j];
sum=s;
```

（3）
```
x=0;
for(i=1; i<n; i++)
        for(j=1; j<=n-i; j++)
               x++;
```

（4）
```
y=0;
while((y+1)* (y+1)<=n)
       y=y+1;
```

三、算法设计题

描述集合的抽象数据类型 ADT Set，其中所有元素均为正整数，请设计集合的顺序存储类型，完成以下要求：

（1）由整数数组 a[0..n-1]创建一个集合；

（2）输出一个集合的所有元素；

（3）判断一个元素是否在一个集合中。

第 2 章 线性表

线性表（Linear List）是最为常见、最基础的一种逻辑结构。线性表主要有两种存储结构：顺序存储和链式存储。线性表的基本运算是插入、删除和查找等。最基础的往往就是最重要的，就像我们国家重视基础设施建设一样，只有把基础搞好了，才能走得更远、发展得更好。

2.1 线性表的概念

2.1.1 线性表的定义与特点

1. 线性表的定义

线性表是具有相同数据类型的 n（$n \geq 0$）个数据元素（简称元素）的有限序列，其元素之间的关系是一对一的关系，即除第一个元素外，其他每个元素有且仅有一个直接前驱，除最后一个元素外，其他每个元素有且仅有一个直接后继。

2. 线性表的特点

设 $L=(a_1,a_2,\cdots,a_{i-1},a_i,a_{i+1},\cdots,a_n)$是一个线性表，其具有以下特点。

（1）同一性

线性表中元素的数据类型并没有限制，但同一个线性表中所有元素的数据类型必须相同。

（2）有序性

线性表中的元素是有序的，如线性表中相邻的三个元素 a_{i-1}、a_i 和 a_{i+1}，称 a_{i-1} 是 a_i 的直接前驱（元素），a_{i+1} 是 a_i 的直接后继（元素）。在线性表中，除第一个元素和最后一个元素外，其他元素都有且仅有一个直接前驱，有且仅有一个直接后继。a_i 是线性表的第 i 个元素，称 i 为元素 a_i 的序号。每个元素在线性表中的位置仅取决于它的序号。

（3）有限性

线性表是由有限个元素组成的，线性表中元素的个数 n 称为线性表的长度，当 $n=0$ 时，线性表称为空表。

例如，数列（11,19,21,17,13,15）是一个由 6 个整数组成的线性表，而（'A','B','C','D','E',…,'Z'）则是一个由 26 个大写英文字母组成的线性表。

又如，某单位的电话号码簿：

蔡颖	63214444
陈红	63217777
刘建平	63216666
王小林	63218888
⋮	⋮

则是一个由若干个职工及其电话号码信息组成的线性表。

2.1.2 线性表的基本运算

一个数据结构的基本运算是其他运算的基础，其他较复杂的运算可以利用这些基本运算来实现。

线性表的基本运算如下。

（1）线性表初始化：Init_List(L)

结果是构造一个空的线性表 L。

（2）求线性表的长度：Length_List(L)

结果是返回线性表 L 中所含元素的个数。

（3）取表元：Get_List(L,i)

结果是返回线性表 L 中第 i 个元素的值或地址。

（4）按值查找：Locate_List(L,x)

结果是在表 L 中查找值为 x 的数据元素。若查找成功，则返回在 L 中首次出现的值为 x 的元素的序号或地址；若查找失败，则返回一个特殊值。

（5）插入运算：Insert_List(L,i,x)

若线性表 L 存在且插入位置 $1 \leqslant i \leqslant n+1$（$n$ 为插入前的表长），结果是在线性表 L 的第 i 个位置上插入一个值为 x 的新元素，且新表长=原表长+1。

（6）删除运算：Delete_List(L,i)

若线性表 L 存在且删除位置 $1 \leqslant i \leqslant n$（$n$ 为插入前的表长）时，运算结果是在线性表 L 中删除序号为 i 的数据元素，新表长=原表长−1。

上述列出的基本运算并不是定义在线性表上的全部运算，并且运算中的线性表 L 仅仅是一个抽象的逻辑结构层面的线性表，尚未涉及它的存储结构，因此，这些运算还不能用程序设计语言写出具体的算法实现，只有在存储结构确立之后才能实现。也就是说，基本运算的实现取决于采用什么存储结构，存储结构不同，同一种运算（如插入、删除等）的算法实现也不同。

2.1.3 线性表的抽象数据类型定义

抽象数据类型的定义包括三个方面的内容：数据对象、元素间的关系及定义在数据对象上的运算集。线性表的抽象数据类型（ADT）定义为：

```
ADT  线性表
{  数据对象：
```

同一数据类型的元素有限集合

元素之间关系：

第一个元素无直接前驱，最后一个元素无直接后继，其余每个元素有唯一的前驱和唯一的后继

运算集：

插入、删除、查找等

}

2.2 线性表的顺序存储

2.2.1 线性表的顺序存储及其特点

1. 线性表的顺序存储

线性表的顺序存储是指在内存中用地址连续的一块存储空间对线性表中的各元素按其逻辑顺序依次存放。

用顺序存储形式存储的线性表称为顺序表。

2. 线性表顺序存储的特点

设有线性表 $L=(a_1,a_2,\cdots,a_{i-1},a_i,a_{i+1},\cdots,a_n)$，若 a_1 的地址为 $\mathrm{Loc}(a_1)$，d 为每个元素占用的存储单元数，则第 i（$1\leqslant i\leqslant n$）个元素的地址为：$\mathrm{Loc}(a_i)=\mathrm{Loc}(a_1)+(i-1)d$，如图 2-1 所示。

所以，线性表的顺序存储具有逻辑上相邻的两个元素其存储位置也相邻的特点。

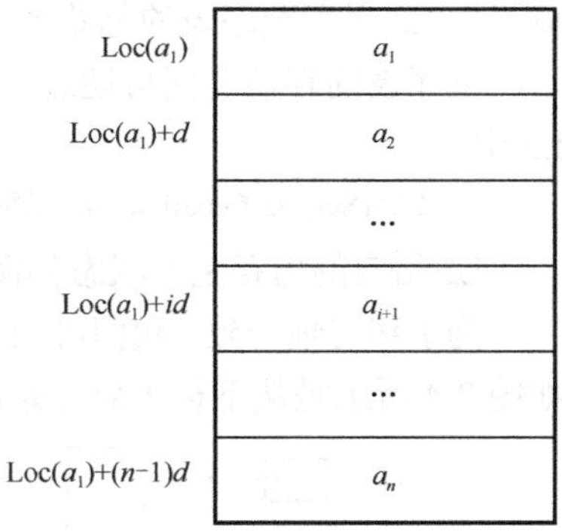

地址	元素
$\mathrm{Loc}(a_1)$	a_1
$\mathrm{Loc}(a_1)+d$	a_2
	…
$\mathrm{Loc}(a_1)+id$	a_{i+1}
	…
$\mathrm{Loc}(a_1)+(n-1)d$	a_n

图 2-1 顺序表存储结构示意图

2.2.2 顺序表基本运算的实现

1. 顺序表类型定义

```
#define  MAXSIZE  100           //顺序表可存储的最大元素个数
typedef  struct
{  DataType  data[MAXSIZE];     //DataType 为数据元素的抽象类型名，对于实际问题需要具体化
   int  len;                    //顺序表的表长
}SeqList;
```

对于一个线性表 $L=(a_1,a_2,\cdots,a_n)$，可用顺序表变量 L1 存储它，变量 L1 可用如下语句进行定义：

```
SeqList  L1;
```

则 L1 在内存中的状态如图 2-2 所示。

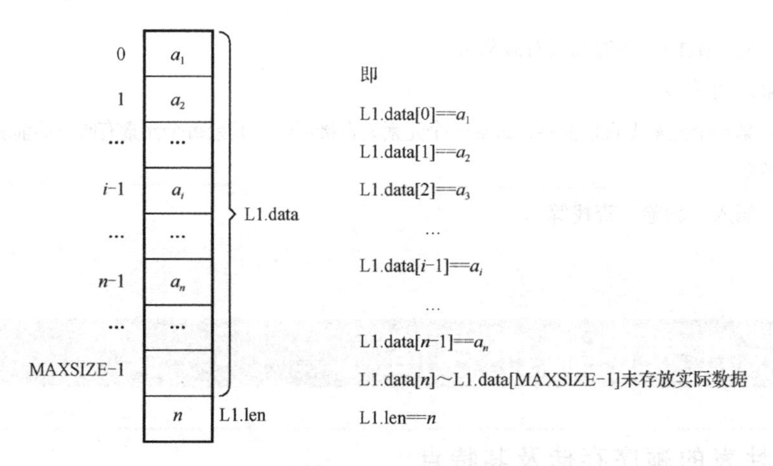

图 2-2　线性表 L 在内存中的存储状态

为了运算方便，我们可用“SeqList　*L2;”定义一个 SeqList 类型的指针变量 L2，这样就可用 L2 保存顺序表的起始地址。

顺序表的存储空间可通过下列语句动态获得，并将这块空间的起始地址保存到指针变量 L2 中：

```
L2=(SeqList*)malloc(sizeof(SeqList));
```

L2 指向的内存空间状态如图 2-3 所示。

为了和习惯一致，我们可约定，顺序表中成员项 data 数组从下标 1 开始存放线性表元素。如图 2-4 所示是从下标 1 处开始存放数据的顺序表 L2 的存储状态。

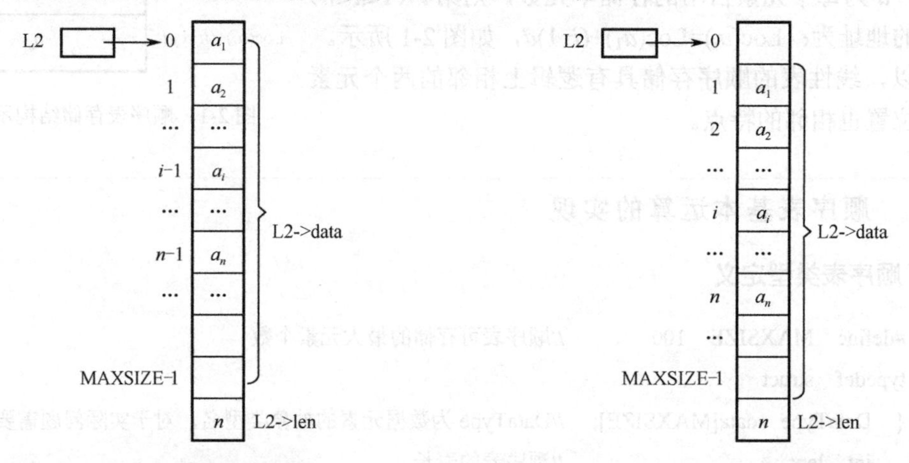

图 2-3　从下标 0 开始存储的顺序表 L2　　　　图 2-4　从下标 1 开始存储的顺序表 L2

2. 顺序表上基本运算的实现

（1）顺序表的初始化

```
//建立一个空的顺序表 L
SeqList   *Init_SeqList( )
{  SeqList   *L;                              //定义顺序表指针变量 L
```

```
    L=(SeqList*)malloc(sizeof(SeqList));        //动态申请顺序表空间
    L->len=0;                                   //置表长为 0
    return  L;
}
```

（2）按值查找

```
//在顺序表 L 中查找值为 x 的元素
int  Location_SeqList(SeqList  *L,DataType  x)
{  int  i=1;                                    //从下标 1 开始存放元素
   while(i<=L->len&&L->data[i]!=x)
     i++;
   if(i>L->len)
     return  0;
   else
    return  i;
}
```

该算法的时间复杂度为 $O(n)$。

（3）插入运算

在第 i（$1\leqslant i\leqslant n+1$）个位置上插入一个值为 x 的新元素，插入后使原表长加 1。其主要步骤为：

① 将第 n～i 个元素依次后移一个位置；

② 将 x 放入第 i 个位置；

③ 将表长加 1。

插入运算实现如下：

```
//在顺序表 L 的第 i 个位置插入一个值为 x 的新元素
int  Insert_SeqList(SeqList  *L,int  i,DataType  x)
{  int  j;
   if(L->len==MAXSIZE-1)
   {  printf("表已满，无法插入!");  return  -1;  }
   if(i<1||i>(L->len+1))
   {  printf("插入位置不正确!");  return  0;  }
   for(j=L->len;j>=i;j--)   //后移下标 len~i 的元素
     L->data[j+1]=L->data[j];
    L->data[i]=x;
    L->len++;
    return  1;
}
```

在上述插入运算实现中，其时间主要花费在元素的移动上，移动次数与位置 i 有关，对于插入位置 i，其移动次数为 $n-i+1$。这里用平均移动次数来衡量算法的时间效率。

平均移动次数定义为：

$$E = \sum_{i=1}^{n+1} p_i(n-i+1)$$

式中，插入位置为 i 的概率为 p_i，假设所有位置都是等概率的，即 $p_i=1/(n+1)$，此时，平均移动次数为：

$$E = \frac{1}{n+1}\sum_{i=1}^{n+1}(n-i+1) = \frac{n}{2}$$

因此，顺序表的插入运算平均需要移动表中一半的元素，时间复杂度为 $O(n)$。

（4）删除运算

删除运算就是删除顺序表中的第 i 个元素，删除成功后原表长减 1。其主要步骤为：

① 将第 $i+1$～n 个元素依次前移一个位置；

② 将表长减 1。

删除运算实现如下：

```
//从 L 所指向的顺序表中删除第 i 个元素
int  Delete_SeqList(SeqList  *L,int  i)
{  int  j;
   if(L->len==0)
   {  printf("The List is empty!");  return  -1;  }
   if(i<1||i>L->len)
   {  printf("this element don't exist!");  return  0;  }
   for(j=i+1;j<=L->len;j++)          //将下标为 i+1~len 的元素前移 1 位
       L->data[j-1]=L->data[j];
   L->len--;
   return  1;
}
```

与插入算法类似，删除运算的时间也主要花费在元素的移动上，删除第 i 个元素需要移动 $n-i$ 个元素，在等概率情况下，平均移动次数为：

$$E = \frac{1}{n}\sum_{i=1}^{n}(n-i) = \frac{n-1}{2}$$

由上式可知，顺序表的删除运算平均需要移动表中一半的元素，故时间复杂度为 $O(n)$。

2.2.3 线性表顺序存储的优缺点

线性表的顺序存储结构中，逻辑上相邻的两个元素在物理存储位置上也相邻。

线性表顺序存储的优点如下。

① 通过元素的存储顺序反映线性表中元素间的逻辑关系，无须为表示元素间的逻辑关系而增加额外的存储空间。

② 可以按元素序号随机访问表中任一元素。

线性表顺序存储的缺点如下。

① 进行插入、删除时，平均需要移动表中一半的元素，效率较低。

② 需预先分配足够大的存储空间。预先分配的空间过大，会导致空间闲置（造成浪费）；预先分配的空间过小，又会造成溢出。

③ 采用静态内存分配方式，表容量难以扩充。

为了克服以上缺点，我们将引入线性表的链式存储结构。

2.3 线性表的链式存储

2.3.1 线性表的链式存储及其特点

线性表的链式存储是指用一组任意的存储单元存储线性表中的元素（这组存储单元可以是连续的，也可以是不连续的），它不要求逻辑上相邻的元素在物理存储位置上也相邻。

1. 链表的概念

线性表若采用链式存储结构，则称为链表。

在线性表的链式存储结构中，为了表示线性表中元素间的逻辑关系，除需要存储元素自身的信息外，还需保存其直接前驱（结点）或直接后继（结点）的存储地址（存储地址也称指针）。我们把保存元素自身信息和保存其直接前驱或直接后继存储地址的一块存储空间称为链表结点。按链表结点中指针的个数将链表分为单向链表（简称单链表）和双向链表。

在单链表的结点中有两个域：一个是存放数据的 data 域，一个是指向其直接后继的指针域 next，如图 2-5（a）所示。在双向链表的结点中有三个域：一个是数据域 data，一个是指向其直接前驱的指针域 prior，一个是指向其直接后继的指针域 next，如图 2-5（b）所示。

图 2-5 单链表和双向链表结点结构示意图

这种结构特点使得链表的所有结点的存储空间不一定连续，同时可以实现动态内存分配。单链表结点类型定义如下：

```
typedef    int    DataType ;
typedef    struct    node
{  DataType    data;
   struct    node    *next;
}LNode,*LinkList;
```

为了不影响对算法的理解，这里元素的数据类型用了 int 型。在实际应用中，要根据具体问题中元素的数据类型更换 int 型为相应的类型。在程序运行时，根据需要可以调用 malloc()，动态申请结点空间并将申请到的空间地址赋值给指针变量 p：

```
LinkList   p;
p=(LinkList)malloc(sizeof(LNode));
```

而用 malloc()动态申请的 p 的结点空间，当不再使用时，也可以调用 free()将其释放：

```
free(p);
```

图 2-6 所示为一个单链表。

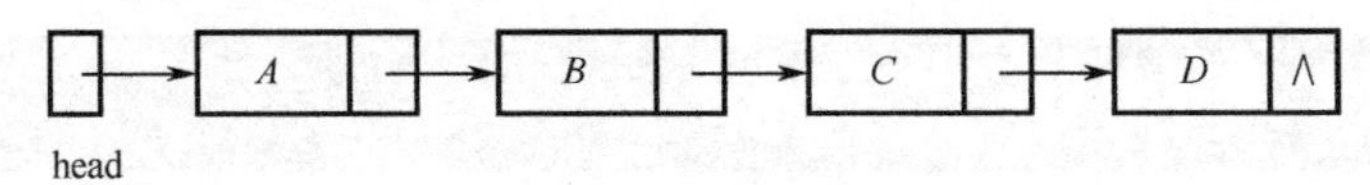

图 2-6 单链表

这里 head 是一个指针变量，其定义为：

```
LinkList   head;
```

它用于存放第一个结点的地址。第一个结点就是数据结点的单链表，称为不带头结点的单链表。此时，单链表为空，没有任何结点，故满足条件：head==NULL。

对于一个单链表来说，head 指针非常重要，如果程序中错误地修改或丢失了 head 指针的值，将导致整个链表数据的丢失。

在单链表的插入、删除运算中，因插入、删除的位置可能处于第一个结点、最后一个结点或者中间的某个结点，为了使其在不同位置上实现的插入、删除运算保持统一，引入了带头结点的单链表。图 2-7 所示是一个带头结点的单链表。这里的 head 用于存放头结点的地址。

一般头结点的 data 域中不存放有效数据，有时也可用于存放结点总数等其他信息，而主要用其 next 域存放第一个数据结点地址。

当链表为空表时，只有头结点而无其他结点，满足条件：head->next==NULL，如图 2-8 所示。

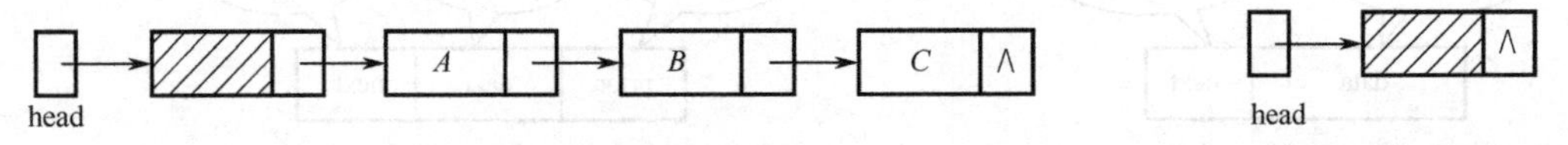

图 2-7 一个带头结点的单链表　　　图 2-8 一个带头结点的空单链表

引入带头结点的单链表后，其最大优点就是不论在链表中哪个位置进行插入运算，执行的运算都是统一的，同样删除运算也保持统一。

2. 单链表常见运算

① 建立单链表。
② 遍历单链表。
③ 在单链表中某个指定位置插入新结点。
④ 删除单链表中的某个指定结点。

由于带头结点的单链表能使不同位置的运算保持统一，因此本章单链表均采用带头结点的形式。

2.3.2　单链表的建立

创建单链表有两种方法：一是头插法，二是尾插法。头插法就是每个新结点总是插在头结点之后、第一个结点之前，使其成为新的第一个结点。尾插法就是每个新结点总是插在当前链表的尾部，使其成为新链表的尾结点。

1．头插法建立单链表

用头插法建立带头结点的单链表的过程如下。

1）申请头结点空间并置空。

执行以下两条语句：

```
head=(LinkList)malloc(sizeof(LNode));
head->next=NULL;
```

生成如图 2-8 所示的空单链表。

2）为新结点 s 申请空间并写入数据。

执行以下两条语句：

```
s=(LinkList)malloc(sizeof(LNode));        //将申请到的新结点的地址存放在指针变量 s 中
s->data=a1;                               //将数据写入新结点的 data 域中
```

结果如图 2-9 所示。

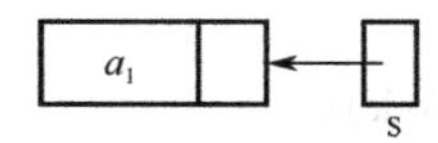

图 2-9　为新结点 s 申请空间并写入数据

3）将 s 插到 head 之后。

分两步进行：

```
s->next=head->next;          //① 使 head 的后继成为 s 的后继
head->next=s;                //② 使 s 成为 head 的新后继
```

生成的单链表如图 2-10 所示。第一个新结点插入完毕。

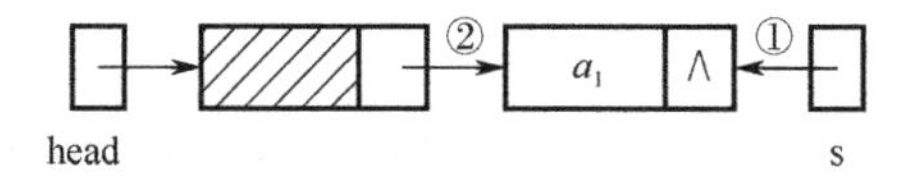

图 2-10　将 s 插到 head 之后所生成的单链表

4）反复执行步骤 2）和步骤 3）。

申请新结点 s 并写入数据：

```
s=(LinkList)malloc(sizeof(LNode));
s->data=ai;    //i=2,3,…,n
```

之后分两步将 s 插到 head 之后：

```
s->next=head->next;                //①
head->next=s;                      //②
```

直到单链表创建完成。

将第二个结点插到 head 之后所生成的单链表如图 2-11 所示。

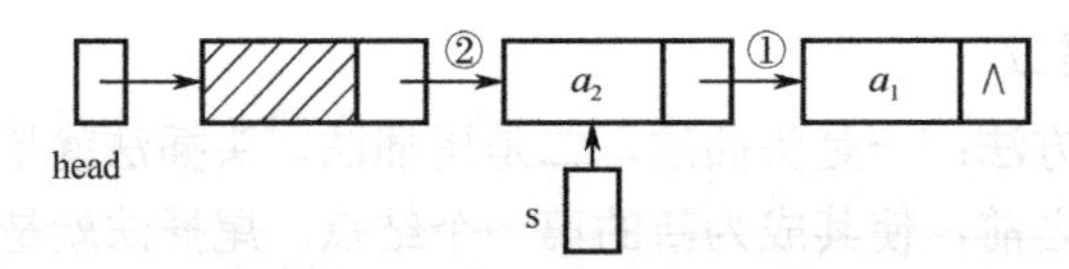

图 2-11 将第二个结点插到 head 之后所生成的单链表

将第 *n* 个结点插到 head 之后所生成的单链表如图 2-12 所示。

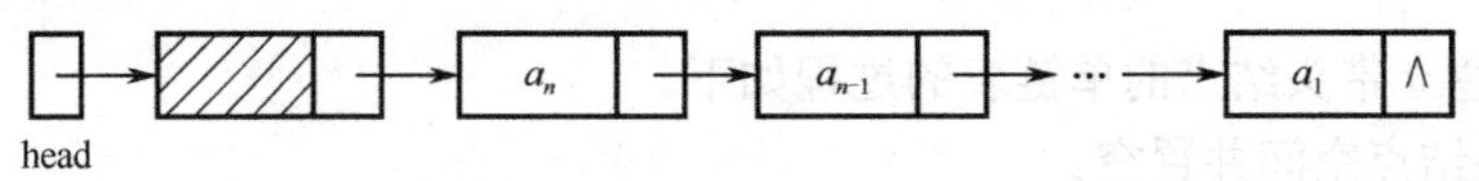

图 2-12 将第 *n* 个结点插到 head 之后所生成的单链表

5）返回单链表的头指针 head。

执行语句：

```
return   head;
```

用头插法建立带头结点的单链表实现如下：

```
//用头插法建立带头结点的单链表，返回头结点的指针 head
LinkList   CreateListF(LinkList   head)
{  int     i,n;
   LinkList   s;
   head=(LinkList)malloc(sizeof(LNode));
   head->next=NULL;                          //形成空表
   scanf("%d",&n);                           //输入单链表的结点数
   for(i=n;i>=1;i--)
   {   s=(LinkList ) malloc(sizeof(LNode));  //申请新结点空间
       scanf("%d",&s->data);                 //输入新结点数据
       s->next=head->next;                   //将新结点插到头结点 head 之后
       head->next=s;
   }
  return   head;                             //返回单链表的头结点的指针
}
```

2. 尾插法建立单链表

用尾插法建立带头结点的单链表过程如下。

1）申请头结点空间，使尾指针 p 和头指针 head 均指向它。

执行以下两条语句：

```
head = (LNode *)malloc(sizeof(LNode));
p=head;
```

结果如图 2-13 所示。

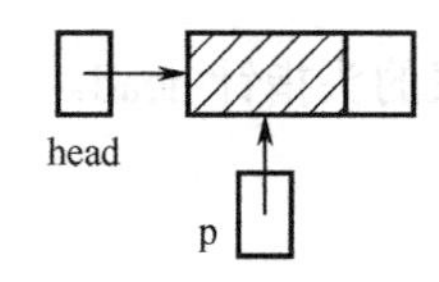

图 2-13　申请头结点空间，使尾指针 p 和头指针 head 均指向它

2）申请新结点空间，并直接将新结点地址写入尾结点 p 的 next 域。

执行语句：

```
p->next=(LinkList)malloc(sizeof(LNode));
```

结果如图 2-14 所示。

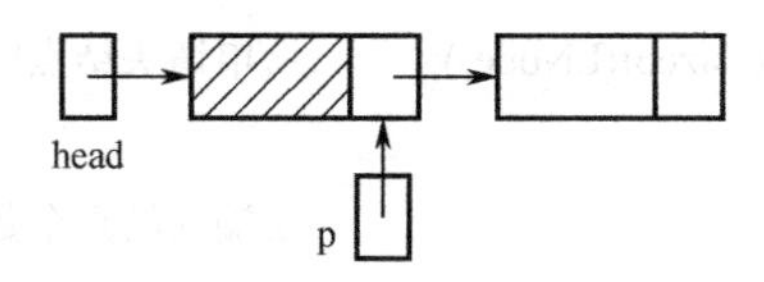

图 2-14　申请新结点空间，并直接将新结点地址写入尾结点 p 的 next 域

3）移动 p 到新尾结点处，并写入该结点的数据。

执行以下两条语句：

```
p=p->next;
scanf("%d",&p->dada);
```

结果如图 2-15 所示。

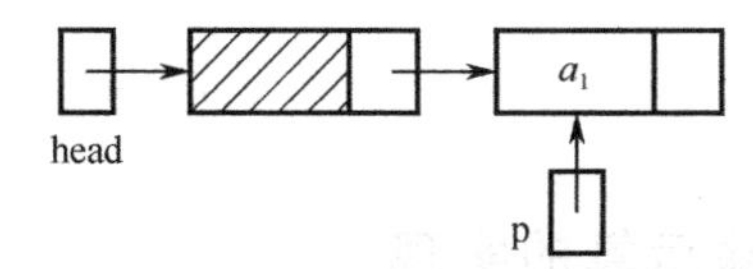

图 2-15　移动 p 到新尾结点处，并写入该结点的数据

此时，第 1 个结点已经成功插到链尾。

4）反复执行步骤 2）和步骤 3），直到第 *n* 个结点已经插入为止。

结果如图 2-16 所示。

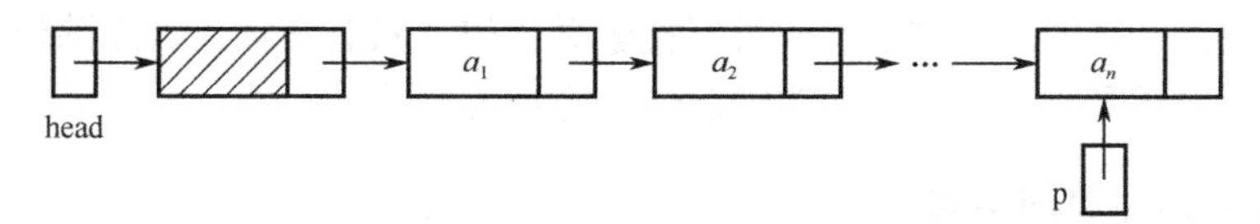

图 2-16　插入第 *n* 个结点后的结果

5）将尾结点 p 的 next 域置为 NULL。

执行语句：

```
p->next=NULL;
```

结果如图 2-17 所示。

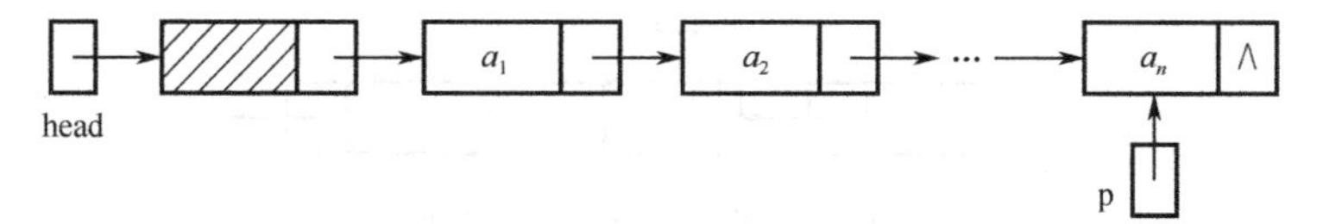

图 2-17　将尾结点 p 的 next 域置为 NULL

6）单链表创建完成，返回单链表的头指针 head。

执行语句：

```
return   head;
```

用尾插法建立带头结点的单链表实现如下：

```
//用尾插法建立带头结点的单链表，返回头结点的指针 head
LinkList   CreateListR(LinkList   head)
{     int   i, n;
      LinkList   p;
      head=(LinkList)malloc(sizeof(LNode));          //申请头结点空间
      p=head;
      scanf("%d",&n);                               //输入结点个数
      for(i=1;i<=n;i++)
      {   p->next=(LinkList )malloc(sizeof(LNode));
          p=p->next;
          scanf("%d",&p->data );
      }
      p->next=NULL;                                 //将尾结点的指针域 next 置为空
      return   head;
}
```

2.3.3　单链表插入和删除运算的实现

在线性表的顺序存储中，插入和删除运算都会产生大量的数据移动，而在链式存储中，插入和删除运算只需修改几个指针即可。因此，链式存储适用于插入和删除运算较多的线性表。

不论是插入还是删除运算，首先都要在链表中确定插入结点的位置或需删除结点的位置，而位置的确定要按链表遍历的方法一一进行搜索并比较。只有在插入、删除位置确定后，才能进行插入或删除运算。当然，位置的确定也可能是失败的。

1. 单链表插入运算的实现

要求：在某个结点 p 之后插入一个值为 x 的结点。

算法步骤：

1）从 head 开始顺藤摸瓜，确定插入位置。

假设插入位置已经找到，即在 p 结点之后，如图 2-18 所示。

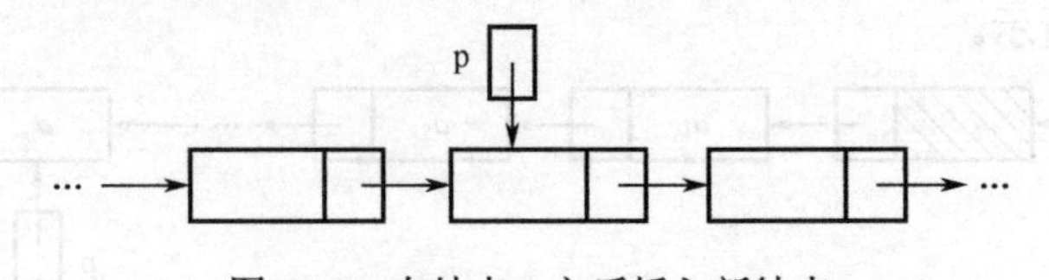

图 2-18　在结点 p 之后插入新结点

2）为新结点 s 申请空间并写入数据。

执行以下两条语句：

```
s=(LinkList)malloc(sizeof(LNode));
s->data=x;
```

结果如图 2-19 所示。

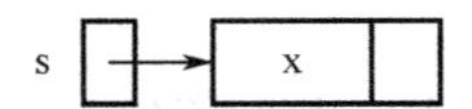

图 2-19　为新结点 s 申请空间并写入数据

3）将 s 插到 p 之后，成为 p 的后继。

分两步进行：

```
s->next=p->next;        //①先使 s 的 next 指向 p 的后继，使 p 的后继成为 s 的后继
p->next=s;              //②使 s 成为 p 的新后继
```

结果如图 2-20 所示。

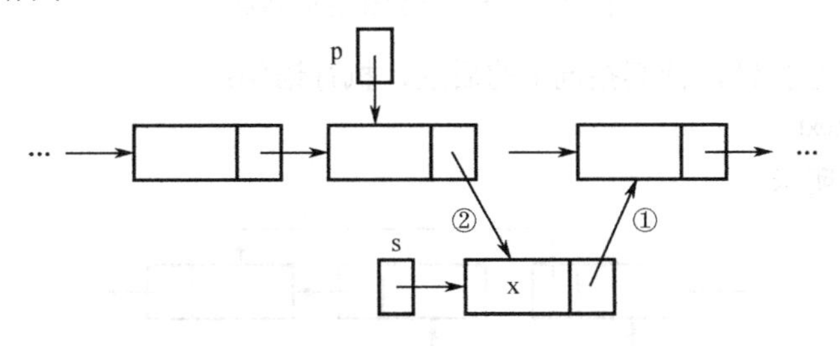

图 2-20　将结点 s 插到结点 p 之后

带头结点的单链表的插入运算实现如下：

```
//将值为 x 的新结点插到带头结点的单链表 head 中第 i 个位置处
int  InsertList(LinkList  head,int  i,DataType  x)          //插入成功则返回 1，否则返回 0
{  int  k=0;
   LinkList  s,p;
   p=head;
   while(p!=NULL&&k<i-1)                                    //该循环确定插入位置
   {  p=p->next;  k++;  }
   if(p==NULL)                                              //p 不为空时恰好指向第 i-1 个结点
   {  printf("指定的插入位置不合理!\n");  return  0;  }     //插入运算失败
   s=( LinkList)malloc(sizeof(LNode));
   s->data=x;
   s->next=p->next;
   p->next=s;
   return  1;                                               //插入运算成功
}
```

分析上述代码可知，单链表插入算法的时间主要花费在查找插入位置的前一个结点上，故时间复杂度为 $O(n)$。

2. 单链表删除运算的实现

要求：删除单链表中结点 p 的后继。

算法步骤：

1）确定结点 p 的位置，假设这里已经找到，并且明确需要删除的结点是 p 的直接后继，如图 2-21 所示。

2）用指针 r 保存需删除结点的地址，执行语句：

```
r=p->next;
```

结果如图 2-21 所示。

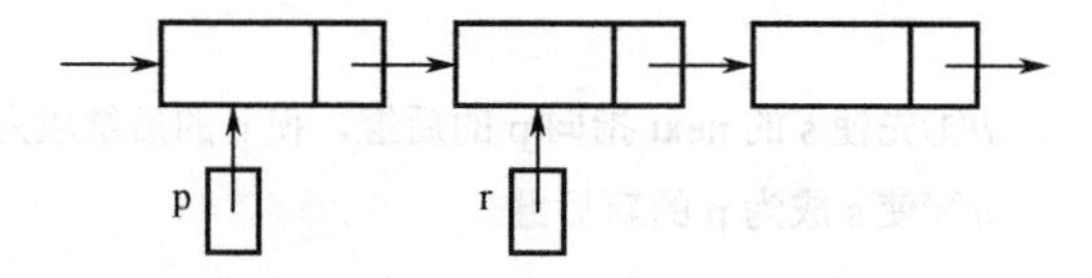

图 2-21　r 指向要删除的结点

3）修改 p 的后继指针，使其指向 r 的后继，执行语句：

```
p->next = r->next ;
```

结果如图 2-22 所示。

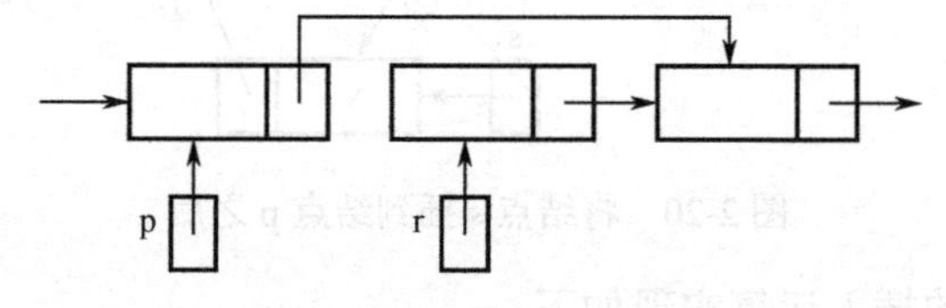

图 2-22　修改 p 的后继指针

4）释放 r 的空间，执行语句：

```
free(r);
```

结果如图 2-23 所示。

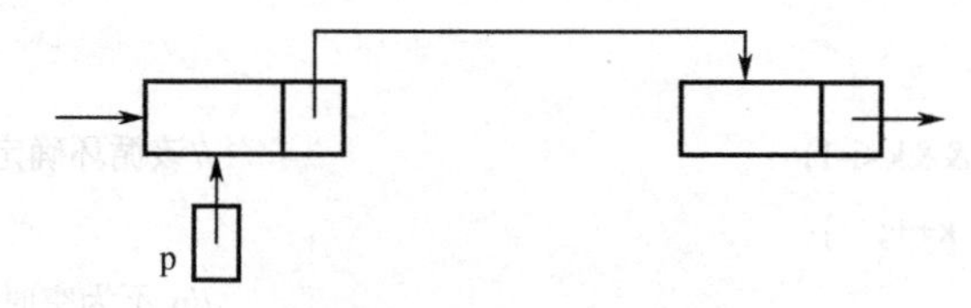

图 2-23　释放 r 的空间

删除运算完成。

带头结点的单链表的删除运算实现如下：

```
//删除带头结点的单链表 head 中的第 i 个结点
int  Delete(LinkList  head , int  i)                    //删除成功返回 1，否则返回 0
{  LinkList  r,p ;
   int  k=0;
   p=head;
   while(p&&k<i-1)                                      //确定删除结点的位置
```

```
    {   p = p->next ;   k++;  }
    if(k>i-1||!(p->next))
    {   printf("删除结点的位置不正确\n");   return 0;   }          //删除运算失败
    r=p->next;                                                   //r 指向第 i 个结点
    p->next=r->next;
    free(r);                                                     //释放删除结点的空间
    return   1;                                                  //删除成功
}
```

单链表的删除运算与单链表的插入运算相似，算法的时间也主要花费在查找待删结点的直接前驱上，故时间复杂度也为 $O(n)$。

2.3.4　单向循环链表

由于在单链表每个结点中只有一个指向直接后继的指针域，因此无法实现从某个结点出发沿单一方向到达链表任意结点的操作。要想实现这个操作，方法就是将链表首尾相接形成单向循环链表。

图 2-24 是一个带头结点的单链表，指针 p 指向尾结点。当执行语句“p->next=head;”后就形成了如图 2-25 所示的单向循环链表。

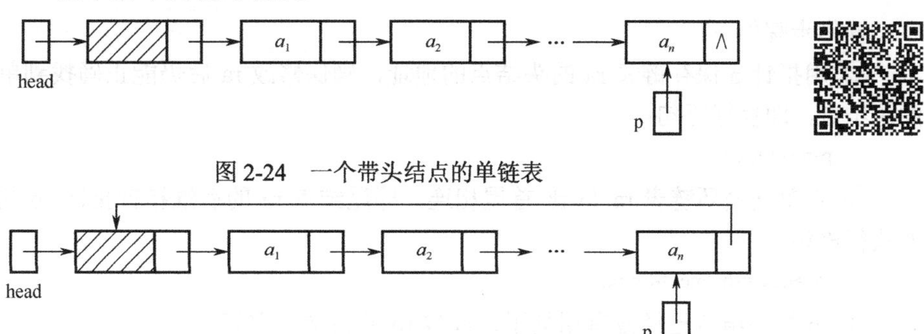

图 2-24　一个带头结点的单链表

图 2-25　一个带头结点的单向循环链表

当带头结点的单向循环链表为空时，只有头结点而无数据结点，即满足条件：head->next==head，如图 2-26 所示。

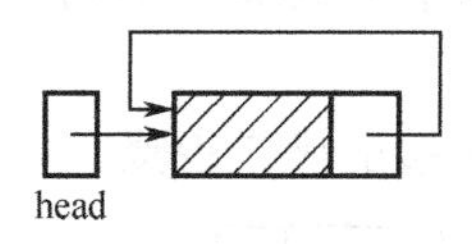

图 2-26　一个空的带头结点的单向循环链表

图 2-25 是一个用头指针 head 标识的带头结点的单向循环链表。如果对链表的运算位置在尾结点处，则必须从头结点按单一方向搜索到尾结点处才行。因此，如果单向循环链表的操作经常发生在表头和表尾处，不妨采用尾指针标识单向循环链表，它与头指针标识的单向循环链表相比操作会更为便利。

图 2-27 是一个用尾指针 rcar 标识的单向循环链表，这时确定头结点和尾结点则十分容易：

rear 指向尾结点，rear->next 指向头结点，而 rear->next->next 指向第一个结点。

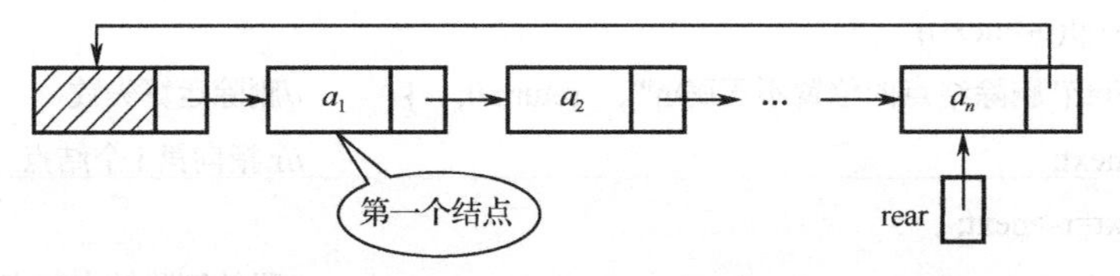

图 2-27　一个用尾指针 rear 标识的单向循环链表

【例 2-1】 有两个线性表（$a_1,a_2,\cdots,a_n$）和（$b_1,b_2,\cdots,b_m$），将其首尾相接形成一个线性表（$a_1,a_2,\cdots,a_n,b_1,b_2,\cdots,b_m$），要求用单向循环链表实现。

分析可知，将两个表首尾相接，其操作位置恰好在表头和表尾处，故特别适合用尾指针标识的单向循环链表。图 2-28 是为两个线性表建好的用尾指针标识的单向循环链表。

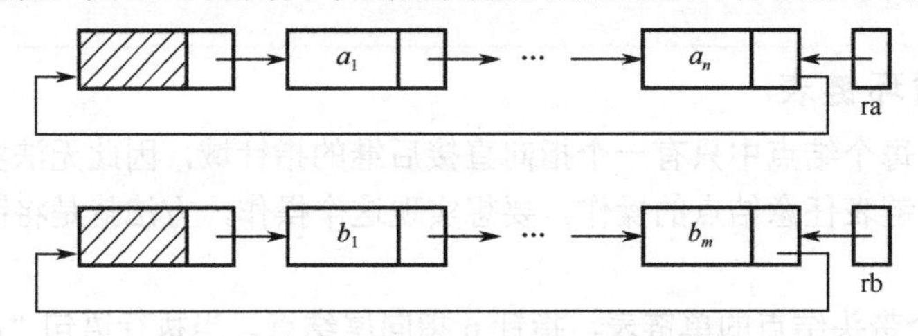

图 2-28　两个需首尾相接的单向循环链表

操作步骤如下：

① 用指针 p 保存链表 ra 的头结点的地址，确保修改 ra 后仍能正确找到单向循环链表 ra 的头结点，即执行语句：

```
p=ra->next;
```

② 将单向循环链表 ra 与 rb 首尾相连，即尾结点 ra 的后继指针指向 rb 的第一个结点，即执行语句：

```
ra->next=rb->next->next;
```

③ rb 的头结点已经没有用处了，释放 rb 的头结点空间：

```
free(rb->next);
```

④ 使 rb 的尾结点的后继指针指向 ra 的头结点，从而形成循环，即执行语句：

```
rb->next=p;
```

⑤ 返回新的单向循环链表的尾结点，即执行语句：

```
return   rb;
```

如图 2-29 所示为将两个表首尾相接的操作步骤。

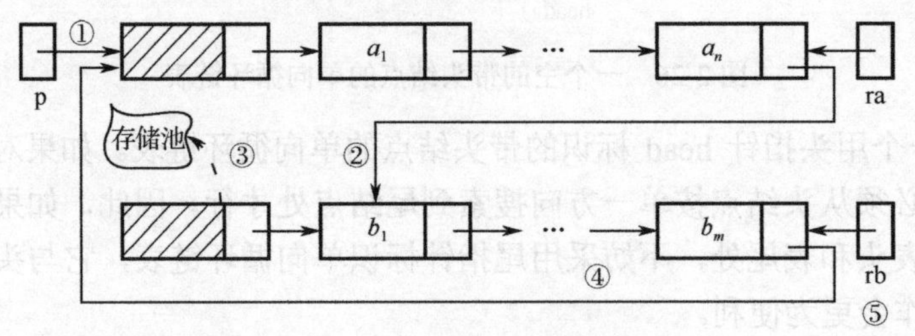

图 2-29　将两个表首尾相接的操作步骤

不论是单链表还是单向循环链表，从某个结点出发访问其前驱结点，都不能直接到达，只能按单一方向向后搜索整个链表，十分不方便。为此，我们引入了双向链表。

2.3.5　双向链表及其运算

1．双向链表的概念

如果链表结点中既有指向直接后继的指针域又有指向直接前驱的指针域，则称这种链表为双向链表。双向链表的结点中包含两个指针域，其中 prior 域用于存储指向该结点直接前驱的指针，next 域用于存储指向该结点直接后继的指针。

双向链表的结点结构如图 2-30 所示。

prior	data	next

图 2-30　双向链表的结点结构

双向链表结点类型定义如下：

```
typedef    int   DataType;
typedef   struct    LNode
{  DataType     data;
   struct   LNode    *prior,*next ;
}DLNode,*DuLinklist;
```

图 2-31 是一个带头结点的双向链表。

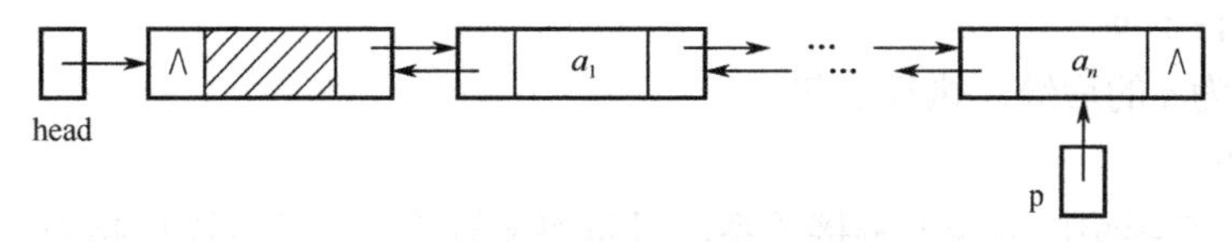

图 2-31　带头结点的双向链表

其中，p 指向的尾结点无后继，即满足条件：p->next==NULL；head 指向的头结点无前驱，即满足条件：head->prior==NULL。

如果将带头结点的双向链表首尾相接，就形成了带头结点的双向循环链表，即执行语句：

```
p->next=head; head->prior=p;
```

结果如图 2-32 所示。

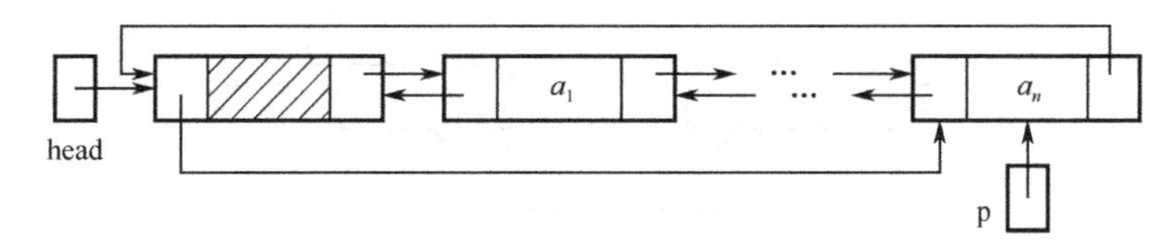

图 2-32　带头结点的双向循环链表

带头结点的双向循环链表为空表时，只有头结点而无其他结点，此时满足条件：head->next==head 和 head->prior==head。空的双向循环链表如图 2-33 所示。

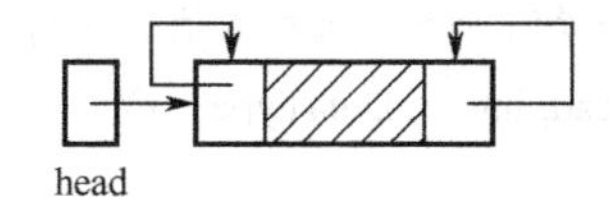

图 2-33　空的带头结点的双向循环链表

2．带头结点的双向链表的插入及删除运算

（1）在带头结点的双向链表的某个结点前插入值为 x 的新结点

1）先确定该结点位置，假设已经找到并用指针 p 指向它，如图 2-34 所示。

2）为新结点申请的空间，并用指针 s 记录其地址：

```
s=(DuLinklist)malloc (sizeof(DLNode));
```

向新结点中写入 x：

```
s->data=x;
```

结果如图 2-34 所示。

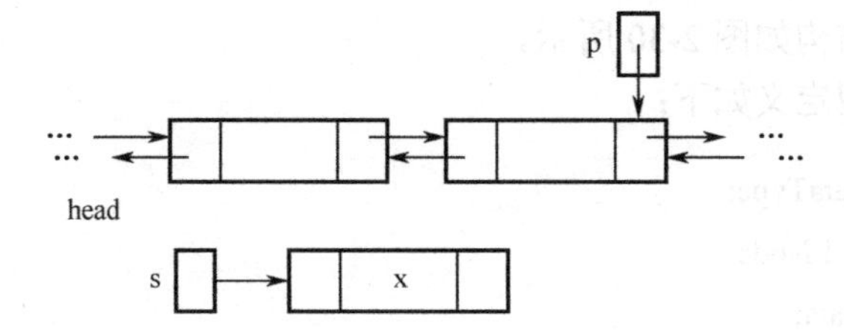

图 2-34　为新结点 s 申请空间并写入 x

3）将结点 s 插到 p 的前面，有 4 个指针需要修改，故分 4 步进行。

① 使 p 的前驱成为 s 的前驱，即执行语句：

```
s->prior=p->prior;
```

② 使 p 成为 s 的后继，执行语句：

```
s->next=p;
```

此时，并没有影响原链表的链接关系，只是将 s 与前、后结点连接起来。

③ 使 s 成为 p 的前驱的后继，即执行语句：

```
p->prior->next=s;
```

④ 使 s 成为 p 的前驱，执行语句：

```
p->prior=s;
```

图 2-35 中的序号表示了将 s 插到 p 前面的操作过程。

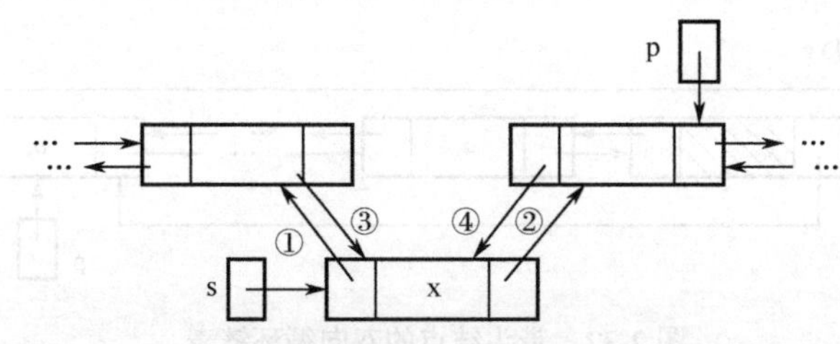

图 2-35　将 s 插到 p 前面的操作过程

在带头结点的双向链表的某个结点前插入值为 x 的新结点的实现如下：

```
//在带头结点的双向链表 head 的第 i 个结点前插入值为 x 的结点
int   DLinkinsert(DuLinklist   head, int   i, DataType   x)
  {  DuLinklist   p,s;
     int   j=0;
```

```
    p=head;
    while(p!=NULL&&j<i)                          //查找第 i 个位置的结点 p
    {   p=p->next;      ++j;   }
    if(p==NULL||i<1)
    {   printf("插入位置不正确\n");    return   0; }    //插入失败
    s=(DuLinklist)malloc(sizeof(DLNode));        //新结点 s
    s->data=x;
    s->prior=p->prior;                           //新结点的前驱指向 p 的前驱
    s->next=p;
    p->prior->next=s;
    p->prior=s;
    return   1;                                  //插入成功
}
```

分析上述代码可知，双向链表的插入算法的时间主要花费在查找结点上，故时间复杂度为 $O(n)$。

（2）删除双向链表中的某个结点

图 2-36 为删除双向链表中结点 p 的操作过程：

① 确定要删除结点的位置，假设已找到，并用指针 p 指向它。

② 使 p 的后继成为 p 的前驱的后继，执行语句：

```
p->prior->next=p->next;
```

③ 使 p 的前驱成为 p 的后继的前驱，执行语句：

```
p->next->prior=p->prior;
```

④ 释放 p 的空间，放入存储池，执行语句：

```
free(p);
```

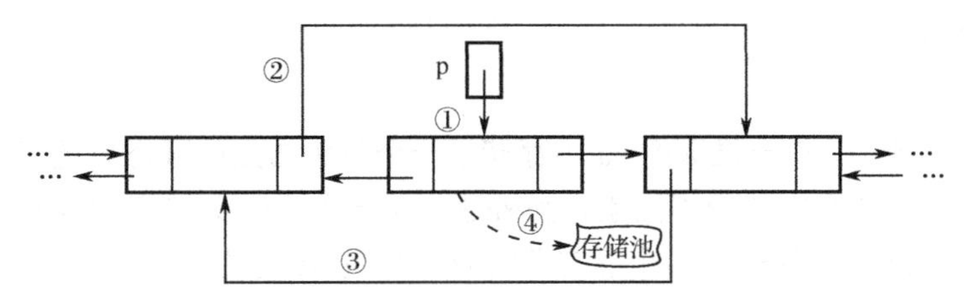

图 2-36　删除双向链表中结点 p 的操作过程

删除双向链表中某个结点的实现如下：

```
//删除双向链表 head 中某个结点
int   Delete(DuLinklist   head, int   i)   //成功返回 1，否则返回 0
{   int   j=1;
    DuLinklist   p;
    p=head->next;                              //p 指向第一个实际结点
    while(p!=NULL&&j<i )                       //查找第 i 个结点，并用 p 指向它
    {   p=p->next;   ++j;   }
```

```
    if(p==NULL||i<1)
    {   printf("删除位置不合适!\n");   return   0;   }          //运算失败
    p->prior->next=p->next;
    if(p->next!=NULL)                                          //如果p指向尾结点，则不执行下面语句
      p->next->prior=p->prior;
    free(p);
    return   1;                                                //运算成功
}
```

注意：当 p 指向尾结点时，在修改了 p 的前驱的后继为 NULL 后，算法就应该结束，不能再修改 p 的 next 的 prior，因为 p 无后继。

分析上述代码可知，双向链表的删除算法的时间也主要花费在查找结点上，故时间复杂度为 $O(n)$。

2.3.6　静态链表

有些高级语言没有“指针”数据类型，要想发挥链表结构的长处，可用一个一维数组空间来模拟链表结构，称之为静态链表。最常用的静态链表是静态单链表。静态单链表中的一个结点对应数组中的一个元素。每个元素包含一个数据域和一个指针域，指针域用于存储其后继在数组中的下标值。将下标为 0 的元素设置为头结点，头结点的指针域存储第一个结点在数组中的下标值。

静态单链表的结点类型定义如下：

```
typedef   struct
{   DataType   data;
    int   next;
}SNode;
```

如图 2-37（a）所示，在一维数组 sd 中存储了一个带头结点的静态单链表（a_1,a_2,a_3,a_4,a_5），同时，为了方便管理数组中的空闲元素，另外建立了一个不带头结点的静态单链表。静态单链表的尾结点的 next 域记为-1。两个静态单链表的数组 sd 定义如下：

```
#define   MAXSIZE   11
SNode   sd[MAXSIZE];
```

在带头结点的静态单链表的某个结点之前插入一个值为 x 的新结点的实现如下：

```
//sl存放静态单链表中头结点的下标值，av存放不带头结点的静态单链表中空闲空间的起始下标值
int   Insert_SList(int *sl, int *av, DataType x,int i)     //成功返回1，否则返回0
{   int   p,t,j;
    p=*sl;                                          //p指向sl的头结点
    j=0;
    while(sd[p].next!=-1&&j<i-1)                    //搜索第i-1个结点
    {   p=sd[p].next ; j++;   }
```

```
    if(j==i-1)                            //若第 i 个结点存在，则 p 指向第 i-1 个结点
       if(*av!=-1)                        //说明有空闲结点
       {  t=*av;                          //t 指向第一个空闲结点，相当于产生了一个新结点 t
          *av=sd[*av].next;               //*av 指向当前第二个空闲结点
          sd[t].data=x;                   //将 x 存入 t 的 data 域中
          sd[t].next=sd[p].next;          //使 t 的下一个结点为第 i 个结点
          sd[p].next=t;                   //使第 i-1 个结点的下一个结点为 t
          return  1;
       }
       else
            {  printf("数组中无空闲空间，插入失败！");  return 0;  }
    else
            {  printf("插入的位置错误！");  return –1; }
    }
```

假如在图 2-37（a）带头结点的静态单链表的第三个结点之前插入一个值为 x 的新结点，执行该算法后，其结果如图 2-37（b）所示。

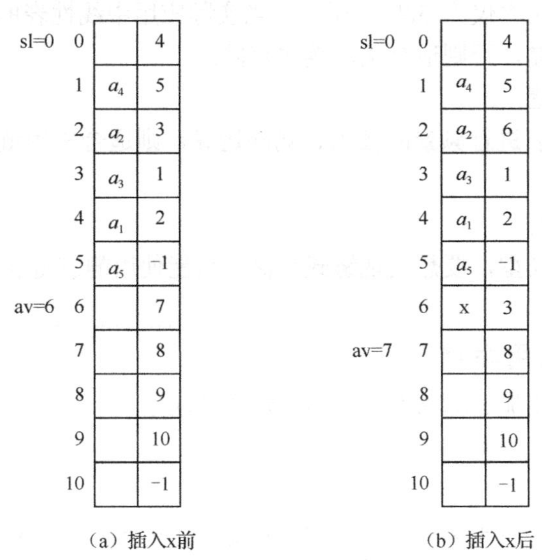

（a）插入x前　（b）插入x后

图 2-37　静态单链表插入操作示意图

2.3.7　线性表链式存储的优缺点

线性表链式存储使得逻辑关系上相邻的两个元素在物理存储位置上不一定相邻。

1．线性表链式存储的优点

① 进行插入、删除时，不需要移动表中的元素，只需要修改指针，效率较高。
② 不需要预先分配存储空间，需要时可临时申请，对于不再需要的存储空间可立即释放。
③ 表容量扩充方便。

2. 线性表链式存储的缺点

① 无法通过元素的存储顺序反映线性表中元素之间的逻辑关系，为表示元素之间的逻辑关系需要增加额外的存储空间。

② 不可以按元素序号随机访问表中任一元素。

2.4 线性表的应用

2.4.1 线性表存储结构的选择

在实际应用中怎样选取存储结构，通常要考虑以下三点。

（1）基于存储的考虑

存储密度是指一个结点中数据所占的存储量和整个结点（数据和指针）所占的存储量之比。

存储密度越大，存储空间的利用率就越高。显然顺序表的存储密度为 1，而链表的存储密度小于 1。假定单链表结点中的数据为整数，指针所占用的空间和整数相同，则单链表的存储密度为0.5。因此，如果不考虑顺序表中的空闲区，则顺序表的存储空间利用率为100%，而单链表的存储空间利用率仅为 50%。所以，当实际应用中线性表的长度基本不变时，适合采用静态方式的顺序存储，否则适合采用链式存储。

（2）基于运算的考虑

若需要对一个线性表进行频繁的插入、删除运算，则适合采用链式存储；否则应采用顺序存储。

（3）基于环境的考虑

若所用语言无指针类型，要想实现链式存储，只能使用静态链表。

2.4.2 线性表的应用举例

下面以一元多项式相加运算为例，说明线性表的应用。

问题描述：

已知两个一元多项式

$$p_n(x)=p_0+p_1x+p_2x^2+\cdots+p_nx^n \text{ 和 } q_m(x)=q_0+q_1x+q_2x^2+\cdots+q_mx^m$$

编写程序输出 $p_n(x)$与 $q_m(x)$相加的结果。

分析：

（1）确定逻辑结构

多项式 $p_n(x)=p_0+p_1x+p_2x^2+\cdots+p_nx^n$ 由 n+1 个系数唯一确定，因此可用线性表 $P=(p_0,p_1,p_2,\cdots,p_n)$来表示，每项的指数 i 隐含在系数 p_i 的序号里。同样，多项式 $q_m(x)=q_0+q_1x+q_2x^2+\cdots+q_mx^m$ 可用线性表 $Q=(q_0,q_1,q_2,\cdots,q_m)$来表示。

（2）两个多项式相加运算的定义

其数学意义就是两个多项式中相同指数的系数相加。

不失一般性，设 $m<n$，则两个多项式相加的结果为多项式 $r_n(x)=p_n(x)+q_m(x)$，可用线性表 $R=(p_0+q_0,p_1+q_1,\cdots,p_m+q_m,p_{m+1},\cdots,p_n)$来表示。

（3）存储结构的确定

如果线性表 P、Q、R 采用顺序存储，则多项式相加的算法实现将十分简单。但由于实际应用中多项式的最高指数可能很大，另外也可能存在很多项的系数为 0，使得顺序存储的空间利用率很低。

例如，$s(x)=1+3x^{10000}+2x^{20000}$，如果申请连续 20001 个空间来存储系数（却仅有 3 个非 0 元素），将导致空间浪费很大，故采用单链表存储结构比较合适。但由于系数是与指数紧密相关的，因此存储系数时必须同时存储与其相关的指数。

对于 n 次多项式 $p_n(x)=p_1x^{e_1}+p_2x^{e_2}+\cdots+p_mx^{e_m}$，其中，$p_i$ 是指数为 e_i 的项的非 0 系数，且满足 $0\leqslant e_1<e_2<\cdots<e_m=n$，若用一个长度为 m 并且每个结点中均包含数据项（系数项，指数项）的单链表来存储，便可唯一确定多项式 $p_n(x)$。当 $m\ll n$ 时，这种表示方法将大大节省存储空间。在最坏情况下，m 等于 $n+1$。

（4）一元多项式相加运算实现

① 一元多项式的链式存储结点类型定义如下：

```
typedef   struct   Term
{  float   coef;                    //非 0 项的系数
   int   expn;                      //非 0 项的指数
   struct   Term   *next;           //存放下一个非 0 项
}Term;
```

② 建立一元多项式如下：

```
//已知多项式的非 0 项的项数为 m，利用尾插法建立一元多项式的带有头结点的有序链表 p
Term   *CreatePolyn(Term *p, int m)
{  Term   *r,*t;
    int   i;
   p=(Term*)malloc(sizeof(Term));                  //申请头结点空间
   r=p;                                            //r 指向当前链表的尾结点
   printf("输入系数和指数，如系数为 2，指数为 5，则输入 2,5:\n");
   for(i=0; i<m;i++)                               //按升幂依次输入 m 个非 0 项
   {  t=(Term*)malloc(sizeof(Term));
      scanf("%f,%d",&t->coef,&t->expn);
      r->next=t;
      r=t;
   }
   r->next=NULL;                                   //使尾结点指针域为空
   return   p;
}
```

③ 两个一元多项式相加的算法描述如下：

假设指针 qa、qb 分别指向两个多项式中当前正在比较的某个结点，则比较两个结点中的指数项有下列三种情况：

i）qa->expn>qb->expn，则应摘取 qb 所指结点插到“和多项式链表”中。

ii）qa->expn<qb->expn，则应摘取 qa 所指结点插到“和多项式链表”中。

iii）qa->expn=qb->expn，则将两个结点的系数相加，若系数之和不为 0，则修改 qa 所指结点的系数为二者之和，并且摘取 qa 所指结点插到“和多项式链表”中，同时释放 qb 所指结点；若系数之和为 0，则删除并释放 qa 和 qb 所指结点。

④ 一元多项式相加运算的实现：

```
Term *AddPolyn(Term *pa, Term *pb)                    //求解两个一元多项式的和 pa=pa+pb
{  Term   *s,*s1,*s2, *qa,*qb,*qc;
   float  sumOfCoef;
   qa=pa->next;   qb=pb->next;   qc=pa;               //qc 指向和多项式链表尾结点
   while(qa&&qb)
   {  if(qa->expn>qb->expn)                           //两项的指数 qa->expn 大于 qb->expn 时
        {  qc->next=qb;   qc=qb;   qb=qb->next;   }   //将 qb 加入新多项式链尾
     else
         if(qa->expn<qb->expn)                        //两项的指数 qa->expn 小于 qb->expn 时
        {  qc->next=qa;   qc=qa;   qa=qa->next;   }   //将 qa 加入新多项式链尾
         else
            if(qa->expn==qb->expn)                    //两项的指数相同时
            {  sumOfCoef=qa->coef+qb->coef;
               if(sumOfCoef!=0.0)                     //和不为 0
               { s = qb;
                  qa->coef=sumOfCoef;                 //修改 qa 的系数为系数之和
                  qc->next=qa;   qc=qa;   qa=qa->next; //将 qa 加入新多项式链尾
                  qb=qb->next;
                  free(s);                            //释放 qb 所指结点空间
               }
               else                                   //系数之和为 0 时
               {  s1=qa;   s2=qb;
                  qc->next=qa->next;                  //qc 的位置不变，qa 和 qb 向后移动
                  qa=qa->next; free(s1);              //删除 qa 所指结点并释放空间
                  qb=qb->next; free(s2);              //删除 qb 所指结点并释放空间
               }
            }
   }
   qc->next=qa?qa:qb;            //插入剩余段
   free(pb);                     //释放 pb 的头结点
   return   pa;
}
```

扫描二维码查看两个多项式相加的完整程序。

2.5 本章小结

本章介绍了线性表的概念、线性表顺序存储基本运算实现、线性表链式存储基本运算实现，以及线性表的应用。通过本章的学习，希望读者能够掌握线性表逻辑结构的特点，明白线性表顺序存储和链式存储各自的优缺点，领会链式存储的线性表其元素之间的逻辑关系是通过结点的指针域来表示的，熟练实现顺序表的基本操作，精通单链表头插法和尾插法的创建算法，熟练实现单链表和双向链表的插入、删除运算，理解循环链表和静态链表的概念，根据需要正确选择线性表的存储结构。

习题 2

一、客观习题

1. 线性表是（　　）。

A. 一个有限序列，可以为空　　B. 一个有限序列，不能为空

C. 一个无限序列，可以为空　　D. 一个无限序列，不能为空

2. 若某线性表中最常用的操作是取第 i 个元素和查找第 i 个元素的前驱，则采用（　　）存储方法最节省时间。

A. 顺序表　　B. 单链表　　C. 双向链表　　D. 循环链表

3. 在带有头结点的单链表 Head 中，要向表头插入一个由指针 p 指向的结点，则执行的语句为（　　）。

A. p->next=Head->next;Head->next=p;　　B. p->next=Head;Head=p;

C. p->next=Head;p=Head;　　D. Head=p;p->next=Head;

4. 在 n 个结点的顺序表中，算法的时间复杂度是 $O(1)$的操作是（　　）。

A. 删除第 i 个元素（$1\leqslant i\leqslant n$）

B. 访问第 i 个元素（$1\leqslant i\leqslant n$）和求第 i 个结点的直接前驱（$2\leqslant i\leqslant n$）

C. 将 n 个元素从小到大排序

D. 在第 i 个元素后插入一个新结点（$1\leqslant i\leqslant n$）

5. 顺序表具有随机存取特性指的是（　　）。

A. 查找值为 x 的元素与顺序表中元素的个数 n 无关

B. 查找值为 x 的元素与顺序表中元素的个数 n 有关

C. 查找序号为 i 的元素与顺序表中元素的个数 n 无关

D. 查找序号为 i 的元素与顺序表中元素的个数 n 有关

6. 向一个有 127 个元素的顺序表中插入一个新元素并保持原来的顺序不变，平均要移动的元素个数为（　　）。

A. 8　　B. 63.5　　C. 63　　D. 7

7. 与单链表相比，双向链表的优点之一是（　　）。

A. 插入、删除操作更简单　　B. 可以进行随机访问

C. 可以省略表头指针或表尾指针　　D. 访问前后相邻结点更方便

8．在一个长度为 n 的顺序表中，在第 i 个元素（$1 \leqslant i \leqslant n+1$）之前插入一个新元素时需向后移动（　　）个元素。

A．$n-i$　　B．$n-i+1$　　C．$n-i-1$　　D．i

9．对于线性表 $L=(a_1,a_2,\cdots,a_n)$，下列说法正确的是（　　）。

A．每个元素都有一个直接前驱和一个直接后继

B．线性表中至少有一个元素

C．表中诸元素的排列必须是由小到大或由大到小

D．除第一个和最后一个元素外，其余每个元素都有一个且仅有一个直接前驱和直接后继

10．在单链表中，要将 s 所指结点插到 p 所指结点之后，其语句应为（　　）。

A．s->next=p+1;p->next=s;　　B．(*p).next=s; (*s).next=(*p).next;

C．s->next=p->next; p->next= s->next;　　D．s->next= p->next; p->next=s;

11．已知一个带有表头结点的双向循环链表，结点结构为（prev,data,next），其中 prev 和 next 分别是指其直接前驱和直接后继的指针。现要删除指针 p 所指的结点，正确的语句序列是（　　）。

A．p->next->prev=p->prev; p->prev->next=p->prev;free(p);

B．p->next->prev=p->next; p->prev->next=p->next;free(p);

C．p->next->prev=p->next; p->prev->next=p->prev;free(p);

D．p->next->prev=p->prev; p->prev->next=p->next;free(p);

12．在带头结点的单循环链表中，将头指针改设为尾指针（rear）后，其第一个数据结点和尾结点的存储位置分别是（　　）。

A．rear 和 rear->next->next　　B．rear->next 和 rear

C．rear->next->next 和 rear　　D．rear 和 rear->next

二、简答题

1．线性表有两种存储结构，一是顺序表，二是链表，那么：

（1）如果有多个线性表同时共存，并且在处理过程中各表的长度会动态地发生变化，在此情况下应选用哪种存储结构？为什么？

（2）若线性表的元素个数基本稳定，且很少进行插入和删除运算，但要求快速存取线性表中指定序号的元素，那么应采用哪种存储结构？为什么？

2．在单链表和双向链表中能否从当前结点出发访问到任一结点？

3．线性表（$a_1,a_2,\cdots,a_n$）采用顺序存储结构。那么：

（1）在等概率前提下，平均每插入一个元素需要移动的元素个数是多少？

（2）如果元素插在第 i 个位置（$1 \leqslant i \leqslant n$）的概率为 $\dfrac{n-i-1}{n(n+1)/2}$，则平均每插入一个元素需要移动的元素个数是多少？

三、算法设计题

1．已知两个带头结点的单链表 A 和 B 分别表示两个集合，其元素递增排列。请设计一

个算法，用于求出 A 与 B 的交集，并存放在 A 中。

2．已知长度为 n 的线性表 A 采用顺序存储结构，请写一个时间复杂度为 $O(n)$、空间复杂度为 $O(1)$的算法，该算法可以删除线性表中所有值为 item 的元素。

3．假定采用带头结点的单链表保存单词，当两个单词有相同的后缀时，可共享相同的后缀存储空间。假如，“loading”和“being”的存储映像如题图 2-1 所示。

设 str1 和 str2 分别指向两个单词所在单链表的头结点，链表结点结构包含数据域 data 和指向下一个结点的指针域 next，请设计一个时间效率尽可能高的算法，找出由 str1 和 str2 所指的两个链表共同后缀的起始位置（如图中字符'i'所在结点的位置 p）。要求：

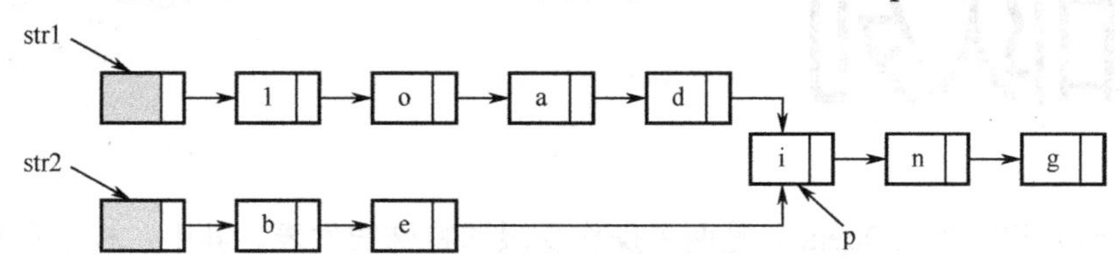

题图 2-1 共享相同后缀存储空间的两个单词链表

（1）给出算法的基本设计思想；

（2）根据设计思想，采用 C 语言编写相应程序实现算法；

（3）给出所设计算法的时间复杂度。

第 3 章 栈和队列

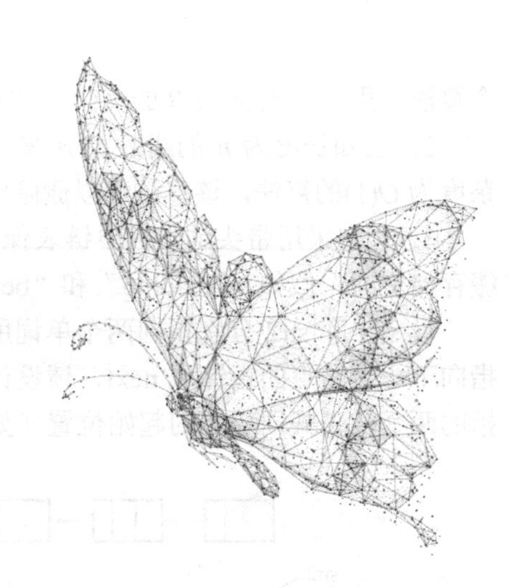

栈（Stack）和队列（Queue）是两种操作受限的特殊线性表。其中，栈限定只能在表的一端进行插入和删除操作，使得栈具有“后进先出”的特点。而队列则限定在表的一端进行插入操作而在另一端进行删除操作，从而使队列具有“先进先出”的特点。栈的“后进先出”特点体现了“吃苦在先，享受在后”的无私奉献精神。队列的“先进先出”特点则体现了当今文明社会中人们通常应遵守的一种公共秩序。

3.1 栈的定义与基本运算

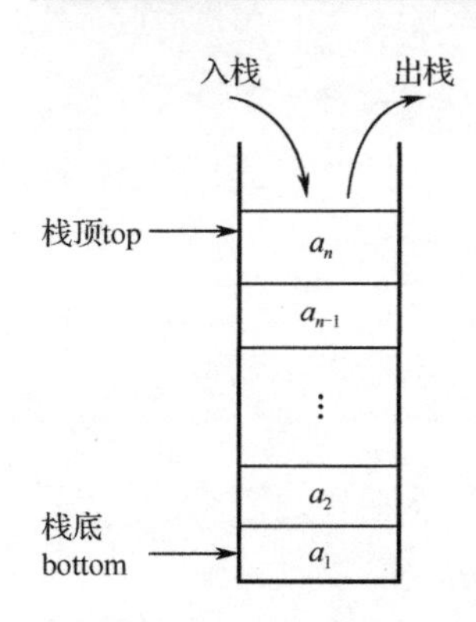

图 3-1 栈示意图

1. 栈的定义

栈（也称堆栈）是一种受限定的线性表，限定其插入和删除操作只能在表的一端进行。其中，允许进行操作的这一端叫作栈顶（top），另一端叫作栈底（bottom）。栈中插入操作叫作入栈或进栈，删除操作叫作出栈或退栈，如图 3-1 所示。

2. 栈的特点

由于入栈和出栈操作只能在栈顶进行，所以后入栈的元素总是先出栈，即具有后进先出（Last In First Out，LIFO）的特点。

3. 栈的基本运算

（1）初始化栈：置栈为空栈。
（2）判栈空：判断栈是否为空栈。
（3）入栈：将新元素添加到栈顶。
（4）出栈：删除栈顶元素。
（5）读栈顶元素：只读取栈顶元素，栈顶元素并不出栈。

3.2 栈的存储与运算实现

由于栈只是对线性表的插入和删除操作的位置进行了限制，其逻辑结构本质上与线性表一样，因此其常用存储结构也有两种：一种是顺序存储，另一种是链式存储。

3.2.1 顺序栈及其运算实现

栈以顺序结构存储时，称为顺序栈。同顺序表的存储结构一样，顺序栈也占用一段连续的内存空间，通过内存单元之间位置关系表示出栈元素之间的逻辑顺序关系。只是规定了栈的插入和删除操作只能在栈顶一端进行，因此，栈的操作集是线性表的操作集的一个子集。

1. 顺序栈的定义

同顺序表一样，顺序栈也是通过一维数组来实现的。顺序栈的类型定义如下：

```
typedef  int  DataType;
#define  STACKSIZE  100          //顺序栈的最大容量
typedef  struct
{  DataType  data[STACKSIZE];
   int  top;                     //顺序栈的栈顶
}SeqStack;
```

其中，DataType 表示栈元素的数据类型（在本章中约定其为整型），STACKSIZE 表示顺序栈的最大容量，data 数组用于存储顺序栈的元素，top 为栈顶指针，栈空时，top 为-1。

能够最多存储 n 个元素的顺序栈的动态变化示意图如图 3-2 所示，图中箭头指示了 top 的位置。

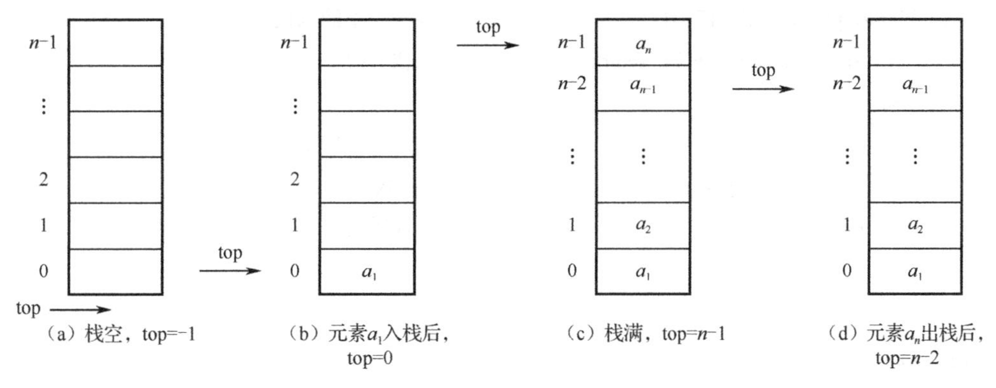

图 3-2　顺序栈的动态变化示意图

图 3-2（a）为栈空的状态，栈空时 top 指向空位置-1；图 3-2（b）为元素 a_1 入栈后的状态，入栈时，总是先将 top 加 1，再将新元素放在 top 所指位置；图 3-2（c）为栈满状态，此时 top 指向最后一个位置，如果这时再有元素入栈，就会产生“上溢”；图 3-2（d）为当前栈顶元素出栈后的状态，出栈时总是先移出栈顶元素，再将 top 减 1，当栈已经为空栈时，再继

续执行出栈操作就会产生“下溢”。“上溢”或“下溢”都会导致程序访问内存出错，在栈的操作中要避免此类情况出现。

2. 顺序栈的运算实现

（1）初始化顺序栈

```
//将 s 所指的顺序栈置为空栈
void  InitStack(SeqStack  *s)
{  s->top=-1 ;  //置空栈
}
```

（2）判栈空

```
//判断栈 s 是否为空，为空返回 1，否则返回 0
int  StackEmpty(SeqStack  *s)
{  if (s->top==-1)  return  1;
   return  0;
}
```

（3）入栈

由于栈的插入操作只能在栈顶一端进行，因此，入栈操作与顺序表的插入操作相比更为简单，无须进行栈中其余元素的移动。入栈操作就是将新元素插到当前栈顶之后的位置。如果栈已满，则不能插入；如果栈未满，则 top 加 1 后，将新元素存入当前 top 所指位置，入栈结束。

```
//将元素 x 压入 s 所指的栈中，正常入栈返回 1，否则返回 0
int  Push(SeqStack  *s, DataType  x)
{  if (s->top==STACKSIZE-1)                    //栈满，不能入栈
     {  printf("栈已满！\n");  return  0;  }     //入栈失败
   else
   {   s->top++;                               //栈顶位置加 1
       s->data[s->top]=x;                      //x 入栈
       return  1;                              //入栈成功
   }
}
```

（4）出栈

由于规定出栈操作只能在栈顶一端进行，因此出栈操作无须进行栈中其余元素的移动。如果栈为空，则不能出栈；如果栈非空，取出 top 所指位置的元素后，再将 top 减 1 即可。

```
//将 s 所指栈的栈顶元素出栈，并通过指针变量 x 返回出栈元素，正常出栈返回 1，否则返回 0
int  Pop(SeqStack  *s, DataType  *x)
{  if (s->top==-1)
     {  printf("栈已空！\n");  return  0; }  //栈空，不能出栈
```

```
        else
        {   *x=s->data[s->top];                    //栈顶元素保存在*x 中
            s->top--;                              //栈顶位置减 1
            return  1;                             //出栈成功
        }
    }
```

（5）读栈顶元素

读栈顶元素与出栈的区别是，只读取栈顶元素，栈顶元素并不出栈。

```
//读取 s 所指的栈顶元素，并通过参数 x 返回其值，正常读取返回 1，否则返回 0
int  GetTop(SeqStack  *s, DataType  *x)
{  if (s->top==-1)
    {  printf("栈已空！\n");  return  0; }    //栈空，读取失败
    else
    {  *x=s->data[s->top];                    //栈顶元素保存在*x 中，此时栈顶元素并不出栈
        return  1;                            //读取成功
    }
}
```

在一个程序中经常需要使用多个栈，为了提高存储空间的利用率，通常让多个栈共享一片连续存储空间。这里以两个栈共享一个连续存储空间为例进行讲解，如图 3-3 所示，把两个栈 s1 和 s2 的栈底分别设在连续存储空间的两端，两个栈顶指针 top1 和 top2 随着各自的入栈操作向中间移动，仅当两个栈顶指针相遇时才会产生上溢。

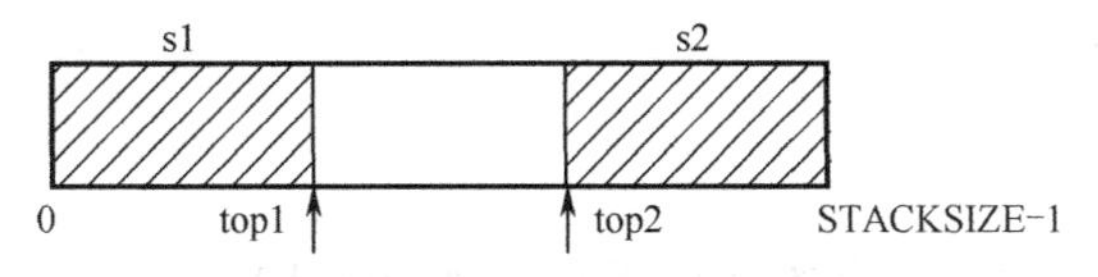

图 3-3　两个栈共享存储空间

栈 s1 和栈 s2 共享存储空间时，假设存储空间的地址区间为 0～STACKSIZE−1。s1 的栈底位置为 0，s1 为空时，top1=−1，每次有元素入栈时 top1 加 1，有元素出栈时 top1 减 1。而 s2 的栈底位置为 STACKSIZE−1，s2 为空时，top2=STACKSIZE，每次有元素入栈时 top2 减 1，有元素出栈时 top2 加 1。栈满时满足：top2==top1+1。

当多个栈共享一段连续存储空间时，其算法比较复杂，需进行大量元素的移动从而动态调整存储空间，这里不再进行探讨。

3.2.2　链栈及其运算实现

1．链栈的定义

栈以链式结构存储时，称为链式栈，简称链栈。本章中，链栈采用不带头结点的单链表

来表示，如图 3-4 所示。

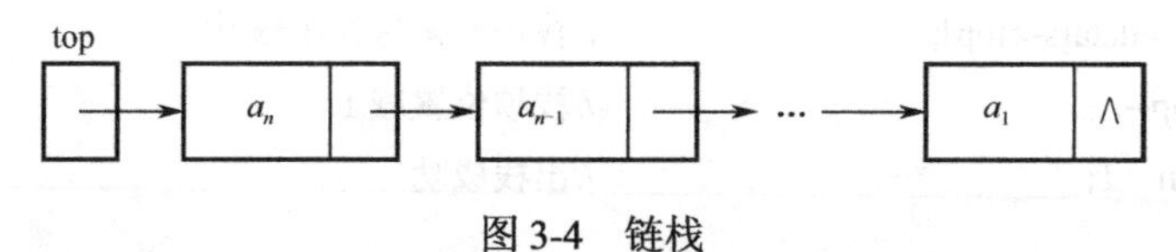

图 3-4 链栈

这里 top 定义为链表结点类型的指针变量，它始终指向链栈的栈顶结点。栈顶元素是链栈的第一个结点，栈底元素是链栈的尾结点。链栈的结点类型定义与单链表的结点类型定义相同。

链栈的结点类型定义如下：

```
typedef struct node
{ DataType data;
  struct node *next;
}StackNode, *LinkStack;
LinkStack top;
```

2．链栈的运算实现

入栈是将入栈元素对应的结点插到链栈的第一个结点之前，使之成为新的栈顶结点；出栈则是删除 top 所指的第一个结点。

（1）链栈初始化

```
//初始化一个空栈
LinkStack InitStack( )
{ return NULL; }
```

（2）判链栈空

```
//判断 top 所指向的链栈是否为空，为空返回 1，否则返回 0
int StackEmpty(LinkStack top)
{ if(top==NULL) return 1;
  return 0;
}
```

（3）链栈入栈

```
//将元素 x 压入栈顶所指向的链栈中，入栈成功返回 1，否则返回 0
//因入栈操作可能会修改栈顶元素，故下列入栈函数参数使用了二级指针 top
int Push(LinkStack *top, DataType x)
{ StackNode *s;
  s=(StackNode*)malloc(sizeof(StackNode));
  if(s==NULL)
  { printf("\n 申请空间失败\n"); return 0; }        //申请空间失败，入栈失败
```

```
    s->data=x;                              //新结点的数据域赋值
    s->next=*top;                           //将新结点入栈
    *top=s;
    return  1;                              //成功入栈
}
```

（4）链栈出栈

```
//将栈顶元素出栈，其值通过参数 x 返回，正常出栈返回 1，否则返回 0
//因出栈操作可能会修改栈顶元素，故下列出栈函数参数使用了二级指针 top
int  Pop(LinkStack  *top, DataType  *x)
{  StackNode  *p;
   if (*top==NULL)
   {  printf("栈为空栈!\n ");  return  0; }       //出栈失败
   else
   {  p= *top;                                 //p 指向栈顶结点
      *x=p->data;                              //*x 保存栈顶元素的值
      *top=p->next;                            //删除栈顶元素
       free(p);                                //释放栈顶结点所占空间
       return  1;                              //出栈成功
   }
}
```

（5）读链栈栈顶元素

```
//将 top 所指向的栈顶元素的值通过参数 x 返回，正常读取返回 1，否则返回 0
//读栈顶元素并不会修改 top，故下列函数参数为一级指针 top
int  GetTop(LinkStack  top, DataType  *x)
{  if (top==NULL)
   {  printf("栈为空栈!\n ");  return  0;  }      //栈空，读取失败
   else
   {  *x=top->data;                            //*x 保存栈顶元素的值
       return  1;                              //成功读取
   }
}
```

3.2.3 栈的应用——括号匹配

由于栈具有“后进先出”的特性，因此可以应用于具有“回溯”现象的各种应用中。例如，路径探寻、函数嵌套调用的实现、表达式括号匹配的检验、表达式求值等应用中都使用了栈。下面以括号匹配为例体验栈的应用。

【例 3-1】 对含有三种括号（圆括号、方括号和花括号）的文本，检测各种括号是否匹配。例如，“[(a+b)*(a-b)]”是匹配的，而“(a*(b-c)/d)+e)”和“[(c/b]+a*b)”都是不匹配的。

括号匹配方法：对文本从左到右进行扫描，如果遇到一个右括号，那么期待与它之前最后一次读到的同类型的左括号匹配上，这说明文本中的左括号序列具有“后进先出”的特点，宜使用栈来处理。本例中采用了顺序栈。

算法描述：

从左向右逐个读取文本中的字符，进行如下判断。

1）如果是左括号，则该左括号入栈，继续读取下一个字符。

2）如果是右括号：

① 若栈空，则整个文本的括号匹配失败，算法结束。

② 栈非空，则将该右括号和栈顶元素进行匹配检查，如果括号类型相同，则该括号匹配成功，栈顶元素出栈，继续读取下一个字符；如果括号类型不相同，则整个文本的括号匹配失败，算法结束。

3）如果是其他字符（非文本结束符），则继续读取下一个字符。

4）如果遇到文本结束符，且栈为空，则匹配成功，否则匹配失败。

算法实现：

```
typedef  char  DataType;
int  Match(char  *str)
{  int   i,n;
   char   ch;
   SeqStack   s;
   InitStack(&s);
   n= strlen(str);
   for (i=0; i < n; i++)
   {  if (str[i]=='{' || str[i]=='[' || str[i] == '(')
         if(Push(&s, str[i])==0)   return   -1;                //栈空间不足
         else   continue;                                     //左括号入栈，继续读取下一个字符
      else   if (str[i] == '}' || str[i] == ']' || str[i] == ')')          //遇到右括号
            if (StackEmpty(&s)==1)   return   0;              //若栈空，则当前右括号匹配失败
            else
            {  Pop(&s, &ch);                     //栈非空，栈顶左括号出栈，进行类型匹配检查
               switch(ch)
               {  case   '(':   if(str[i]!=')')   return   0;
                               break;
                  case   '[':   if(str[i]!=']')   return   0;
                               break;
                  case   '{':   if(str[i]!='}')   return   0;
               } //switch 结束
```

```
            }
          else   continue;                    //当前字符不是左括号也非右括号，则继续下一个
      } // for 结束
    if( i== n && StackEmpty(&s))              //遇到字符串结尾且栈为空时表示匹配成功，否则失败
      return   1;
    else
      return   0;
  } //Match 结束
```

3.3 队列的定义与基本运算

1. 队列的定义

队列是一种特殊的线性表。在队列中，仅允许在一端进行插入操作，而在另一端进行删除操作。允许插入的这一端叫作队尾（rear），允许删除的这一端叫作队头（front）。这种线性表类似于日常生活所排的队列，因而称为队列。队列示意图如图3-5所示。

2. 队列的特点

从生活中的购物排队很容易看出，队列中总是排在队头的人先得到服务，排在队尾的人后得到服务，具有先来的优先得到服务的特性，即“先进先出”（First In First Out，FIFO）。

3. 队列的基本运算

（1）初始化队列：设置一个空队列。
（2）判队列空：判断队列是否为空队列。
（3）入队：将新元素添加到队列中。
（4）出队：删除队列的队头元素。
（5）读队头元素：只查看队头元素并不出队。

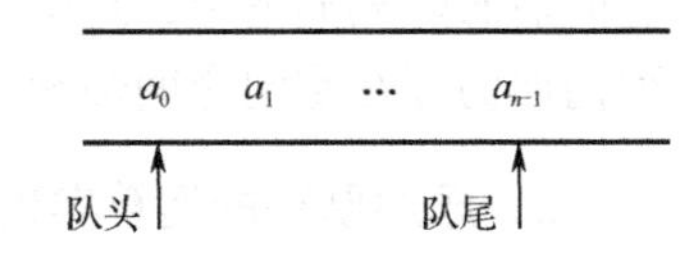

图3-5 队列示意图

3.4 队列的存储与运算实现

同栈相似，队列也只是对线性表的插入和删除的操作位置进行了限制，其逻辑结构本质上与线性表一样，因此其常用存储结构也有两种：一种是顺序存储，另一种是链式存储。

3.4.1 顺序队列及其运算实现

1. 顺序队列的定义

顺序存储的队列也是借助于一维数组来实现的。为了表示插入和删除操作的位置，设置两个变量front和rear用于标记队头和队尾的位置，front表示第一个元素的位置，rear表示最后一个元素的后一个位置。

顺序存储的队列可定义为：

```
#define  QUEUESIZE  100        //队列可容纳最大元素个数
typedef  int  DataType;
typedef  struct
{  DataType  data[QUEUESIZE];
   int  front;                 //队头
   int  rear;                  //队尾
}SeqQueue;
```

最多可容纳 6 个元素的顺序队列动态示意图如图 3-6 所示。

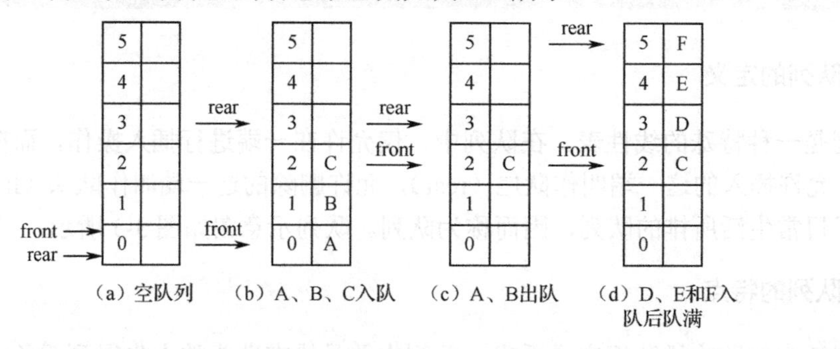

图 3-6　顺序队列动态示意图

其中，图 3-6（a）是空队列的情形，front 和 rear 都指向位置 0；图 3-6（b）是元素 A、B 和 C 入队后的情形；图 3-6（c）是 A、B 出队后的情形；图 3-6（d）是连续将 D、E 和 F 进队后的队列满情形。从图 3-6（d）可以看出，此时队列已满，不能再执行入队操作，但队列前面仍存在空闲空间却无法使用，这种情况称为“假溢出”。

2．顺序队列的运算实现

（1）初始化顺序队列

```
//将 q 所指的顺序队列置为空队列
void  InitQueue(SeqQueue  *q)
{  q->front=q->rear=0 ;  //置为空队列
}
```

（2）判队列空

```
//q 所指的队列为空返回 1，否则返回 0
int  QueueEmpty(SeqQueue  *q)
{  if(q->front==q->rear)      return  1 ;
   else  return   0 ;
}
```

（3）入队

```
//将元素 x 插到 q 所指的顺序队列中，成功返回 1，失败返回 0
int  EnQueue(SeqQueue  *q, DataType  x)
{  if(q->rear==QUEUESIZE)
    {  printf("队列已满，无法入队! \n");   return  0;  }
    else
    {  q->data[q->rear]=x;  q->rear++;  return  1;   }
}
```

（4）出队

```
//将 q 所指顺序队列的队头元素删除，并通过指针变量 x 带回，成功出队返回 1，失败返回 0
int  DeQueue(SeqQueue  *q, DataType  *x)
{  if(q->front==q->rear)
   {  printf("队列已空，无元素出队! \n");   return  0;  }
   else
   {  *x=q->data[q->front];  q->front++; return  1;  }
}
```

（5）读队头元素

```
//读取 q 所指顺序队列的队头元素，并通过指针变量 x 带回，成功读取返回 1，失败返回 0
int  GetQueueHead(SeqQueue  *q, DataType  *x)
{  if(q->front==q->rear)
   {  printf("队列已空，无元素可读! \n");   return 0;  }
   else
   {  *x=q->data[q->front];  return  1;  }  //并不修改 front 的值
}
```

3.4.2　假溢出与循环队列

在图 3-6（d）中已经看到了假溢出现象，导致假溢出现象的主要原因是：队列出队时并没有像普通线性表那样使其后面的元素前移。

为了解决假溢出现象，常用的方法是把队列想象成一个首尾相接的环，这种队列叫循环队列。在循环队列的入队和出队操作中，运用了求模运算（%）以确保 front 和 rear 的值保持在队列的有效下标范围内。

对于循环队列 q，初始化为空队列时，使 front==rear==0。将新元素 x 入队时的操作为：

```
q->data[q->rear]=x;   q->rear=(q->rear+1)%QUEUESIZE;
```

出队操作为：

```
x=q->dada[q->front]; q->front=(front+1)% QUEUESIZE;
```

图 3-7 所示是一个最多能容纳 6 个元素的循环队列的动态变化示意图。

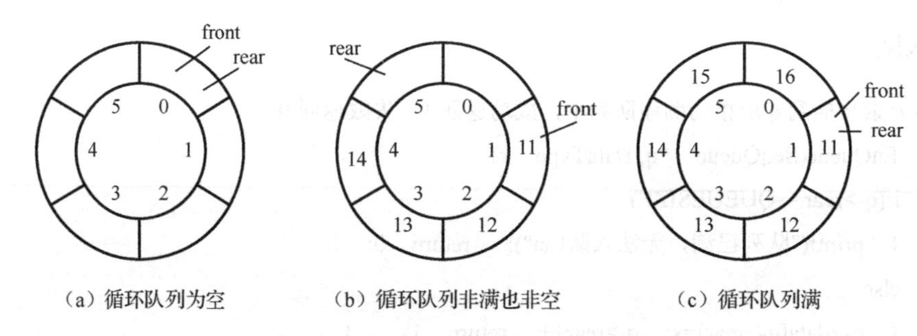

（a）循环队列为空　（b）循环队列非满也非空　（c）循环队列满

图 3-7　循环队列的动态变化示意图

图 3-7（a）是循环队列为空的情形，此时 front==rear==0。图 3-7（b）是循环队列非空也非满的情形，front 指向真正的队头元素，rear 指向新元素的入队位置。图 3-7（c）是循环队列为满的情形，此时 front==rear。

从图 3-7 可以发现，循环队列的队列空和队列满都满足条件 front==rear。很显然，仅凭这个条件无法区分出到底是队列空还是队列满。为了区分循环队列是队列空还是队列满，我们可以采取三种解决方案。

解决方案 1：闲置循环队列中一个元素空间。当 rear 的下一个位置是 front 时，则宣告队列满。此时，循环队列为空的条件为 rear==front，而循环队列为满的条件为：(rear+1)% QUEUESIZE==front。按照这种办法，循环队列出队、入队操作不变，只是入队时循环队列满的判断条件修改为(q->rear+1)%QUEUESIZE==q->front 即可。

解决方案 2：在循环队列上增加一个标志变量 tag，初始时 tag=0。当因为入队操作使 front==rear 时，置 tag 为 1；当因为出队操作使 front==rear 时，置 tag 为 0。

因此，循环队列空的条件为 tag==0&&front==rear，循环队列满的条件为 tag==1&&front==rear。

解决方案 3：在循环队列中增加一个计数器 count，初始时 count=0；成功出队时 count 减 1，成功入队时 count 加 1。

因此，循环队列空的条件为 count==0。

循环队列满的条件为 count==QUEUESIZE，或者 count>0&&rear==front。

3.4.3　链队列及其运算实现

1. 链队列的定义

链式存储的队列叫链队列。采用带头结点的单链表描述队列，队头设在单链表的头结点处，队尾则设在尾结点处。

链队列结点的类型定义如下：

```
//链队列结点的类型定义
typedef int  DataType ;
typedef  struct  node
{  DataType  data;
   struct  node  *next;
```

```
} LQNode;
//链队列的类型定义
typedef  struct
{       LQNode   *front;                //队头指针
        LQNode   *rear;                 //队尾指针
 } LinkQueue;
```

链队列如图 3-8 所示。

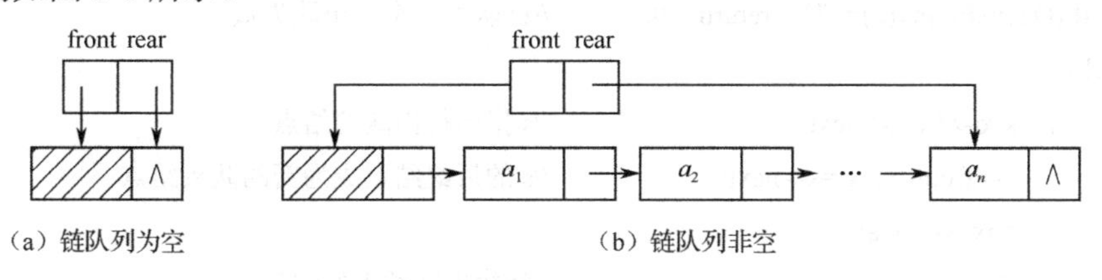

图 3-8　链队列

图 3-8（a）表示链队列为空的情形，这时 front 和 rear 都指向头结点，而头结点的 next 为 NULL。图 3-8 （b）表示链队列非空的情形，rear 指向尾结点，front 指向头结点。

2．链队列的运算实现

（1）链队列初始化

```
//初始化链队列为空队列
void  InitQueue(LinkQueue  *q)
{  LQNode   *s=(LQNode*)malloc(sizeof(LQNode)); //申请队头结点空间
   s->next=NULL;
   q->front=q->rear=s;                    //使 front 和 rear 都指向该头结点
}
```

（2）入队

```
//向 q 所指的链队列中插入一个值为 x 的结点，成功进队返回 1，否则返回 0
int  EnQueue(LinkQueue  *q, DataType  x)
{  LQNode  *s=(LQNode*)malloc(sizeof(LQNode));   //申请新结点空间
   if(s==NULL)  return  0;                      //空间申请不成功，入队失败
   s->data=x;  s->next=NULL;                    //s 将成为新的队尾
   q->rear->next=s;  q->rear=s;                 //队尾指针指向 s
   return  1;
}
```

（3）判链队列空

```
//q 所指链队列的 front 与 rear 相等时，链队列为空，返回 1，否则返回 0
int  QueueEmpty(LinkQueue  *q)
```

```
{  if( q->front==q->rear)   return   1;
   return   0;  }
```

（4）出队

```
//从 q 所指的链队列中删除队头结点并将值由指针 px 带回，成功出队返回 1，否则返回 0
int   DeQueue(LinkQueue   *q, DataType   *px)
{  LQNode   *s;
   if (QueueEmpty(q)==1)   return   0;          //链队列为空，出队失败
  else
     {  s=q->front->next;                       //s 指向待出队的结点
        q->front->next=s->next;                 //s 的后继结点成为新的队头结点
        *px=s->data;
        free(s);                                //释放出队结点的空间
        if (q->front->next==NULL)               //因为出队操作使链队列为空时需修改 rear
           q->rear=q->front;
        return   1;
     }
}
```

（5）读队头元素

```
//读取 q 所指链队列的队头元素的值，但队头元素并不从链队列中删除
int   GetQueueHead(LinkQueue   *q, DataType   *px)
{  if (q->front==q->rear)   return   0;         //链队列为空，读取失败
   else
   {  *px=q->front->next->data;                 //只是读取并不出队，因此不改变链队列中的任何值
      return   1;
   }
}
```

3.5　栈和队列的综合应用

3.5.1　栈的综合应用

栈是限定仅能在一端进行插入和删除的线性表，故栈中元素的进出是按“后进先出”规则进行的。栈的这种操作一定程度上体现了“吃苦在先，享乐在后”的无私奉献精神。在解决实际问题中，只要其操作方式是后进先出的，其算法实现中都可以使用栈这种数据结构来实现，如括号匹配、表达式求值、数制转换、串的逆置等。在算法实现及算法优化中，栈常用于消除递归和实现回溯。

1. 栈消除递归调用

递归算法的优点是代码简捷，易于理解，缺点是递归调用内存消耗大，执行效率低。为了提高程序运行效率，程序员经常要消除算法中的递归调用。递归通常将一个规模较大的问题逐级分解为规模较小的同类问题，直到问题出现已知解为止，再逐级返回，直到原问题得以解决。递归中渗透着“不忘初心，牢记使命”的思想内涵。这种逐级递推到逐级返回的过程符合栈的后进先出的操作规律，因此，在消除递归的算法中，使用栈来存储逐级递推时需要保存的一些数据。

2. 栈与回溯算法实现

回溯法又称试探法。回溯法的基本方法是深度优先搜索，从一条路往前走，能进则进，不能进则退回，换一条路再试。

当我们遇到这样一类问题，它可以分解，但是又不能得出明确的动态规划或者递归解法时，可以考虑用回溯法解决。回溯法的优点在于其程序结构明确，可读性强，易于理解，而且通过对问题的分解可以大大提高运行效率。

在回溯过程中，向前探测和向后退步的操作恰好与栈的后进先出的特点相符，故回溯算法的实现通常要用到栈这种数据结构。

3. 案例

老鼠走迷宫问题：心理学家把一只老鼠从迷宫的入口赶入，迷宫中设置了很多墙壁（设 0 为通道，1 为墙壁），对老鼠的前进形成了多处障碍。在迷宫的唯一出口处放置了一块奶酪，吸引老鼠在迷宫中寻找通路以到达出口。请编程求一条出迷宫的路径。老鼠走迷宫的初始状态如图 3-9（a）所示，而在某个位置点进行 8 个方向的探测如图 3-9（b）所示。

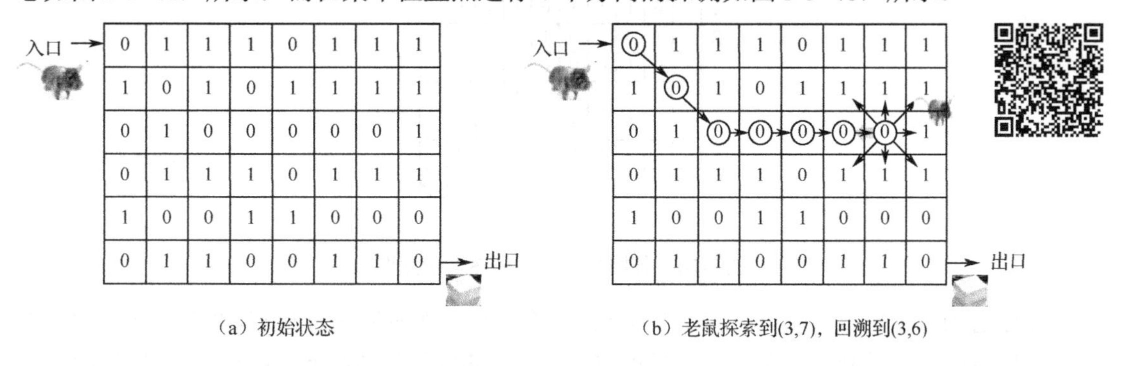

（a）初始状态　　（b）老鼠探索到(3,7)，回溯到(3,6)

图 3-9　老鼠走迷宫

在图 3-9（a）中，老鼠处于迷宫入口处，奶酪置于迷宫的出口处即右下角的位置。在图 3-9（b）中，老鼠从(1,1)（第 1 行第 1 列）开始，按顺时针方向走(2,2)，再到(3,3)，再依次到(3,4)→(3,5)→(3,6)→(3,7)，之后在(3,7)处探测时发现无路可走，此时，只能退回到前一个位置(3,6)，从(3,6)的下一个方向即(4,7)继续探测。

算法分析：

（1）分析数据结构及数据类型定义

如果以矩阵来描述迷宫，则迷宫问题的路径试探过程中需记录的数据除位置点坐标(*x*,*y*)外，还应该记录当前位置是其前一个位置点的试探方向 *d* 的值。因此路径中每个位置点的信息描述为：

```
typedef   struct
{  int   x , y;       //x,y 为位置点坐标
   int   d;           //d 记录点(x,y)是其前一个位置点的第几个搜索方向
}PathType;            //路径中位置点的数据类型
```

在探测过程中，进入路径序列的位置点必须在尾部插入，而退后一步时删除位置点也只能在尾部进行。先进入这个路径序列的位置点，若想删除它，必须等到在它之后进入的所有位置点都被删除之后才能删除它。这是一个典型的回溯问题，其数据结构采用了栈。本例中采用顺序栈实现，顺序栈的类型定义为：

```
typedef   struct                    //顺序栈
{  PathType   stack[STACKSIZE];
   int   top;
}SqStack;
```

为了使算法简单，可在迷宫外围加上一圈。例如，迷宫的规模是 *m* 行 *n* 列，则算法中定义迷宫数组为 maze[*m*+2][*n*+2]，在初始化时，将外围一圈的值均设置为 1，表示均为墙壁不可通行。这样的好处是，原迷宫中每个位置点都可以有 8 个探测方向，而无须判断当前位置点是否处于迷宫边缘。扩充后的迷宫如图 3-10 所示。

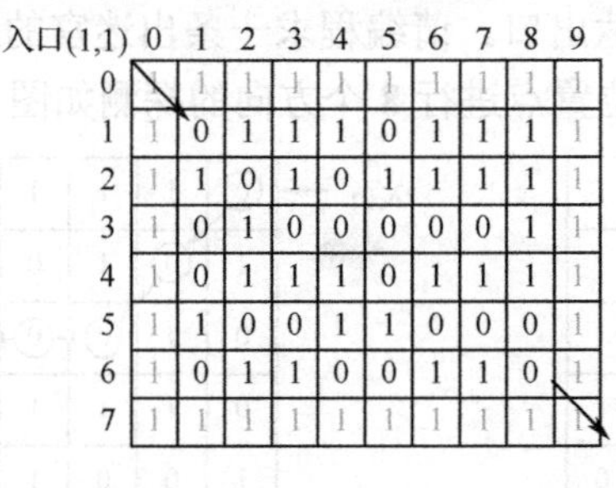

	0	1	2	3	4	5	6	7	8	9
0	1	1	1	1	1	1	1	1	1	1
1	1	0	1	1	1	0	1	1	1	1
2	1	1	0	1	0	1	1	1	1	1
3	1	0	1	0	0	0	0	0	1	1
4	1	0	1	1	1	0	1	1	1	1
5	1	1	0	0	1	1	0	0	0	1
6	1	0	1	1	0	0	1	1	0	1
7	1	1	1	1	1	1	1	1	1	1

图 3-10　外围加了一圈的迷宫示意图

在迷宫的每个位置点(*x*,*y*)处，对其周围的 8 个方向按顺时针进行探测，8 个探测方向位置点的坐标值的确定是利用一个相对于当前位置点(*x*,*y*)的位移量数组 move 来计算的，如图 3-11 所示。

探测方向的类型定义及 move 数组的初始化如下：

```
typedef   struct                    //搜索方向的结构体类型
{  int   x,y;
}Item;
Item   move[8]={{0,1},{1,1},{1,0},{1,-1},{0,-1},{-1,-1},{-1,0},{-1,1}};
```

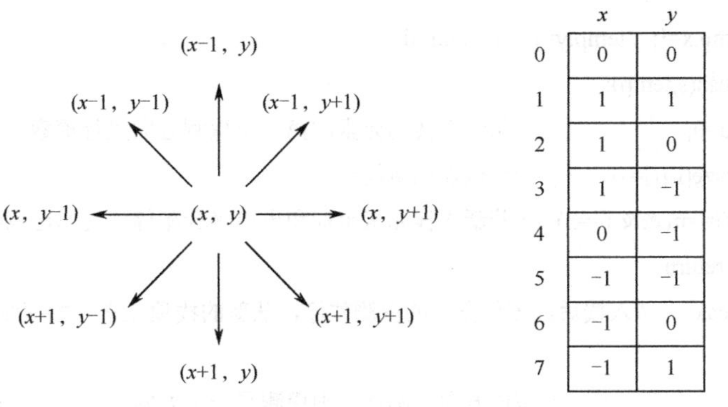

（a）(x,y)的8个探测方向　　（b）8个探测方向的位移量数组move

图 3-11　(x,y)的 8 个探测方向及位移量数组 move

（2）迷宫的算法设计

1）建立一个存放路径中位置点的顺序栈并对其进行初始化。

2）将入口点坐标及到达该点的方向（初值设为-1）入栈，即(1,1-1)入栈，初始探测方向设置为第一个探测方向 0。

3）栈不空，重复如下操作：

① 取栈顶元素。

② 从栈顶元素对应的顶点开始，依次试探各个没有探测过的方向，直至找到一个可通行的位置点或者找不到可通行的位置点为止。

若找到了可通行的位置点，则将其入栈，且置该点初始探测方向为第一个探测方向 0；若此时已到达出口，说明已找到一条路径，将栈中的所有位置点信息输出，算法结束。

若没有可通行的位置点，则栈顶元素出栈，退回到上一步，获取栈顶元素的探测方向 *d*，继续探索下一个方向。

4）若栈为空，则表明没有任何路径可达出口，探测失败。

（3）迷宫的算法实现

```
void  MazePath(int  maze[m+2][n+2], Item  move[8],SeqStack  *s)
{  int  x,y,d,i,j,dd;
   DataType  temp;
   temp.x=1;  temp.y=1;  temp.d=-1;         //设置迷宫入口点坐标，入口点探测方向初值设置为-1
   Push(s,temp);                            //temp 入栈
   maze[temp.x][temp.y]=-1;                 //迷宫中元素置为-1 表明该点已经访问过了
   dd=0;                                    //设置该点的初始探测方向为 0，即水平向右
   while(!StackEmpty(s))
   {  GetTop(s,&temp);                      //取栈顶元素
      x=temp.x;  y=temp.y;  d=dd;           //沿栈顶元素的第一个探测方向，即从 0 开始
      while(d<8)       //前一探测位置的几个方向的探测若还没有完，则继续探测下一个方向
      {  i=x+move[d].x;  j=y+move[d].y;           //生成新位置点的坐标
         if(maze[i][j]==0)                        //若该点能走通，则将其入栈
```

```
            {  temp.x=i;   temp.y=j;   temp.d=d;
               Push(s,temp);
               dd=0;                //从新入栈的元素的第一个探测方向进行探索
               maze[i][j]=-1;       //置该点已访问
               if(i==m && j==n)     //若新入栈元素坐标和出口坐标相等，说明已找到路径
                 return ;
               break;   //入栈后，该位置点的探测暂停，从新的栈顶元素开始探测，故终止循环
            }
            else                    //该方向走不通，则探测另一个方向
               d=d+1;               //继续探测下一个方向
         }
         if(d==8) //栈顶元素的 8 个方向都已经探测完毕且无通路，出栈，退回前驱位置点
         {  Pop(s,&temp);
            dd=temp.d+1;            //退回前驱位置点的下一个方向
         }
      }
   }
```

3.5.2　队列的综合应用

队列在计算机及日常生活中的应用都十分广泛。

1．在计算机操作系统中解决主机与外设的速度不匹配

例如，主机与打印机之间的速度不匹配，如果直接将主机处理的数据送给打印机，显然效率太低，因此通常设置一个打印缓冲区（队列），主机依次把要输出的数据送到缓冲区中，当缓冲区写满时，主机就暂停输出转去执行别的任务，打印机则依次从缓冲区中取出数据进行打印，等缓冲区为空时，打印机向主机发出请求，主机接到请求后再向缓冲区中写入待打印数据。这样既保证了打印数据的正确性，又提高了主机的利用率。

2．解决多用户关于处理机资源的竞争

在一个带有多终端用户的操作系统中，多个用户都需要 CPU 执行各自的程序，这些用户分别通过各自的终端向操作系统发出占用 CPU 的请求。而操作系统通常按照收到请求时间的先后顺序，将这些请求排成一个队列，把 CPU 分配给排在队头的用户，等该用户程序运行结束或者用完规定的占用时间间隔后，使其出队，将 CPU 再分配给新的队头用户。这样既满足了用户的需求，也提高了 CPU 的利用率。

3．解决生活中的公共秩序

在实际生活中，只要涉及按“先来先服务”规则进行处理的事务都会用到队列。队列的

这种操作特性体现了一种社会的公共秩序，但做事也不可过于绝对，当实际中有某些特殊情况需要照顾时，公众也通常会予以适当的关照，以体现一种人文关怀和中华传统美德，维护社会的公序良俗。例如，在大型医院挂号时，通常患者应按先来后到的顺序排队挂号，但如果有危重患者到来，大家也都会礼让，让他优先挂号看病。

大型医院挂号就医描述：某医院的 N 个诊室，每个诊室最多每天可挂号数为 MAXLEN 个。每个诊室对患者的组织方式是，患者按其所挂诊室名所对应的序号到指定窗口按先后顺序排队挂号，挂号时登记患者信息，如姓名、性别、年龄、家庭住址等。每次诊治总是从排在队列最前面的人开始。如果有急诊病人，只要目前该诊室未满，则允许特殊处理将其插到第 1 位。

分析：从问题描述中可以看出，挂号顺序及诊治顺序都是按先来先服务的规则进行的，该应用问题的解决可以利用队列这种数据结构。

该系统利用顺序循环队列实现。

类型定义如下：

```
#define  MAXLEN  20                                   //每个诊室最多可挂号数
#define  N  5                                         //诊室数
//患者信息定义
typedef  struct
{  char  name[21],sex[5],address[51], tel[12];       //定义患者姓名、性别、住址、电话
   int  age;                                          //定义患者年龄
}DataType;
//挂号顺序循环队列的类型定义
typedef  struct
{  DataType  data[MAXLEN];
   int  front, rear,flag;                             //采用加 flag 标记区分队列空和队列满
}SeqQueue;
//N 个诊室排队挂号定义 N 个顺序循环队列
SeqQueue  reg[N];
```

3.6 本章小结

栈是一种操作受限制的特殊线性表，它允许在线性表的同一端进行插入和删除操作。栈是一种后进先出的线性表，简称 LIFO 表。栈的存储分为顺序存储和链式存储。顺序存储的栈为顺序栈，链式存储的栈为链栈，链栈的栈顶设在链表的第一个结点处。栈在日常生活及计算机程序设计中有广泛应用，如表达式求值、函数嵌套调用和递归调用等。

队列也是一种操作受限制的特殊线性表，它允许在表的一端进行插入操作而在另一端进行删除操作。队列是一种先进先出的线性表，简称 FIFO 表。队列的存储分为顺序存储和链式存储，分别是顺序队和链队列。链队列的队头设在链头，队尾设在链尾。队列在计算机系统中及在日常生活中的应用都十分广泛，如生活中排队、操作系统中设备资源管理等都涉及队列。

习题 3

一、客观习题

1．一般情况下，将递归算法转换成等价的非递归算法应该设置（　　）。

A．栈　　B．队列　　C．栈或队列　　D．数组

2．栈和队列的共同点是（　　）。

A．都是先进后出　　B．都是先进先出

C．只允许在特定端点处插入和删除元素　　D．无共同点

3．若让元素 1，2，3，4，5 依次入栈，则出栈顺序不可能出现（　　）的情况。

A．5，4，3，2，1　　B．2，1，5，4，3

C．4，3，1，2，5　　D．2，3，5，4，1

4．设用链表作为栈的存储结构，则退栈操作（　　）。

A．必须判别栈是否为满　　B．必须判别栈是否为空

C．判别栈元素的类型　　D．对栈不做任何判别

5．不带头结点的链式栈结点为（data,next），top 指向栈顶，若想删除栈顶结点，并将删除结点的值保存到 x 中，则应执行的操作是（　　）。

A．x=top->data; top=top->next;　　B．top=top->next; x=top->next;

C．x=top; top=top->next;　　D．x=top->next;

6．用数组 data 存储一个有 *n* 个元素的栈，初始栈顶位置 top 为 *n*，则以下能将元素 x 入栈的正确操作是（　　）。

A．top++;data[top]=x;　　B．data[top]=x; top++;

C．top--;data[top]=x;　　D．data[top]=x; top--;

7．由两个栈共享一个数组空间的优势在于（　　）。

A．减少存取时间，降低上溢发生的概率

B．节省存储空间，降低上溢发生的概率

C．减少存取时间，降低下溢发生的概率

D．节省存储空间，降低下溢发生的概率

8．设有一个递归算法：

```
int  fact(int  n)  // n 大于或等于 0
{  if(n<=0)  return  1;
   else  return  n*fact(n-1);
}
```

则计算 *n*!需要调用该函数的次数为（　　）。

A．$n+1$　　B．$n-1$　　C．n　　D．$n+2$

9．设循环队列的容量为 20，序号从 0 到 19，经过一系列的入队和出队操作后，front=5，rear=10，问队列中有（　　）个元素（采用少用一个元素空间的方式区分队列空和队列满）。

A．4　　B．5　　C．6　　D．7

10．设计一个判别表达式中左、右括号是否配对出现的算法，采用（ ）数据结构最佳。

A．线性表的顺序存储结构 B．线性表的链式存储结构

C．队列 D．栈

11．用链式结构存储的队列，在进行删除运算时（ ）。

A．仅修改头指针 B．仅修改尾指针

C．头、尾指针都要修改 D．头、尾指针可能都要修改

12．数组 Q[n]用来表示一个循环队列，f 为当前队列头元素的前一个位置，r 为队尾元素的位置。假定队列元素中的个数小于 n，计算队列中元素个数的表达式为（ ）。

A．r-f B．(n+f-r)%n C．n+r-f D．(n+r-f)%n

13．最大容量为 n 的循环队列，队尾指针是 rear，队头是 front，则队列空的条件是（ ）。

A．(rear+1)%n==front B．rear==front

C．rear+1==front D．(rear-1)%n==front

14．最适合用作链队列的链表是（ ）。

A．带队头指针和队尾指针的单向循环链表

B．带队头指针和队尾指针的单向链表

C．只带队头指针的单向链表

D．只带队头指针的单向循环链表

15．假设栈初始为空，将中缀表达式 a/b+(c*d-e*f)/g 转换为等价的后缀表达式的过程中，当扫描到 f 时，栈中从栈底到栈顶的元素依次是（ ）。

A．+(*- B．+(-* C．/+(*-* D．/+-*

二、简答题

1．简要说明栈和队列的特点，试各举一个实例说明栈和队列在程序设计中的作用。

2．假设有 a、b、c、d 这 4 个元素依次入栈，其中入栈和出栈操作可以交替进行，试写出所有可能的出栈序列。

3．什么是队列的上溢现象和假溢出现象？解决假溢出的方法有哪些？

4．利用栈实现将中缀表达式 8-(3+5)*(5-6/2)转换成后缀表达式，写出栈的变化过程。

三、算法设计题

1．已知 Ackermann 函数定义如下：

$$\mathrm{Ack}(m,n)=\begin{cases} n+1, & \text{当}m=0\text{时} \\ \mathrm{Ack}(m-1,1), & \text{当}m\neq 0,n=0\text{时} \\ \mathrm{Ack}(m-1,\mathrm{Ack}(m,n-1)), & \text{当}m\neq 0,n\neq 0\text{时} \end{cases}$$

（1）根据此函数定义，写出 Ack(m,n)的递归算法，并根据此算法给出 Ack(2,1)的计算过程。

（2）利用栈，写出 Ack(m,n)的非递归算法。

2．如果允许在循环队列的两端都可以进行插入和删除操作：

（1）写出循环队列的类型定义。

（2）写出“从队尾删除”和“从队头插入”的算法。

3．用于列车编组的铁路转轨网络是一种栈结构，如题图 3-1 所示。其中右边轨道是输入端，左边轨道（可以看成队列）是输出端。右边轨道上的车节编号顺序为 1、2、3、4，当执

行入栈、入栈、出栈、入栈、入栈、出栈、出栈、出栈操作时，左边轨道上的车节编号顺序为 2、4、3、1。设计一个算法，输入 *n* 个整数（右边轨道上的 *n* 个车节编号），用上述转轨过程对车节重新进行编排，使得编号为奇数的车节都排在编号为偶数的车节前面。

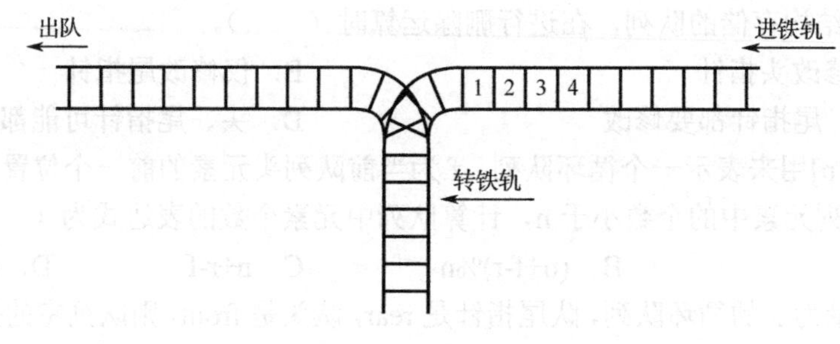

题图 3-1　铁路转轨网络

第 4 章 数组、广义表与串

数组（Array）、广义表（Generalized List）和串（String）可以看作线性表的推广，本章讨论多维数组的逻辑结构、特殊矩阵的压缩存储、广义表的逻辑结构和存储结构，以及串的常见算法等。本章介绍的数据结构都是非常基础的，绝大多数的程序设计语言都会用到这些结构，而且这些结构也是后面复杂数据结构实现的基础，因此理解和掌握这些基础结构十分重要，正如中国传统智慧所描述的那样：合抱之木，生于毫末；九层之台，起于累土；千里之行，始于足下。

4.1 数组的概念与存储

数组是相同类型的（数据）元素的集合。从本质上讲，数组是<下标，值>（<index,value>）偶对的集合。当下标是一个整数时表示的是一维数组，当下标是多个整数时表示的是多维数组。数组具有元素类型相同、大小固定和通过确定的下标进行存取的特点。

4.1.1 数组的概念

1. 一维数组

一维数组是 n（$n \geqslant 0$）个数据类型相同的元素 $a_0,a_1,\cdots,a_{n-1}$ 构成的有限线性序列，且该序列存储在一块地址连续的内存单元中。如图 4-1 所示是由 10 个类型相同的元素构成的一维数组，该数组下标的取值范围是 0～9。在一维数组中，逻辑上相邻的两个元素，如 a_i 和 a_{i+1}，在内存中也是相邻存放的。数组支持的操作有两种，分别是读操作和写操作，读操作从数组中读取数据，写操作往数组中写入数据。无论是读还是写，都需要指出操作位置即数组元素的下标。

一维数组的元素 a_i 在内存中的地址可用公式 $\text{LOC}(a_i)=\text{LOC}(a_0)+i\times L$ 来计算，其中，i 是元素 a_i 的下标，$\text{LOC}(a_0)$是数组起始地址也就是第一个元素 a_0 的地址，L 是每个元素所占用空间的大小。

2. 多维数组

多维数组是一维数组的推广，是非线性结构。多维数组的特点是，每个元素可以有多个直接前驱和多个直接后继。例如，二维数组中每个元素可能会有两个直接前驱，一个在它所在行上，另一个在它所在列上，同样，每个元素也可能会有两个直接后继。因此，要标识一个二维数组的元素必须有两个下标，即行下标和列下列。如图 4-2 所示是一个 m 行 n 列的二维数组，其中，$a_{i,j}$ 表示第 i+1 行第 j+1 列的元素。

0	1	2	3	4	5	6	7	8	9	
a_0	a_1	a_2	a_3	a_4	a_5	a_6	a_7	a_8	a_9	n=10

图 4-1　10 个元素的一维数组

$$A_{m\times n}=\begin{pmatrix} a_{0,0} & a_{0,1} & a_{0,2} & \cdots & a_{0,n-1} \\ a_{1,0} & a_{1,1} & a_{1,2} & \cdots & a_{1,n-1} \\ \vdots & \vdots & \vdots & \ddots & \vdots \\ a_{m-1,0} & a_{m-1,1} & a_{m-1,2} & \cdots & a_{m-1,n-1} \end{pmatrix}$$

图 4-2　二维数组

4.1.2　数组的存储

数组具有大小固定和通过确定的下标进行存取的特点，适宜采用顺序存储方式。由于计算机内存是一维的线性结构，不论是一维还是多维数组在内存中都只能以线性结构呈现，所以需要将多维数组转化为一个线性序列才能存放在内存中。通常有两种转化方法：以行序为主和以列序为主。

对于图 4-2 所示的二维数组按照行序为主的存储方式，先把二维数组行下标为 0 的一行元素转换到一维的存储结构中，然后再把行下标为 1 的一行元素继续转换到一维的存储结构中，其余类推，直到二维数组的最后一行转换结束，如图 4-3（a）所示。

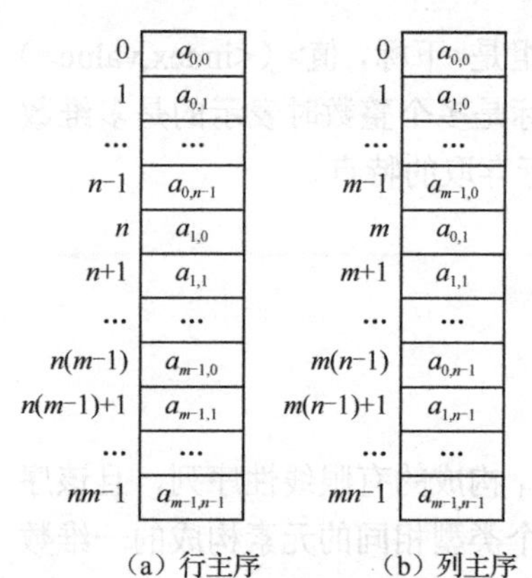

图 4-3　二维数组的存储

对于一个 m 行 n 列的二维数组，若以行序为主进行存储，每个元素所占用内存空间的大小为 L，则二维数组数据元素 $a_{i,j}$ 在内存中的地址为：

$$\mathrm{LOC}(a_{i,j})=\mathrm{LOC}(a_{0,0})+(i\times n+j)\times L$$

其中，$\mathrm{LOC}(a_{0,0})$是数组的开始地址，i 和 j 分别是行和列下标。

例如，$\boldsymbol{A}_{6,10}$ 表示一个 6 行 10 列的二维数组，以行序为主进行存储，假设每个元素的单位长度为 4 字节，$a_{3,5}$ 的内存地址就是：$\mathrm{LOC}(a_{3,5})=\mathrm{LOC}(a_{0,0})+(3\times10+5)\times4=\mathrm{LOC}(a_{0,0})+140$。

图 4-3（b）是以列序为主存储的二维数组，在转换为一维结构时，先把列下标为 0 的一列转化到一维结构中，然后依次把列下标为 1,2,…,n−1 的列转化到一维结构中。

对于有 m 行 n 列的且以列序为主存储的二维数组，每个元素所占用内存空间的大小为 L，数据元素 $a_{i,j}$ 在内存中的地址为：

$$\mathrm{LOC}(a_{i,j})=\mathrm{LOC}(a_{0,0})+(j\times m+i)\times L$$

例如，$\boldsymbol{A}_{6,10}$ 表示一个 6 行 10 列以列序为主的二维数组，每个元素的单位长度为 4，$a_{3,5}$ 的内存地址为：$\mathrm{LOC}(a_{3,5})=\mathrm{LOC}(a_{0,0})+(5\times6+3)\times4=\mathrm{LOC}(a_{0,0})+132$。

4.1.3　特殊矩阵的压缩存储

特殊矩阵是指非零元素或零元素的分布有一定规律的矩阵，如常见的对称矩阵、三角矩阵等。特殊矩阵如果直接用二维数组存储，那么矩阵的阶数高时会浪费大量的内存空间，下面从节省空间的角度来考虑特殊矩阵的存储方式。

1. 对称矩阵及其压缩存储

对于一个 n 阶方阵，若满足 $a_{i,j}=a_{j,i}$，其中 $i,j=0,1,2,\cdots,n-1$，则称其为对称矩阵。假设图 4-4（a）所示的 n 阶方阵为对称矩阵，由于所有元素关于主对角线对称，因此只需存储其下三角（或上三角）部分元素值即可。原来需要 n^2 个内存单元，现在只需要 $n(n+1)/2$ 个内存单元，节省了大约一半的内存空间，从而实现了压缩存储。

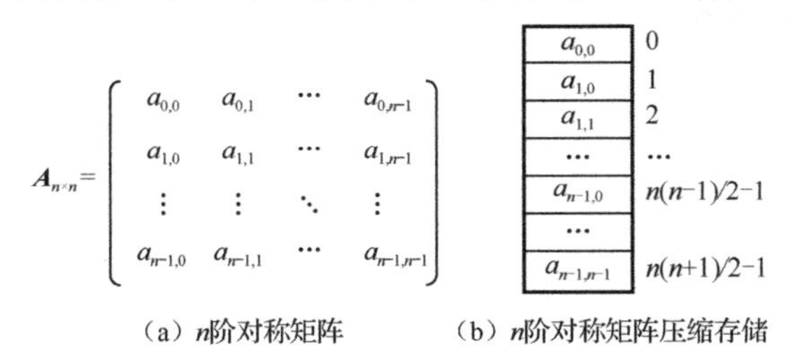

（a）n阶对称矩阵　　（b）n阶对称矩阵压缩存储

图 4-4　对称矩阵

如果只存储其下三角部分，可以按照行主序的方式把下三角部分转化为一个一维数组，图 4-4（a）的矩阵存储下三角部分后的存储结果如图 4-4（b）所示。元素 $a_{i,j}$ 与一维数组下标 k 的对应关系为：

$$k=\begin{cases}\dfrac{i(i+1)}{2}+j, & i\geqslant j\\[2mm] \dfrac{j(j+1)}{2}+i, & i<j\end{cases}$$

2. 三角矩阵及其压缩存储

三角矩阵指的是矩阵中的上（或下）三角部分（不含主对角线）的元素均为常数 c 的 n 阶方阵，其压缩存储方式与对称矩阵类似，只存储矩阵的上（或下）三角部分，用一维数组存放上三角部分的元素，元素 $a_{i,j}$ 对应一维数组中的存储下标 k 为：

$$k=\begin{cases}\dfrac{i(2n-i+1)}{2}+j-i & i\leqslant j\\[2mm] \dfrac{n(n+1)}{2} & i>j\end{cases}$$

图 4-5（a）给出了一个上三角矩阵，将其以行主序方式存储转换为一维数组的结果如图 4-5（b）所示。

$$A_{n\times n}=\begin{bmatrix} a_{0,0} & a_{0,1} & \cdots & a_{0,n-1}\\ c & a_{1,1} & \cdots & a_{1,n-1}\\ \vdots & \vdots & \ddots & \vdots\\ c & c & \cdots & a_{n-1,n-1}\end{bmatrix}$$

元素	下标
$a_{0,0}$	0
$a_{0,1}$	1
$a_{0,2}$	2
…	…
$a_{1,1}$	n
…	
$a_{n-1,n-1}$	$n(n+1)/2-1$
c	$n(n+1)/2$

（a）n阶三角矩阵　　（b）n阶三角矩阵压缩存储

图 4-5　上二角矩阵

4.1.4 稀疏矩阵的压缩存储

稀疏矩阵是一种特殊矩阵，其中只有少量的非零元素，绝大多数都是零元素，如果只存储少量的非零元素，就可以节省存储空间。一般地，对一个非零元素要保存它的行下标、列下标和数值三项数据（三元组），然后把所有的非零元素用线性表进行存储。图 4-6 是一个 6 行 7 列的矩阵 $A_{6\times7}$，它有 6 个非零元素，用三元组可以表示为{(0,2,11), (0,4,17), (1,1,25), (3,0,19), (4,3,37), (5,6,50)}，其中(0,2,11)表示在行下标 0、列下标 2 的位置有非零元素 11。

1. 三元组顺序表存储

三元组表的顺序存储结构称为三元组顺序表，相关存储结构定义如下：

```
//三元组元素的类型定义
typedef   struct
{   int   i, j;
    DataType   v;
}Triple;
//三元组顺序表
typedef   struct
{   int   m ,n ,len;
    Triple   data[M];
}TSMatrix ;
```

Triple 结构是三元组元素的类型定义，其中包括行号 i、列号 j 和数值 v。TSMatrix 结构是一个顺序表结构，其中的 data 是一个三元组数组，m、n 和 len 分别是原稀疏矩阵的行、列维度和非零元素个数，M 是三元组顺序表的最大长度。图 4-7 所示为三元组顺序表中的 data 数组，其中的数据来自图 4-6 的稀疏矩阵。

$$A_{6\times7}=\begin{pmatrix}0 & 0 & 11 & 0 & 17 & 0 & 0\\ 0 & 25 & 0 & 0 & 0 & 0 & 0\\ 0 & 0 & 0 & 0 & 0 & 0 & 0\\ 19 & 0 & 0 & 0 & 0 & 0 & 0\\ 0 & 0 & 0 & 37 & 0 & 0 & 0\\ 0 & 0 & 0 & 0 & 0 & 0 & 50\end{pmatrix}$$

图 4-6 稀疏矩阵及其三元组表示

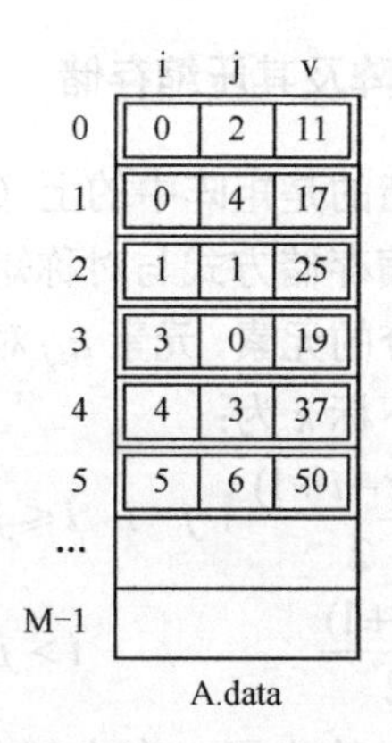

图 4-7 图 4-6 稀疏矩阵的三元组顺序表存储示意图

2. 三元组链表存储

三元组表的链表存储结构称为三元组链表。相关存储结构定义如下：

```
//三元组结点的类型定义
typedef struct node
{ int i,j;
  DataType v;
  struct node *next;
}TriNode;
```

TriNode 结构是三元组链表结点的类型定义，其中 i、j 和 v 的含义与三元组顺序表的相同，next 是指向下一个三元组结点的指针。需要注意的是，三元组链表采用了带头结点的单链表，头结点中的 i 和 j 分别表示原稀疏矩阵的行和列维度。如图 4-8 所示为图 4-6 稀疏矩阵的三元组链表存储示意图，头结点中的 6 和 7 表示稀疏矩阵行和列维度分别为 6 和 7。

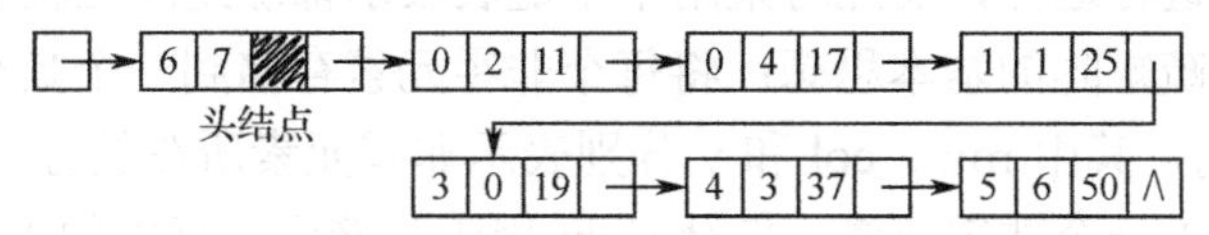

图 4-8 图 4-6 稀疏矩阵的三元组链表存储示意图

3. 行指针数组存储

行指针数组表示法相关存储结构定义如下：

```
//同行非零元素的结点类型定义
typedef struct node
{  int j;                        //列号
   DataType v;                   //值
   struct node *next;            //指向本行下一行中的非零元素（结点）
}TriNode;
//行指针数组元素类型定义
typedef sruct
{ int i;                         //行号
  TriNode *first;                //指向本行第 1 个非零元素（结点）
}Link;
Link a[M];                       //M 行
```

其中，TriNode 结构是三元组结点的类型定义，其中 i、j 和 v 的含义与三元组顺序表的相同，next 是指向下一个三元组的指针。这里又新增了一个结点类型 Link，Link 结构中的 i 表示稀疏矩阵中下标为 i 的行，这一行的所有非零元素通过 Link 中的 first 指针链接成一个单链表。与稀疏矩阵中的多行数据相对应，多个 Link 结点被存放在一个一维数组 a 中，其中 M 为稀疏矩阵的行数，如图 4-9 所示。这种方式的优点是可以按行快速地找到某行中的非零数据，缺点是按列查找数据非常耗时。

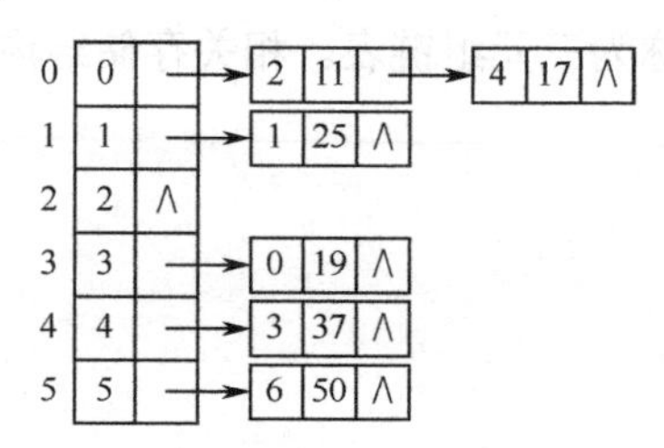

图 4-9　图 4-6 稀疏矩阵的行指针数组存储示意图

4．十字链表存储

前面描述了三种稀疏矩阵的压缩存储方式，均可以节省大量的存储空间，但是在进行某些矩阵运算（矩阵加法、减法和乘法）时，非零元素个数及非零元素的位置会发生变化，这些结构不能很方便地进行运算，而此时采用十字链表表示稀疏矩阵比较合适。

十字链表表示稀疏矩阵的基本思想：将每个非零元素存储到一个具有 5 个域的结点中，图 4-10 是其结点结构，其中 row、col 和 v 分别表示非零元素所在的行、列和值，指针 down 用于链接同一列中的下一个非零元素，指针 right 用于链接同一行中的下一个非零元素。这些结点再分别按行和列形成单链表，而每个非零元素既是某个行链表中的结点，又是某个列链表中的结点，整个矩阵构成了一个十字交叉的链表。两个指针数组分别存储行链表的头指针和列链表的头指针。图 4-11 是图 4-6 稀疏矩阵的十字链表存储示意图。

row	col	v
down	right	

图 4-10　十字链表结点结构

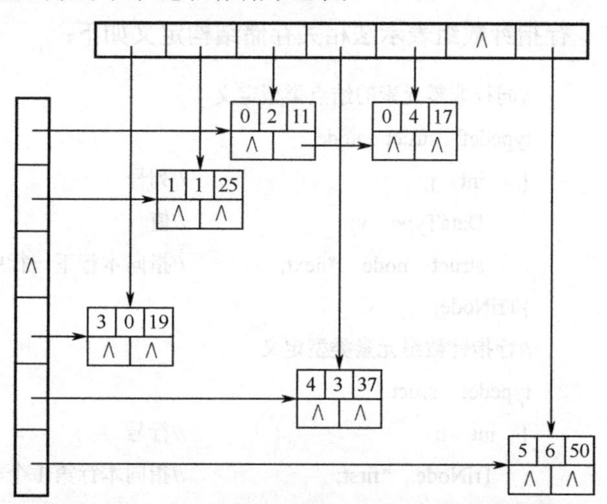

图 4-11　图 4-6 稀疏矩阵的十字链表存储示意图

十字链表的相关存储结构定义如下：

```
//十字链表链结点的类型定义
typedef  struct  Node
{  int   row, col;  //行、列
   DataType   v;  //值
```

```
    struct  Node  *down, *right ;
}OLNode,*OLink;
typedef  struct
{  OLink  *rhead,*chead;     //行指针数组和列指针数组的头指针
   int  rows, cols,n;         //行数、列数、非零元素个数
}CrossList;
```

4.2 广义表

广义表也称为列表，是线性表的一种扩展，也是元素的有限序列。记作：$L=(a_1,a_2,a_3,\cdots,a_n)$，其中 a_i 是广义表 L 的成员（既可以是原子，也可以是广义表）。

注意：

（1）广义表通常用圆括号括起来，用逗号分隔其中的元素。

（2）为了区分原子和广义表，具体书写时用大写字母表示广义表，用小写字母表示原子。

（3）广义表是递归定义的，即广义表中的成员可以是广义表。

4.2.1 广义表的概念与术语

对于广义表 $L=(a_1,a_2,a_3,\cdots,a_n)$，$L$ 是其名称，n 是它的长度，a_i（$1\leqslant i\leqslant n$）是 L 的成员。成员可以是单个元素，即原子（atom）；也可以是个广义表，即子表（sublist）。当广义表不为空时，称 a_1 为 L 的表头（head），称其余元素组成的表（$a_2,a_3,\cdots,a_i,\cdots,a_n$）为 L 的表尾（tail）。

例如：

```
A=( )            //空表，长度为0
B=(a,(b,c))      //长度为2的广义表，第1项为原子，第2项为子表
C=(x,y,z)        //长度为3的广义表，每项都是原子
D=(B,C)          //长度为2的广义表，每项都是上面提到的子表
E=(a,E)          //长度为2的广义表，第1项为原子，第2项为它本身
```

4.2.2 广义表的运算

广义表的运算包括取表头、取表尾、建立广义表、输出广义表、求长度、求深度、求原子个数等。这里仅介绍常见的取表头、取表尾和求深度运算。

1. 取表头（GetHead）

若广义表 $L=(a_1,a_2,\cdots,a_n)$，则 GetHead(L)=a_1。取表头运算得到的结果可以是原子，也可以是一个子表。例如，GetHead$(((a_1,a_2),(a_3,a_4),a_5))=(a_1,a_2)$

2. 取表尾（GetTail）

若广义表 $L=(a_1,a_2,\cdots,a_n)$，则 GetTail(L)=$(a_2,a_3,\cdots,a_n)$。取表尾运算得到的结果是除表头以外的所有元素形成的一个子表。例如，GctTail$(((a_1,a_2),(a_3,a_4)))=((a_3,a_4))$。

3. 求深度（GetDepth）

广义表的深度指的是广义表中括号的重数。例如，GetDepth(((*a*,*b*),(*c*,*d*))) = 2。

4.2.3　广义表的存储

1. 广义表的链式存储

广义表的元素类型不一定相同，因此，难以用顺序结构存储表中的元素，通常采用链式结构来存储元素，并称之为广义链表。

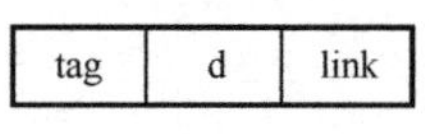

图 4-12　广义链表结点存储结构

图 4-12 是广义链表结点存储结构。其中，tag 字段起到标识作用，如果 tag=0 则表示当前结点存放的是原子数据，如果 tag=1 则表示当前结点存放的是子表指针；d 字段用来存放原子数据或子表指针；link 字段用来存放同一层下一个元素的地址。

广义链表结点的类型定义：

```
typedef  struct  node
{  int   tag;
   union
   {  struct  node  *sublist;      //子表指针
      char  data;                  //原子数据
   }d;
   struct  node  *link;            //同一层下一个元素的地址
}HTNode;                           //广义链表结点类型
```

用上述结构对以下 5 个广义表进行存储，其存储示意图如图 4-13 所示。

A=( )，*B*=((*b*,*c*))，*C*=(*a*,(*b*,*c*))，*D*=(*C*,(),(*a*))，*E*=(*a*,*E*)

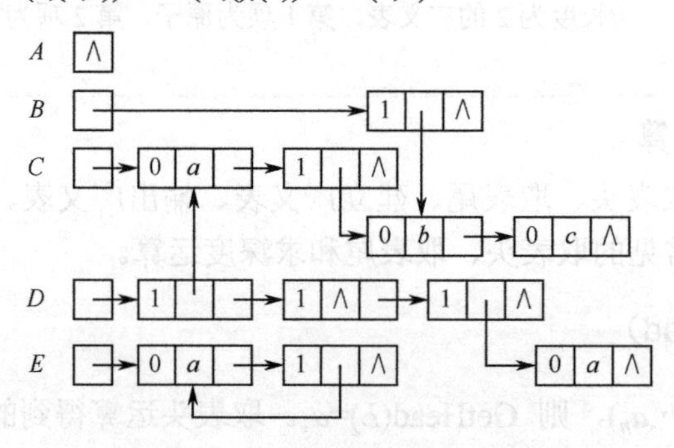

图 4-13　广义表的链式存储结构

2. 广义表的相关计算

由于广义表是一种递归的数据结构，所以实现广义表的运算一般采用递归算法。下面就以计算广义表原子个数为例进行说明。

广义表原子个数计算公式如下：

$$\text{count}(p)=\begin{cases}0, & p=\text{NULL}\\ 1+\text{count}(p->\text{link}), & p->\text{tag}=0\\ \text{count}(p->\text{d.sublist})+\text{count}(p->\text{link}), & p->\text{tag}=1\end{cases}$$

式中，p 表示指向广义表的指针，如果该指针为空值，则广义表为空，原子个数为零；否则进一步查看 p 指向的结点类型，如果该结点为原子，那么整个广义表的原子数据个数就是表尾（p->link）所包含的原子个数加上 1；如果该结点为子表指针，那么整个广义表原子个数就是该结点的子表（p->d.sublist）所包含的原子个数，再加上表尾（p->link）所包含的原子个数。统计广义表原子个数的算法实现如下：

```
int  count(Node  *p)
{  if(p==NULL)
        return  0;
   else  if(p->tag==0)
          return  1+count(p->link);
   else
          return  count(p->sublist)+count(p->link);
}
```

4.3 串的定义与存储

字符串（String）在计算机中的应用十分广泛，从源程序编译到搜索引擎信息检索，从即时通信工具到网上支付，都离不开字符串。字符串简称为串，可以将串看作元素只能是字符的一种特殊线性表。

4.3.1 串的定义

串是由零个或多个字符组成的有限序列。一般记作：s="$c_1c_2\cdots c_n$"（$n\geqslant 0$）。

s 是串名，一对双引号是串的边界符，双引号内的字符序列是串值，双引号本身不是串的内容；字符 c_i（$1\leqslant i\leqslant n$）可以是字母、数字或其他字符，下标 i 是它在整个串中的序号；n 是串长，表示字符序列中字符的个数，当 $n=0$ 时为空串，一般表示为""。要注意区分空串与空格串（也称空白串）的表示方式，例如，包含一个空格的字符串书写为" "。

串中任意一段连续的字符构成的子序列为该串的子串，该串自身称为主串。例如，如果主串为"abc"，那么""（空串）、"ab"、"bc"、"abc"都是子串。

4.3.2 串的存储

和线性表类似，串也可以采用顺序存储或者链式存储，前者称为顺序串，后者称为链串。

1. 串的顺序存储

串的顺序存储类似于顺序表，也是用一段连续的存储空间存放串的字符序列。串的顺序存储类型定义如下：

```
#define  MAXSIZE  100
typedef  struct
{  char  str[MAXSIZE];    //类型为字符型
   int  length;           //串的实际长度
}String;
```

通常使用'\0'作为串结束符。如图 4-14 所示是串"abcd"的顺序存储示意图。

上述这种顺序存储结构采用的是静态内存分配方式，数组大小是固定的，当串的长度超过其可存储空间大小时，无法动态扩容。有时也采用下列动态的顺序串结构，其类型定义如下：

```
typedef  struct
{  char  *str;
   int  MAXSIZE;
   int  length;
} DString;
```

图 4-14　串"abcd"的顺序存储示意图

区别于静态顺序串的定义，这里用了一个字符指针 str，MAXSIZE 也由符号常量改为了整型变量，可根据实际情况调整 MAXSIZE 的值，并使用 malloc 函数动态申请字符串空间。

2. 串的链式存储

串的链式存储可以采用单向或双向链表，这里链串采用了单链表的形式，根据结点中存储的字符个数是一个还是多个，又可分为单字符结点和多字符结点两种。

单字符结点的类型中包含一个字符型变量和指向下一个结点的指针。其类型定义如下：

```
typedef  struct  node
{  char  data;
   struct  node  *next;
}LString;
```

多字符结点类型中包含一个静态字符数组和指向下一个结点的指针，数组的大小可根据用户的需要确定。其类型定义如下：

```
#define  BlockSize  3    //每个结点中最大字符个数
typedef  struct  node
{  char  data[BlockSize];
   struct  node  *next;
}LString;
```

如图 4-15（a）所示为串"abcd"采用每个结点存储一个字符方式的链式存储示意图，图 4-15（b）是串"abcdefghi"采用每个结点中存储三个字符方式的链式存储示意图。

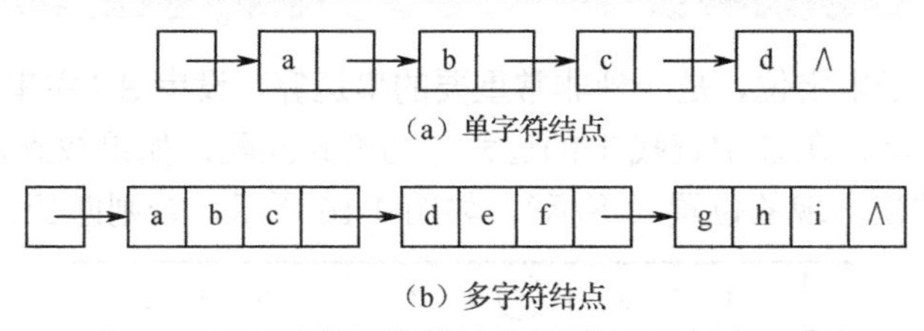

（a）单字符结点

（b）多字符结点

图 4-15　串的链式存储示意图

4.3.3　串的常见运算

串的运算有很多种，下面以串的顺序存储介绍几种常见运算。

（1）串复制 int StringCopy(String *s1, String *s2)

功能：将串 s1 复制给串 s2，复制后 s1 的内容与 s2 的相同，复制成功返回 1，否则返回 0。

注意：复制前要确保 s2 中有足够的空间。

（2）串连接 int StringConcat(String *s1, String *s2)

功能：将串 s2 连接在串 s1 的后面，连接后的 s1 在自己原有的串值后面又多了 s2 的串值，s2 的内容不变，连接成功返回 1，否则返回 0。

注意：连接前要确保 s1 中有足够的空间。

（3）求串长 int StringLength(String *s)

功能：计算串 s 中的字符总数，通过返回值传递给调用方。

（4）求子串 int SubString(String *s1, String *s2, int pos, int len)

功能：从串 s2 的 pos 下标开始，读取 len 个字符存放在串 s1 中，操作完成后 s2 的内容不变，s1 的内容变为从 s2 中读取到的 len 个字符，求子串运算成功返回 1，否则返回 0。

注意：s1 中的空间至少可以存放 len+1 个字符。

（5）串比较 int　StringCompare(String *s1, String *s2)

功能：如果串 s1 和串 s2 的长度相同，且下标相同的字符也相同，则两者相等，返回 0，否则在两者第一次出现不相同字符时，用两个字符的值相减得到返回值。

（6）串插入 int StringInsert(String *s1, int pos, String *s2)

功能：从串 s1 的 pos 下标开始插入串 s2，操作完成后 s1 的内容发生变化，s2 的内容不变，插入成功返回 1，否则返回 0。

注意：串 s1 的存储空间要足够大，能容纳插入后形成的新串。

（7）串删除 int StringDelete(String *s, int pos, int len)

功能：从串 s 的 pos 下标开始，连续删除 len 个字符，操作完成后 s 的内容发生变化。

注意：如果串 s 中从 pos 下标开始算起不足 len 个字符，删除操作仍然可以继续进行，最后返回实际删除字符的个数。

（8）串定位

串的定位操作也称为串的模式匹配，操作比较复杂，详见 4.4 节和 4.5 节。

4.4　串的模式匹配

串的模式匹配即子串定位，是一种非常重要的串运算，设串 S（主串）和串 T（子串或模式串）是给定的两个串，在 S 中查找 T 的过程称为模式匹配，如果找到，则匹配成功，查找函数返回 T 在 S 中首次出现的位置（下标），如图 4-16 所示，否则匹配失败，返回-1。

	0	1	2	3	4	⑤	6	7	8	9	10	11	12
S	a	b	a	b	c	a	b	c	a	c	b	d	b
T						a	b	c	a	c			

图 4-16　在 5 号位置首次匹配成功

常见模式匹配算法有 BF 算法和 KMP 算法。BF（Brute Force）算法，直译为蛮力算法，也称为简单或朴素算法。KMP 算法是由 D. E. Knuth、J. H. Morris 和 V. R. Pratt 三位学者同时提出的一种快速匹配算法，因此简称为 KMP 算法。

4.4.1　串的模式匹配 BF 算法

1. BF 算法思想

依次把主串 S 中的每个下标作为起点，与子串 T 进行比较，先从主串 0 号位置（下标 0）开始，然后是 1 号位置、2 号位置等依次尝试。如果匹配成功，则返回本次尝试的起点，算法结束；否则，从主串的下一个位置开始再次尝试，直到匹配成功或者出现主串下标越界，匹配失败。

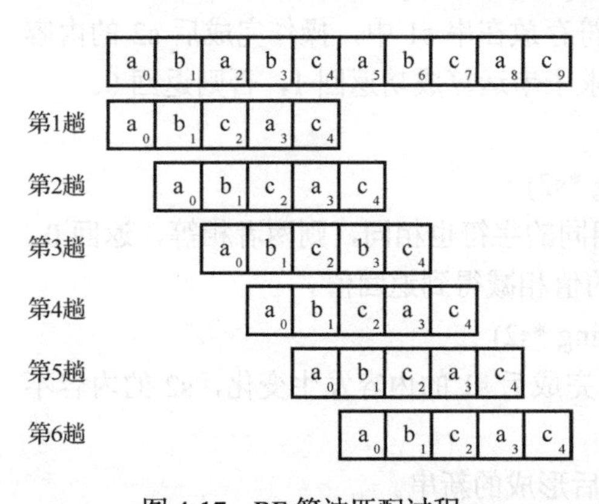

图 4-17　BF 算法匹配过程

BF 算法匹配过程如图 4-17 所示，主串 S="ababcabcac"，子串 T="abcac"。第 1 趟匹配从主串的 0 号位置开始逐个字符与子串进行比较，主串 2 号位置的字符'a'和子串 2 号位置的字符'c'不匹配，停止第 1 趟匹配；然后从主串 1 号位置开始进行第 2 趟匹配，结果主串 1 号位置的字符'b'和子串 0 号位置的字符'a'不匹配，停止第 2 趟匹配；接着继续从主串的 2、3、4 号位置和子串进行第 3、4、5 趟匹配，都未能匹配成功；最后在主串的 5 号位置（第 6 趟）和子串匹配成功。

2. BF 算法的实现

BF 算法实现函数如下：

```
//在主串 S 中查找子串 T 是否存在，若存在则返回首次出现的位置，否则返回-1
int  BF(char  *S, char  *T)
{  int  i,j,m=strlen(T),n=strlen(S);
```

```
    i=j=0;                      //主串和子串下标分别为 i 和 j
    while(i <=n-m&&j<m)
    {  if(S[i]==T[j])   {i++;   j++;}
       else
         {  i=i-j+1;           //i 退回到本次匹配起点的下一个位置
            j=0;               //j 退回到子串 T 的起点
         }
    }
    if(j==m)  return  i-m;     //匹配成功
    else      return  -1;      //匹配失败
  }
```

3. BF 算法时间复杂度分析

若主串为 S，子串为 T，长度分别为 n 和 m，分以下两种情况进行讨论。

（1）最好情况下的成功匹配

前 i-1 趟匹配失败都发生在主串的第 1 个字符和子串的第 1 个字符处，即每趟比较刚开始就发现不匹配，可以立即停止，然后从主串第 i 个字符开始与子串匹配成功，则总的字符比较次数为 $m+i-1$，i 的取值范围为 1～$n-m+1$，因此平均比较次数为$\frac{1}{n-m+1}\sum_{i=1}^{n-m+1}(m+i-1)=\frac{1}{2}(m+n)$，即最好情况下的平均时间复杂度为 $O(m+n)$。

例如，S="AAAAAAAAAAAAAABCDE"，T="BCDE"。

（2）最坏情况下的成功匹配

前 i-1 趟匹配失败（每次失败都发生在子串的最后一个字符处），第 i 趟匹配成功，那么 i 趟比较字符的总次数为 $i\times m$，平均比较次数为$\frac{1}{n-m+1}\sum_{i=1}^{n-m+1}i\times m=\frac{1}{2}\times m\times(n-m+2)$，即最坏情况下的平均时间复杂度为 $O(m\times n)$。

例如，S="AAAAAAAAAAAAAAAAAAB"，T="AAAAB"。

BF 算法的优点是简单，容易实现，但缺点也十分明显，即时间复杂度较高，当主串长度很大时，算法用时较长。

4.4.2　串的模式匹配 KMP 算法

1. KMP 算法思想

KMP 算法的时间复杂度为 $O(n+m)$，与 BF 算法的时间复杂度 $O(m\times n)$相比，效率大大提高了。

其改进之处在于，每当一趟匹配过程中出现字符比较不相等的情况时，无须更改主串的比较位置，而是利用已经得到的“部分匹配”的结果将模式串向后“滑动”尽可能远的一段距离后，继续进行比较。如图 4-18 所示，主串从 2 号位置和子串开始进行比较，子串从 0 号位置到 8 号位置的字符均和主串对应字符一致，但子串 9 号位置和主串 11 号位置匹配失败，此时如果子串的 str1（子串已经匹配部分的前缀）和 str2（子串已经匹配部分的后缀）相同，那么下一趟的比较可以从主串的 11 号位置和子串的 4 号位置开始，即主串的 11 号位置固定不动，而子串向后滑动了一段距离让子串的 4 号位置与主串的 11 号位置对齐，并从这个位置开始进行比较。

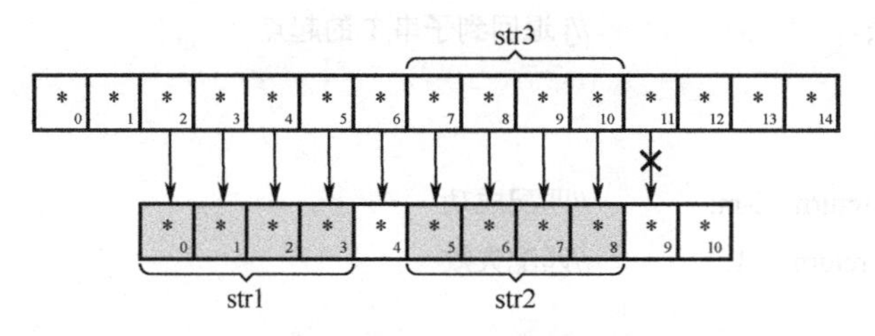

图 4-18　KMP 算法思想示意图

从这个过程可以看出，当主串和子串进行比较出现不相等字符时，子串会选择一个新的位置和主串的冲突（子串和主串字符不一致）位置进行比较，而子串新位置的选择只和子串已匹配部分的前后缀有关。

2．next 数组

在具体计算之前需要介绍一下最大相等前后缀的概念，首先要理解什么是字符串的真前缀。例如字符串"abc"，它的前缀有"a"、"ab"，还有它自身"abc"。所谓真前缀是指去掉自身的那些前缀，即"a"和"ab"都是字符串"abc"的真前缀。类似地，字符串"abc"的真后缀有"c"和"bc"。再如字符串"ababcabab"，"ab"是它的真前缀也是真后缀，长度为 2，但不是长度最大的。仔细观察后可以发现，"abab"也是它的相等前后缀，长度为 4，除此之外再也找不到更大的相等前后缀了，因此该字符串的最大相等前后缀为"abab"。新位置的计算本质上就是要找最大的、相等的真前缀和真后缀。

给定子串 T="abababc"，假设 T 在 j 号位置与主串不匹配，而子串的 T[0]至 T[j-1]和主串是部分匹配的，对于子串中的部分匹配，其最大前后缀可以通过直接观察的方法得到，其长度保存在 next 数组中。表 4-1 给出了观察的结果。

表 4-1　子串"abababc"的部分匹配最大相等前后缀

已匹配部分	最大相等前后缀	最大相等前后缀长度
"a"	""（空串）	0
"ab"	""	0
"aba"	"a"	1
"abab"	"ab"	2
"ababa"	"aba"	3
"ababab"	"abab"	4

当子串在 j 号位置与主串不匹配时，将表 4-1 的最大相等前后缀长度直接填入表 4-2，但在 0 号位置需要填入-1，因为如果在 0 号位置不匹配，则说明子串的第一个字符和主串对应

字符不相等，此时主串下标应该向后移动一个位置，而不是固定不动，因此-1 是个特殊值，不表示下一趟匹配子串从-1 号位置开始。除 0 号位置之外，其他位置的数值均表示下一趟子串匹配的起始位置。

表 4-2　子串"abababc"的部分匹配 next 数组值

下标（位置）	0	1	2	3	4	5	6
子串	a	b	a	b	a	b	c
next	-1	0	0	1	2	3	4

3．KMP 算法的查找过程

得到 next 数组后，可以直接利用它进行 KMP 查找，其过程如图 4-19 所示，一共进行了 5 趟匹配。第 1 趟匹配，主串 S[3]和子串 T[3]不相等，停止本趟匹配，并按照子串的 3 号位置查找 next 数组中 3 号位置（next[3]）对应的数字，该数字就是下一趟比较时子串的起始位置（next[3]=1）；第 2 趟匹配，主串的 3 号位置不动，子串从 1 号位置开始匹配，结果 S[3]≠T[1]，于是查找 next[1]得到 0；第 3 趟匹配，主串 3 号位置不动，子串从 0 号位置开始匹配，结果仍不相等，于是查找 next[0]得到-1，而-1 是一个特殊值，用来说明子串的第一个字符和主串的当前固定位置 3 不相同的情形；这时需要让主串下标向后移动，由 3 变为 4，而子串从 0 号位置，主串从 4 号位置开始进入第 4 趟匹配，第 4 趟匹配进行到子串的最后一个字符时，S[10]≠T[6]；接下来查找 next[6]得到 4，于是子串从 T[4]、主串从 S[10]开始进入第 5 趟匹配，本趟匹配成功，返回主串的起点位置 6。

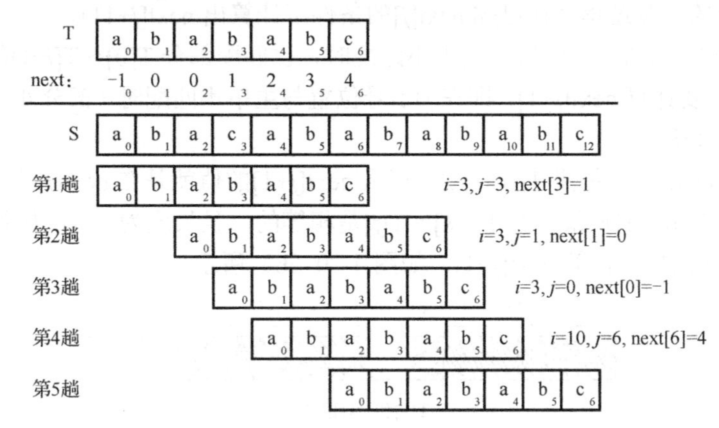

图 4-19　KMP 算法的查找过程

4．KMP 算法的实现

KMP 算法实现函数如下：

```
//在长度为 m 的主串 S 中查找长度为 n 的子串 T
//若成功，则返回首次出现的位置，否则返回-1
int  KMP(char  *S, char  *T, int  m, int  n)
{  int  i=0,j=0, next[n];             //i 为主串下标，j 为子串下标
```

```
    Next(T,next,n);                  //用 Next 函数计算 next 数组
    while(i <m&&j<n)
    {  //①S[i]==T[j]单个字符匹配成功，②j=-1，主串移动到下一个位置，且子串从头开始
       if(j==-1||S[i]==T[j])
       {  i++;  j++;  }
       else  j=next[j];              //单个字符匹配失败，计算下一趟子串开始匹配的位置
    }
    if(j==n)  return  i-n;           //匹配成功，返回主串中的下标
    else      return  -1;            //匹配失败
}
```

5. KMP 算法时间复杂度分析

此算法的时间复杂度取决于 while 循环。由于是无回溯的算法，因此执行循环时，要么执行 *i*++和 *j*++，主串和子串的比较位置同时前进，要么查找 next 数组进行子串位置的右移（*j* 减小），然后继续向后比较。字符的比较次数最多为 $O(m)$，不超过主串的长度。

注意：该算法在一开始调用了 Next 函数，其时间复杂度为 $O(n)$，因此 KMP 算法总的时间复杂度为它们的和：$O(m+n)$。

6. 确定 next 数组的算法思想

表 4-1 和表 4-2 展示了通过直接观察的方法得到 next 数组的过程，现在从编程求解的角度来看 next 数组的计算过程（在已知 next[*j*]的条件下计算出 next[*j*+1]）。

已知 next[*j*]=*k*，即在 *j* 号位置与主串不匹配时，已匹配部分 T[0]～T[*j*-1]的最大相等前后缀长度为 *k*，现在要计算 next[*j*+1]，即在 *j*+1 号位置与主串不匹配时（部分匹配了 T[0]～T[*j*]）的最大相等前后缀长度。

如图 4-20（a）所示，如果 T[*j*]=T[*k*]，那么 next[*j*+1]的值就是在 next[*j*]的基础上增加了一个字符，即前缀 T[0]～T[*k*]和后缀 T[*j*–*k*]～T[*j*]是相等的，且长度为 *k*+1；如果 T[*j*]≠T[*k*]，那么不能借助 next[*j*]的值来计算 next[*j*+1]，如图 4-20（b）所示。

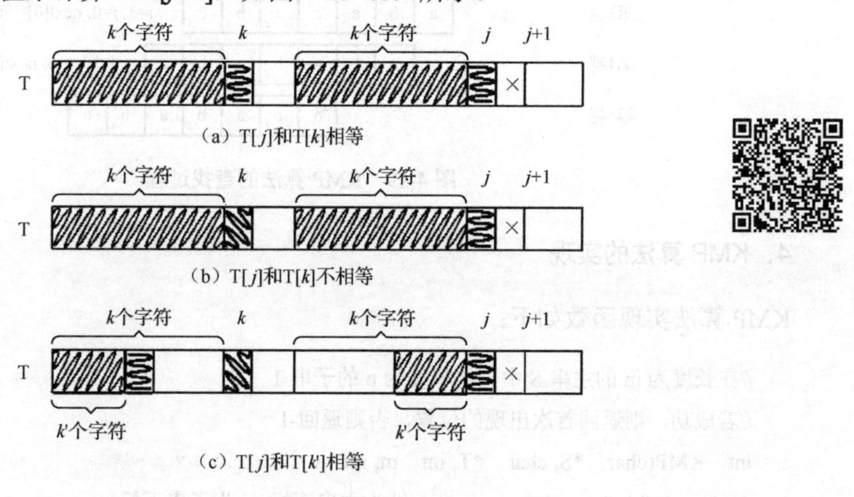

图 4-20　已知 next[*j*]计算 next[*j*+1]

但仍希望找到一段尽可能长的前缀，它能与 T[*j*]的后缀相同，如图 4-20（c）所示。假设这个长度为 *k*'，如果 T[*k*']=T[*j*]，那么 next[*j*+1]的值就是在 next[*k*']的基础上增加了一个字符，即前缀 T[0]～T[*k*']和后缀 T[*j*-*k*']～T[*j*]是相等的且长度为 *k*'+1，而 *k*'的值等于 next[*k*]，相当于在长度为 *k* 的前缀（或后缀，因为二者是相等的）中找最大相等前后缀。如果 T[*k*']≠T[*j*]，就要继续向前寻找一段尽可能长的前缀，直到找到或者超出边界停止寻找为止。这个过程的流程图如图 4-21 所示。

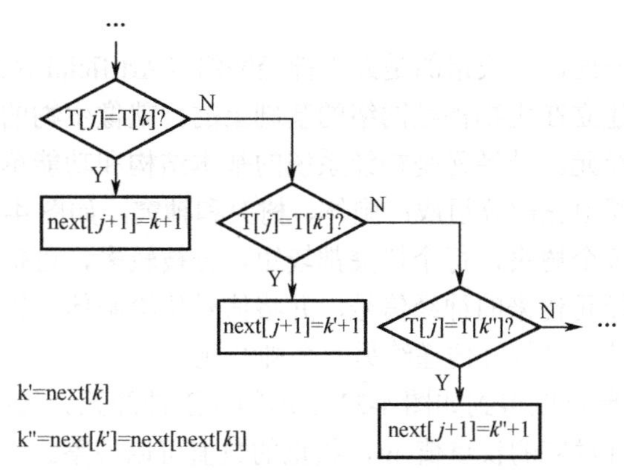

图 4-21　next 数组的计算流程

7. 确定 next 数组的算法实现

```
// next 数组计算过程实现
void  Next(char  *T, int  next[], int  n)
{  int  j=0, k=-1;
   next[0]=-1;
   while(j < n)                   //依次计算 next[j]
   {  if(k==-1||T[j]==T[k])       //①k = -1 则 next[j+1]=0
      {  j++;                     //②T[j] == T[k]则 next[j+1]=k+1
         k++;
         next[j]=k;               //next 数组 j+1 位置得到计算结果
      }
      else  k=next[k];            //继续向左寻找尽可能大的相同前后缀
   }
}
```

8. Next 函数时间复杂度分析

Next 函数的时间复杂度取决于 while 循环，执行循环时，要么进入 if 分支执行 *i*++和 *j*++，并完成一个 next 数组元素的计算，要么查找 next 数组更早的计算结果（*k* 减小）之后再进入 if 分支，最终完成全部的 next 数组元素的计算。while 循环执行的次数为 $O(n)$，不超过子串的长度。

KMP 算法是 BF 算法的一种改进方法，其特点是利用匹配过程中已经得到的主串和子串对应字符之间“等与不等”的信息，以及子串本身具有的特性来决定之后进行的匹配过程，从而减少了简单算法中进行的“本来没必要再进行的”字符的比较次数，大大提高了匹配效率。

4.5 数组的应用举例

1. 人工神经网络

提到“神经网络”一词，一般指的是人工神经网络（Artificial Neural Network，ANN）。人工神经网络的概念是建立在生物神经网络的基础上的。就像生物的大脑神经网络一样，神经网络的基本结构是神经元。神经元是神经系统的基本结构和功能单位，它具有感受刺激和传导兴奋的功能。它主要由三部分组成：胞体、树突和轴突，如图 4-22 所示。

大多数神经元具有多个树突，每个树突都较短，分枝较多，可扩大接收信息的面积，树突的机能是接收其他神经元传来的神经信号，并将信号传给胞体。轴突较长，分枝较少，其机能主要是传导神经信号，将信号传递给另一个神经元。

对图 4-22 进一步抽象可以得到如图 4-23 所示的人工神经元。其中，$x_1, x_2, \cdots, x_n$ 为输入信号，每个输入信号都有对应的权重值 w_i，权重的数值可以调整。一般把所有输入信号看成一个输入向量，相应的权重作为权重向量。

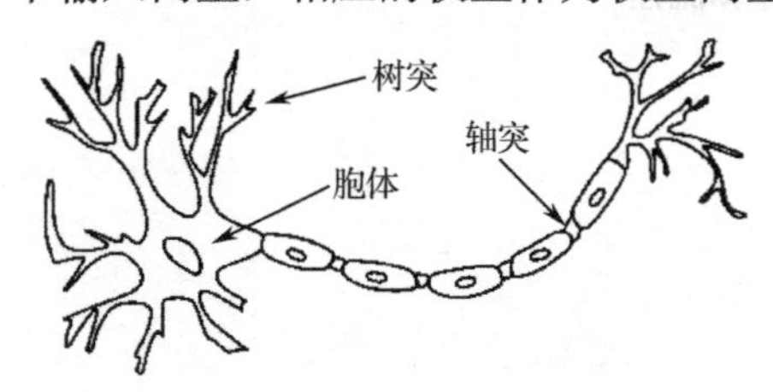

图 4-22 神经元的组成部分

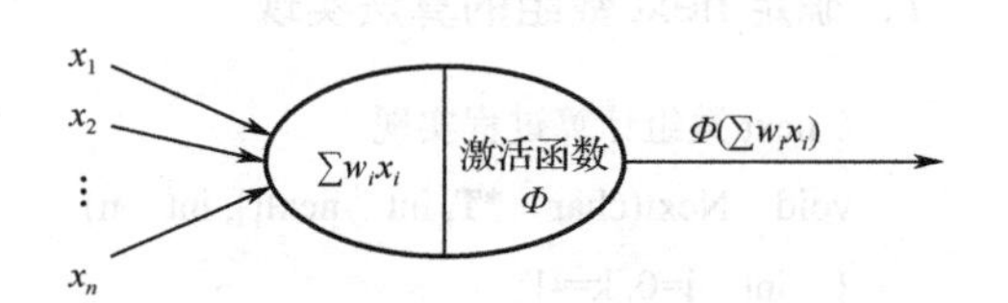

图 4-23 人工神经元

当一组信号输入时，要乘上相应分配给这组信号的权重。也就是说，如果一个神经元有三个输入，那么它有三个可以单独调整的权重。权重通常在神经网络模型学习阶段进行调整并确定。在此之后，对乘上权重后的输入信号进行求和。也可以给这个和加上一个偏差 b，偏差和权重类似，也是在神经网络模型学习阶段进行调整并确定的。再将求和后的数值传递给激活函数 Φ 得到最终的输出信号。

这里举一个激活函数的例子。下面的分段函数在信号加权求和后的值大于阈值 s 的情况下输出 1，否则输出 0，这是一个二元输出的例子。

$$\Phi(x)=\begin{cases}1, & \sum w_i x_i + b > s \\ 0, & \text{其他}\end{cases}$$

在上例中，我们仅仅看到了一个人工神经元。而人工神经网络是由多个人工神经元构建而成的，其中的权重参数更多。图 4-24 是一个由三层神经元构成的人工神经网络，它有输入层、隐藏层和输出层。输入层有三个结点 i_1、i_2 和 i_3，由这些结点得到相应的输入 x_1、x_2 和 x_3。中间层或称隐藏层有 4 个结点 h_1、h_2、h_3 和 h_4，该层的输入源于输入层。最后的输出层由两个结点 o_1 和 o_2 组成。

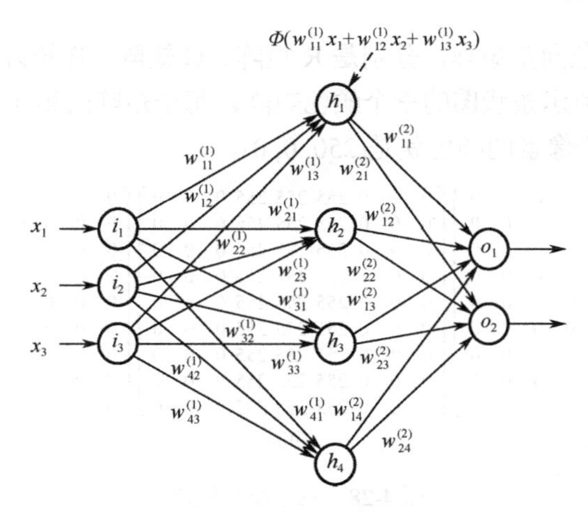

图 4-24　三层神经网络

为了有效地执行计算，需要把权重排列成一个权重矩阵（二维数组）。图 4-24 中的权重会保存在二维数组中，在输入层和隐藏层之间有一个权重矩阵 $\boldsymbol{W}^{(1)}$，在隐藏层和输出层之间也有一个权重矩阵 $\boldsymbol{W}^{(2)}$，如图 4-25 所示。在 h_1～h_4 结点处，首先要计算输入和权重乘积的累加和，可由矩阵乘法得到，如图 4-26 所示。

$$\boldsymbol{W}^{(1)}=\begin{bmatrix} w_{11}^{(1)} & w_{12}^{(1)} & w_{13}^{(1)} \\ w_{21}^{(1)} & w_{22}^{(1)} & w_{23}^{(1)} \\ w_{31}^{(1)} & w_{32}^{(1)} & w_{33}^{(1)} \\ w_{41}^{(1)} & w_{42}^{(1)} & w_{43}^{(1)} \end{bmatrix} \qquad \boldsymbol{W}^{(2)}=\begin{bmatrix} w_{11}^{(2)} & w_{12}^{(2)} & w_{13}^{(2)} & w_{14}^{(2)} \\ w_{21}^{(2)} & w_{22}^{(2)} & w_{23}^{(2)} & w_{24}^{(2)} \end{bmatrix}$$

图 4-25　权重矩阵（数组）

$$\begin{bmatrix} w_{11}^{(1)} & w_{12}^{(1)} & w_{13}^{(1)} \\ w_{21}^{(1)} & w_{22}^{(1)} & w_{23}^{(1)} \\ w_{31}^{(1)} & w_{32}^{(1)} & w_{33}^{(1)} \\ w_{41}^{(1)} & w_{42}^{(1)} & w_{43}^{(1)} \end{bmatrix} \begin{bmatrix} x_1 \\ x_2 \\ x_3 \end{bmatrix} = \begin{bmatrix} w_{11}^{(1)}x_1 + w_{12}^{(1)}x_2 + w_{13}^{(1)}x_3 \\ w_{21}^{(1)}x_1 + w_{22}^{(1)}x_2 + w_{23}^{(1)}x_3 \\ w_{31}^{(1)}x_1 + w_{32}^{(1)}x_2 + w_{33}^{(1)}x_3 \\ w_{41}^{(1)}x_1 + w_{42}^{(1)}x_2 + w_{43}^{(1)}x_3 \end{bmatrix}$$

图 4-26　矩阵相乘

由此可见，神经网络中的基本计算大部分都是在矩阵（二维数组）的基础上完成的。

2. 图像处理

在图像处理中，用 R（Red）、G（Green）和 B（Blue）三个分量，即红、绿和蓝三原色来表示真彩色，R、G 和 B 分量的取值范围均为 0～255。例如，计算机屏幕上的一个蓝色像素的三个分量的值为：0,0,255。

像素是最小的图像单元，一幅图像由多个像素构成。图 4-27 是条状的 RGB 图。查看这幅图像的信息，宽度是 9 个像素，高度是 9 个像素。也就是说，这幅图像是由一个 9×9 的像素矩阵（二维数组）构成的，这个矩阵有 9 行 9 列，这幅图像共有 9×9=81 个像素。

红	绿	蓝

图 4-27　条状的 RGB 图

由于一个像素的颜色是由 R、G 和 B 三个值来表现的，所以一个像素矩阵对应了三个颜色向量矩阵，分别是 R 矩阵、G 矩阵、B 矩阵，它们也都是 9×9 的矩阵。图 4-28 是图 4-27 所示条状图的三个颜色矩阵。每个矩阵的第 1 行第 1 列的值分别为：*R*:250,*G*:0,*B*:0，所以这个像素的颜色就是(250, 0, 0)。

$$
\begin{pmatrix}
255 & 255 & 255 & 0 & 0 & 0 & 0 & 0 & 0\\
255 & 255 & 255 & 0 & 0 & 0 & 0 & 0 & 0\\
255 & 255 & 255 & 0 & 0 & 0 & 0 & 0 & 0\\
255 & 255 & 255 & 0 & 0 & 0 & 0 & 0 & 0\\
255 & 255 & 255 & 0 & 0 & 0 & 0 & 0 & 0\\
255 & 255 & 255 & 0 & 0 & 0 & 0 & 0 & 0\\
255 & 255 & 255 & 0 & 0 & 0 & 0 & 0 & 0\\
255 & 255 & 255 & 0 & 0 & 0 & 0 & 0 & 0\\
255 & 255 & 255 & 0 & 0 & 0 & 0 & 0 & 0
\end{pmatrix}
\begin{pmatrix}
0 & 0 & 0 & 255 & 255 & 255 & 0 & 0 & 0\\
0 & 0 & 0 & 255 & 255 & 255 & 0 & 0 & 0\\
0 & 0 & 0 & 255 & 255 & 255 & 0 & 0 & 0\\
0 & 0 & 0 & 255 & 255 & 255 & 0 & 0 & 0\\
0 & 0 & 0 & 255 & 255 & 255 & 0 & 0 & 0\\
0 & 0 & 0 & 255 & 255 & 255 & 0 & 0 & 0\\
0 & 0 & 0 & 255 & 255 & 255 & 0 & 0 & 0\\
0 & 0 & 0 & 255 & 255 & 255 & 0 & 0 & 0\\
0 & 0 & 0 & 255 & 255 & 255 & 0 & 0 & 0
\end{pmatrix}
\begin{pmatrix}
0 & 0 & 0 & 0 & 0 & 0 & 255 & 255 & 255\\
0 & 0 & 0 & 0 & 0 & 0 & 255 & 255 & 255\\
0 & 0 & 0 & 0 & 0 & 0 & 255 & 255 & 255\\
0 & 0 & 0 & 0 & 0 & 0 & 255 & 255 & 255\\
0 & 0 & 0 & 0 & 0 & 0 & 255 & 255 & 255\\
0 & 0 & 0 & 0 & 0 & 0 & 255 & 255 & 255\\
0 & 0 & 0 & 0 & 0 & 0 & 255 & 255 & 255\\
0 & 0 & 0 & 0 & 0 & 0 & 255 & 255 & 255\\
0 & 0 & 0 & 0 & 0 & 0 & 255 & 255 & 255
\end{pmatrix}
$$

R矩阵　　G矩阵　　B矩阵

图 4-28　三个颜色矩阵

在理解了一幅图像是由一个像素矩阵构成的之后，我们知道对图像的处理就是对这个像素矩阵的操作，要想改变某个像素的颜色，只要在像素矩阵中找到这个像素的位置，如第 *x* 行，第 *y* 列，所以这个像素在像素矩阵中的位置就可以表示成（*x*,*y*），因为一个像素的颜色由红、绿、蓝三个颜色变量表示，所以我们通过给这三个变量赋值来改变这个像素的颜色，例如，改成红色(255, 0, 0)，可以表示为(*x*,*y*,(*R*=255,*G*=0,*B*=0))。

由此可见，图像处理也要大量用到数组这样的基础数据结构。

4.6　串的应用举例

1. 程序设计语言

字符串的应用非常广泛，我们使用的 C 语言可以看作字符串应用的一个例子。C 语言的源代码本质上是字符串，编译过程就是把字符串转化为可执行代码的过程。图 4-29 展示了编译过程的 6 个阶段。

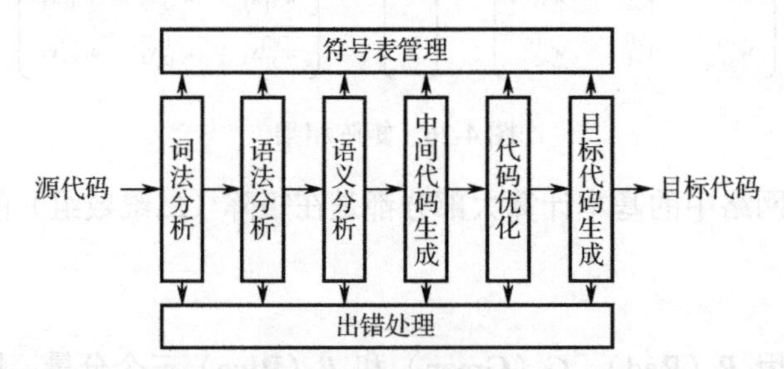

图 4-29　编译过程

对于编译过程的 6 个阶段，逻辑上可以划分为前端和后端两部分。前端包括从词法分析到中间代码生成阶段，后端则包括代码优化及目标代码生成阶段。字符串的最明显应用是在前端的词法分析阶段。

词法分析是编译过程的第一阶段，其任务是对源代码逐个字符进行扫描，从中识别出一个个“单词”。“单词”又叫作符号，它是程序语言的基本语法单位，如关键字（保留字）、标识符、常数、运算符、分隔符等。整个词法分析阶段就是字符串的分割、识别过程。

例如，下面的C代码：

```
int x, y, z;
z = x + y;
```

词法分析阶段会通过字符串的处理过程把上述源代码分割成如表4-3所示的单词序列表。

表4-3 单词序列表

序 号	类 型	值	序 号	类 型	值
1	关键字	int	6	赋值符号	=
2	标识符	x	7	标识符	x
3	标识符	y	8	加号	+
4	标识符	z	9	标识符	y
5	标识符	z			

因此，我们可以说，源代码转变为可执行代码的过程的第一步实际上就是字符串的分割。

2. 生物信息学

生物信息学是一门交叉学科，它所研究的是分子生物学方面的数据，而它进行研究所使用的方法则是从各种计算技术衍生出来的。生物信息学的研究必须综合运用数学、统计物理学、计算机科学和分子生物学的各种理论与方法，帮助阐明和理解大量数据所蕴含的生物学意义。

基因序列比对（Sequence Alignment）是分子生物学的一项基础研究，通过序列比对可以发现生物序列的功能、结构和进化信息。序列比对的基本问题是比较两个或两个以上符号序列的相似性或不相似性。分子生物学中的一个普遍的规律是序列决定结构，结构决定功能，这样就可以通过相似的序列得到相似的结构或相似的功能，或者通过序列的相似性来判断序列的同源性和进化关系。基因序列一般表示为符号序列，以字符串的形式保存在计算机中进行分析和计算，字符串的各种操作都可以在序列相似性的比较中发挥作用，由此可见字符串这种看似简单的结构在生物信息学中的重要作用。

在本章中学习的KMP算法，其时间复杂度$O(m+n)$为线性的。要在基因序列中查找某个子序列，用KMP算法耗时较长，而采用著名的BALST和FASTA算法就比较合适。

4.7 本章小结

本章中的数组结构可以看作线性表的推广，它在内存中采用顺序存储的形式。绝大多数编程语言都支持数组，在应用中最常见的是一维数组和二维数组。矩阵压缩存储主要目的是节省存储空间，因此特殊矩阵和稀疏矩阵的压缩存储是有意义的，压缩存储的关键是要处理好数据在压缩前、后的位置对应关系，虽然矩阵压缩存储可以节省存储空间，但压缩后访问数据的方式比较复杂，需要根据问题的具体情况来选择是否进行压缩存储。

广义表是一种复杂的数据结构，可以看作线性表的推广，本章只是简单介绍了广义表的定义、存储结构和基本运算。

串（字符串）是字符型的特殊线性表，它的应用十分广泛，很多编程语言都有较强的串处理功能，本章介绍了串的有关概念、常用存储方法、串的基本运算及其应用。

习题 4

一、客观习题

1．对于二维数组 a，行下标由 1 到 50、列下标由 1 到 80，若该数组的起始地址为 2000 且每个元素占 2 个存储单元，并以行为主序顺序存储，则元素 a[45][68]的存储地址为（　　）。

A．9172　　B．9173　　C．9174　　D．9175

2．设有一个 10 阶下三角矩阵 *A*（包括对角线），按照从上到下、从左到右的顺序存储到连续的 55 个存储单元中，每个元素占 1 字节空间，则 A[5][4]地址与 A[0][0]的地址之差为（　　）。

A．10　　B．19　　C．28　　D．55

3．下面说法不正确的是（　　）。

A．广义表的表头总是一个广义表　　B．广义表的表尾总是一个广义表

C．广义表难以用顺序结构存储　　D．广义表可以是一个多层次结构

4．若串 S="software"，其子串的个数是（　　）。

A．8　　B．37　　C．36　　D．9

5．已知模式串为"aaab"，其 next 数组取值为（　　）。

A．-1,0,1,2　　B．0,0,1,2　　C．0,1,2,0　　D．-1,1,0,0

6．设串 s1="ABCDEFG"，s2="12345"，用字符数组从下标 0 开始存储，函数 strcat(s,t)返回串 s 和串 t 的连接串，strsub(s,i,j)返回串 s 中从下标 i 开始的由连续 j 个字符组成的子串，strlen(s)返回串 s 的长度，则 strcat(strsub(s1,2,strlen(s2)), strsub(s1,strlen(s2),2))的结果是（　　）。

A．CDEFG12　　B．BCDEFG1　　C．CD12345　　D．CDEFGFG

7．二维数组 A 中的每个元素均是由 10 个字符组成的串，其行下标 i=0,1,…,8，列下标 j=1,2,…,10。若 A 按行先存储，元素 A[8,5]的起始地址与当数组 A 按列先存储时的元素（　　）的起始地址相同（设每个字符占 1 字节空间）。

A．A[8,5]　　B．A[3,10]　　C．A[5,8]　　D．A[0,9]

8．广义表 $A=(a,b,(c,d),(e,(f,g)))$，则 Head(Tail(Head(Tail(Tail(*A*)))))的值为（　　）。

A．(g)　　B．(d)　　C．c　　D．d

9．设广义表 $L=((a,b,c))$，则 *L* 的长度和深度分别是（　　）。

A．1 和 1　　B．1 和 3　　C．1 和 2　　D．2 和 3

10．有一个 50 阶的三对角矩阵 ***M***，其元素 $m_{i,j}$($1 \leqslant i \leqslant 50$，$1 \leqslant j \leqslant 50$)按行优先顺序压缩存入下标从 0 开始的一维数组 N 中。元素 $m_{14,9}$ 在数组 N 中的下标是（　　）。

A．96　　B．98　　C．97　　D．99

11．设有两个串 S1 和 S2，求 S2 在 S1 中首次出现的位置的运算称作（　　）。

A．求子串　　B．判断是否相等　　C．模式匹配　　D．连接

12．二维数组 A 的元素均是由 6 个字符组成的串，行下标 i 的范围从 0 到 8，列下标 j 的范围从 1 到 10，则存放数组 A 至少需要（　　）字节。

A．560　　B．480　　C．540　　D．630

13．多维数组之所以有行优先顺序和列优先顺序两种存储方式是因为（　　）。

A．数组的元素处在行和列两个关系中　　B．数组的元素必须从左到右顺序排列

C．数组的元素之间存在顺序关系　　D．数组是多维结构，内存是一维结构

14．对稀疏矩阵采用压缩存储，其缺点之一是（　　）。

A．无法判断矩阵有多少行、多少列

B．无法根据行、列号查找某个矩阵元素

C．无法根据行、列号直接访问矩阵中的元素

D．使矩阵元素之间的逻辑关系更加复杂

15．在 KMP 模式匹配算法中用 next 数组存放模式串的部分匹配信息，当模式串位置 j 处字符与目标串位置 i 处字符比较时，两个字符相等，则 j 的位移方式是（　　）。

A．j++　　B．j=i+1　　C．j=i-j+1　　D．j=next[j]

二、简答题

1．为什么数组极少使用链式存储结构？

2．数组 A 中，每个元素的长度均为 32 位，行下标从-1 到 9，列下标从 1 到 11，从首地址 S 开始连续存放在主存储器中，主存储器字长为 16 位。求：

（1）存放该数组需要多少个单元？

（2）存放数组第 4 列所有元素至少需要多少个单元？

（3）数组按行优先存放时，元素 A[7,4]的起始地址是多少？

（4）数组按列优先存放时，元素 A[4,7]的起始地址是多少？

3．字符串右旋转就是把字符串后面的若干个字符移动到字符串的前面。例如，"waterbottle"是"erbottlewat"右旋转（右移动 3 位）而来的。给定两个字符串 s1 和 s2，请问：只通过子串判断和串连接两个操作可以判断 s2 是否为 s1 右旋转的结果吗？

三、算法设计题

1．编写一个算法，统计在输入字符串中各个不同字符出现的频度（字符串中的合法字符为 26 个英文字母和 0～9 这 10 个数字）。

2．编写一个递归算法来实现字符串逆序存储，要求不另设串存储空间。

3．设任意 n 个整数存放于数组 A[n]中，编写一个算法，将所有正数排在所有负数前面，这里要求算法的时间复杂度为 $O(n)$。

第 5 章 树与二叉树

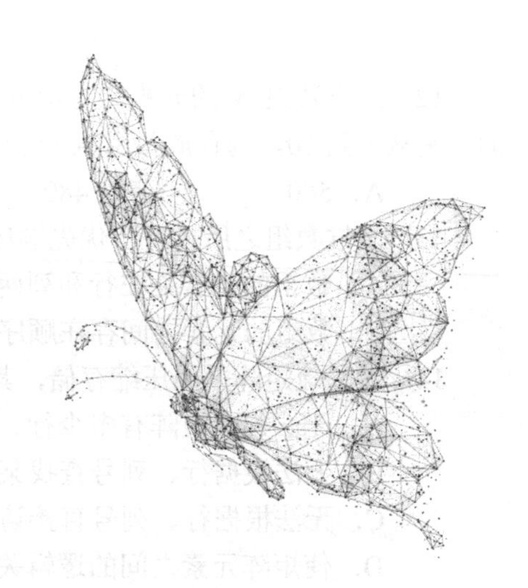

树（Tree）结构是一种较复杂的非线性结构，主要用于描述具有层次关系的数据，如人类社会的族谱、各种组织机构的表示等。树结构在计算机领域也有广泛的应用，如文件管理的目录结构、编程语言的语法树结构、网页的文档树结构、人工智能中的决策树等。树的这种层次关系体现了社会关系中的长幼有序及职能管理中的上下有别。

5.1 树的基本概念与性质

5.1.1 树的定义与术语

1. 树的定义

树是 n（$n \geqslant 0$）个结点的有限集合 T，有以下三种情况：

① n=0 时，为空树，如图 5-1（a）所示。

② n=1 时，有且仅有一个被称为树根（root）的结点（简称根结点），如图 5-1（b）所示。

③ n>1 时，除根结点以外的其余 n−1 个结点可以划分成 m（$m \geqslant 1$）个互不相交的有限集合 $T_1,T_2,\cdots,T_m$，其中每个集合 T_i 本身又是一棵树，称为根结点 root 的子树（SubTree），如图 5-1（c）所示。

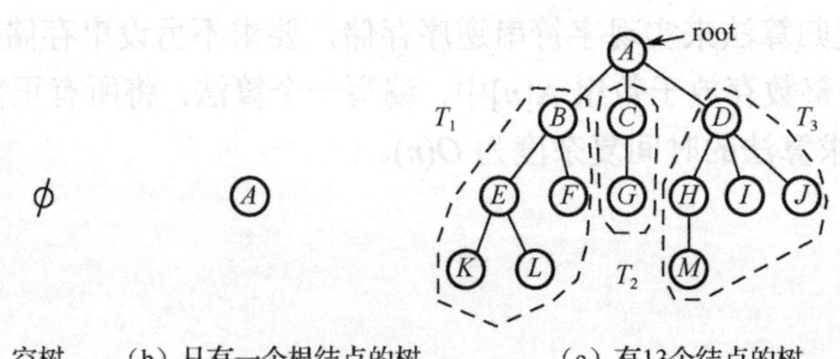

图 5-1 树的示意图

图 5-1（c）中有 13 个结点，其中 A 为根结点，A 有三棵子树：T_1、T_2 和 T_3，各自包含的结点为 $T_1=\{B,E,F,K,L\}$，$T_2=\{C,G\}$，$T_3=\{D,H,I,J,M\}$。而 T_1 子树的根结点为 B，可以继续划分成两棵子树；T_2 子树的根结点为 C，可以继续划分为一棵子树；T_3 子树的根结点为 D，可以

继续划分为三棵子树。按照这个过程不断地划分子树，直到划分出空树为止，由此可见树的定义是递归的，即树的子树仍然是树。

2．树的有关术语

（1）结点（Node）：树中的元素。

（2）结点的度：结点所拥有的子树的个数。

（3）叶子结点：度为 0 的结点，也称作终端结点。

（4）分支结点：度不为 0 的结点。

（5）孩子结点：树中某个结点的子树的根结点为该结点的孩子结点。

（6）双亲结点：若树中某个结点有孩子结点，则称这个结点为它的孩子结点的双亲结点。

（7）兄弟结点：具有相同双亲结点的结点互为兄弟结点。

（8）树的度：树中所有结点的度的最大值。

（9）结点的层数：从根结点到树中某个结点所经路径上的结点数。

（10）树的深度：树中所有结点的层数的最大值。

（11）无序树：树中任意一个结点的各孩子结点之间的顺序交换后仍是同一棵树。

（12）有序树：树中任意一个结点的各孩子结点有严格排列的顺序。

（13）森林：m（$m \geqslant 0$）棵树的集合。

根据树的定义不难得出结论，即树中的结点总数 n 与所有结点的度之和 b 有如下关系：$n=b+1$。

这是因为，树中除根结点外，每个结点都有且仅有一个双亲结点，即除根结点之外的所有结点与树中的所有分支一一对应，而树的分支数就是所有结点的度之和 b，因此，$n-1=b$。

5.1.2　树的表示与基本运算

1．树的表示

树的逻辑结构中元素之间的关系是一对多的，呈现出层次关系。常见的树的表示方法有以下 5 种。

（1）树表示法：通过结点和结点间的连线形成自上而下的倒立的树结构，如图 5-2（a）所示。

（2）集合表示法：使用集合及集合的包含关系描述树的层次结构，如图 5-2（b）所示。

（3）形式化表示法：通过结点集合和结点间亲子关系集合的形式化定义来表示树的结构，即树 Tree 由一个二元组组成，其中包含树的结点集合 D 和结点之间亲子关系的集合 r。图 5-2（a）中的树可描述为：Tree=(d,r)，其中，$d=\{A,B,C,D,E,F,G,H,I,J,K,L,M\}$，$r=\{<A,B>,<A,C>,<A,D>,<B,E>,<B,F>,<E,K>,<E,L>,<C,G>,<D,H>,<D,I>,<D,J>,<H,M>\}$。

（4）凹入表示法：通过线段的长短描述树的结构，如图 5-2（c）所示。

（5）广义表表示法：将根结点直接放在括号内最左端，根结点的各子树采用相同的方式，以子表的形式依次放在根结点的后面，中间用逗号隔开。图 5-2（a）中的树可表示为：$(A,(B,(E,(K),(L))),F),(C,(G)),(D,(H,(M)),(I),(J)))$。

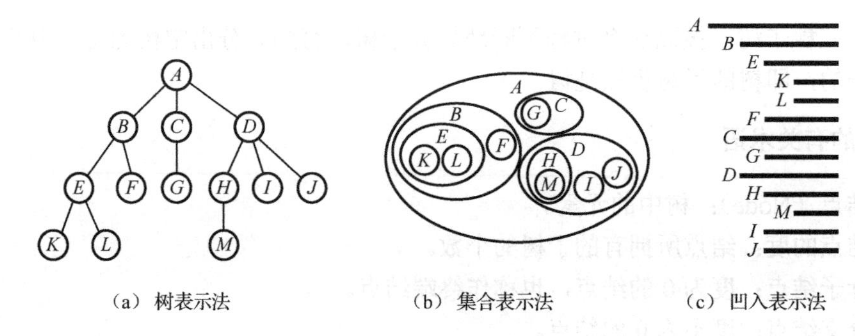

图 5-2 树的表示方法

2. 树的基本运算

（1）创建一棵空树 *T*：CreatTree(T)。

（2）撤销树，释放 *T* 所占用的内存空间：DestroyTree(T)。

（3）查找当前结点 curr 在树 *T* 中的双亲结点：Parent(T,curr)。

（4）查找当前结点 curr 在树 *T* 中的第一个孩子结点：FirstChild(T,curr)。

（5）查找当前结点 curr 在树 *T* 中的下一个兄弟结点：NextSibling(T,curr)。

（6）遍历树 *T* 的所有结点：Traverse(T)。

5.2 二叉树的概念与存储

5.2.1 二叉树的定义与基本运算

1. 二叉树的定义

二叉树是 *n*（*n*≥0）个结点的有限集合，它或者为空树（*n*=0），或者为由一个根结点和两棵分别称为左子树与右子树的互不相交的二叉树组成。

二叉树有如下基本特点：

① 每个结点最多有两棵子树（不存在度大于 2 的结点）。

② 每个结点的左、右子树的顺序不能颠倒。图 5-3 所示是两棵不同的二叉树，因为图 5-3（a）中 *G* 是 *D* 的左子树，而在图 5-3（b）中 *G* 是 *D* 的右子树。

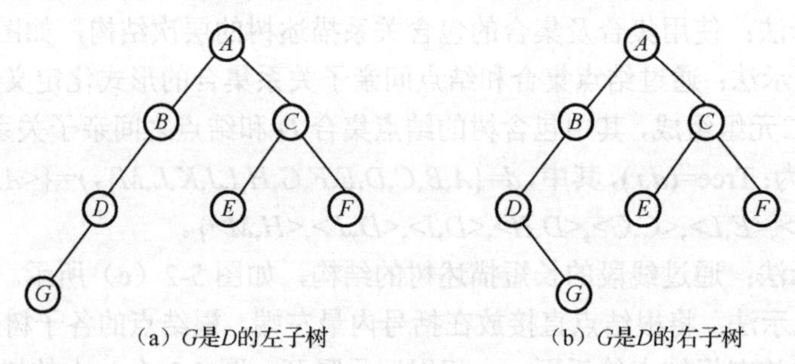

图 5-3 二叉树

根据二叉树的定义可以归纳出二叉树的 5 种基本形态，如图 5-4 所示。其中图 5-4（a）是一棵空二叉树，图 5-4（b）是仅有一个根结点的二叉树，图 5-4（c）是只有左子树的二叉树，图 5-4（d）是左、右子树均不为空的二叉树，图 5-4（e）是只有右子树的二叉树。

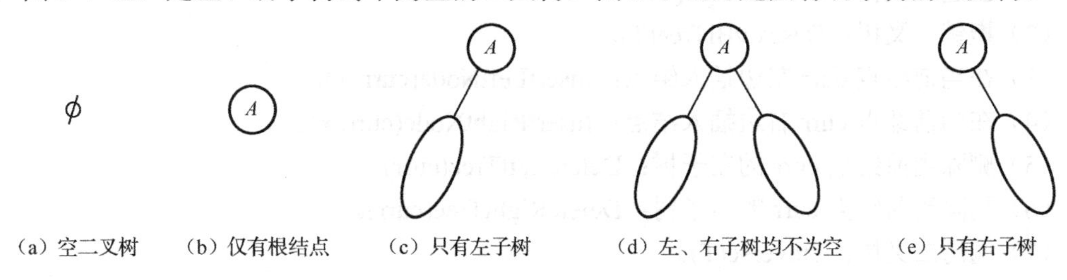

图 5-4　二叉树的 5 种基本形态

2. 几种特殊的二叉树

（1）满二叉树

一棵二叉树中，如果所有分支结点都有左子树和右子树，并且所有叶子结点都在同一层上，则这样的二叉树称为满二叉树。图 5-5（a）是满二叉树，图 5-5（b）则不是满二叉树，因为叶子结点并不在同一层上。

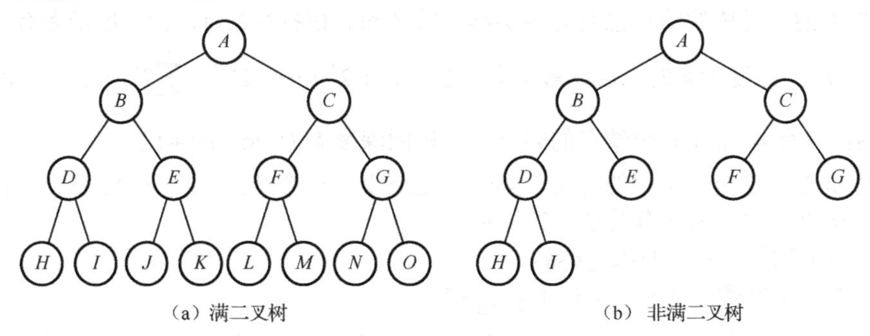

图 5-5　满二叉树和非满二叉树

（2）完全二叉树

如果一棵二叉树在最后一层之上的各层结点都是全满的，而且最后一层按照从左往右的顺序连续放置结点，那么该二叉树为完全二叉树。图 5-6（a）是完全二叉树，而图 5-6（b）则不是完全二叉树，因为结点 E 没有左孩子却有右孩子。

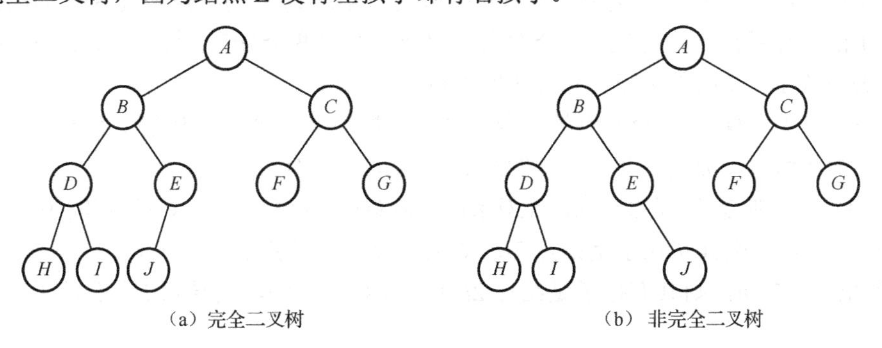

图 5-6　完全二叉树和非完全二叉树

3．二叉树的基本运算

（1）创建二叉树：CreatBiTree(T)。

（2）撤销二叉树：DestroyBiTree(T)。

（3）在当前结点 curr 左边插入结点：InsertLeftNode(curr, x)。

（4）在当前结点 curr 右边插入结点：InsertRightNode(curr, x)。

（5）删除当前结点 curr 的左子树：DeleteLeftTree(curr)。

（6）删除当前结点 curr 的右子树：DeleteRightTree(curr)。

（7）遍历二叉树：Traverse(T)。

5.2.2　二叉树的性质

根据二叉树的定义，二叉树有如下性质。

性质 1：在一棵非空二叉树的第 i 层上至多有 2^{i-1} 个结点（$i\geqslant 1$）。

这个结论不难推出，第 1 层最多有一个结点，即 2^0 个结点，第 2 层最多是 2^1 个结点，第 3 层最多 2^2 个结点，依次类推，第 i 层最多有 2^{i-1} 个结点。

性质 2：深度为 k 的二叉树至多有 2^k-1 个结点。

深度为 k 的二叉树的结点总数为各层结点数之和。根据性质 1，第 i 层最多有：2^{i-1} 个结

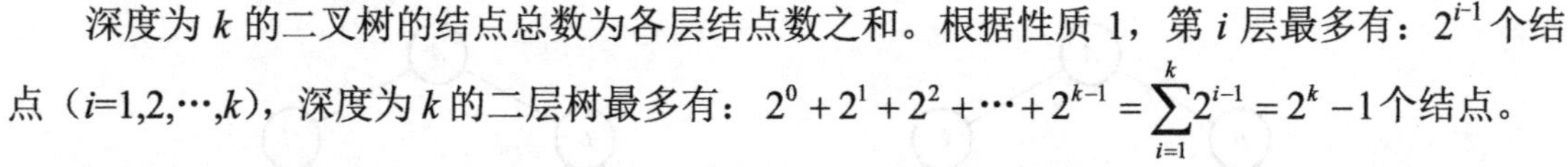

点（i=1,2,…,k），深度为 k 的二层树最多有：$2^0+2^1+2^2+\cdots+2^{k-1}=\sum_{i=1}^{k}2^{i-1}=2^k-1$ 个结点。

性质 3：具有 n（n>0）个结点的完全二叉树的深度 k 为 $\lfloor \log_2 n \rfloor+1$。

根据性质 2 及完全二叉树的定义，第 k 层上至少有一个结点，而 n 最大等于高度为 k 的满二叉树的结点总数，因此有关系：$2^{k-1}\leqslant n<2^k$。

对不等式求对数得：$k-1\leqslant \log_2 n<k$。

因为 k 必须是整数，故有：$k=\lfloor \log_2 n \rfloor+1$。

性质 4：对于一棵非空的二叉树，如果叶子结点数为 n_0，度为 2 的结点数为 n_2，则有：$n_0=n_2+1$。

设 n 为二叉树的结点总数，n_1 为二叉树中度为 1 的结点数，则有关系式 1：$n=n_0+n_1+n_2$。

另外，在二叉树中，除根结点外的所有结点都有一个唯一的进入分支，设 b 为二叉树中所有结点的进入分支数，则有关系式 2：$b=n-1$。

从二叉树的结构可知，二叉树的所有进入分支均由度为 1 的结点和度为 2 的结点发出，每个度为 1 的结点发出一个分支，每个度为 2 的结点发出两个分支，得出关系式 3：$b=n_1+2n_2$。

综合关系式 1、关系式 2 和关系式 3 即可得出：$n_0=n_2+1$。

性质 5：对于一棵有 n 个结点的完全二叉树，按照从上至下、从左至右的顺序对所有结点从 1 开始顺序编号，则对于序号为 i 的结点（$1\leqslant i\leqslant n$），有：

① 如果 i=1，则结点 i 是根结点，无双亲；如果 i>1，则该结点的双亲结点的序号是 $\lfloor i/2 \rfloor$。

② 如果 $2i\leqslant n$，则其左孩子是结点 $2i$；如果 $2i>n$，则结点 i 无左孩子。

③ 如果 $2i+1\leqslant n$，则其右孩子是结点 $2i+1$；如果 $2i+1>n$，则结点 i 无右孩子。

如图 5-7 所示是有 7 个结点的完全二叉树，结点 B 的序号为 2，根据性质 5（1）可知结点 B 的双亲结点序号为 1，即结点 A，根据性质 5（2）和（3）及树的结点总数可知结点 B 的左、右孩子结点的序号分别是 4、5，对应结点为 D 和 E；结点 F 的序号为 6，其双亲结点的序号为 3，即结点 C，其左、右孩子结点的序号应分别是 12、13，这两个序号均超过了树的结点总数 7，因此结点 F 没有左、右孩子结点。

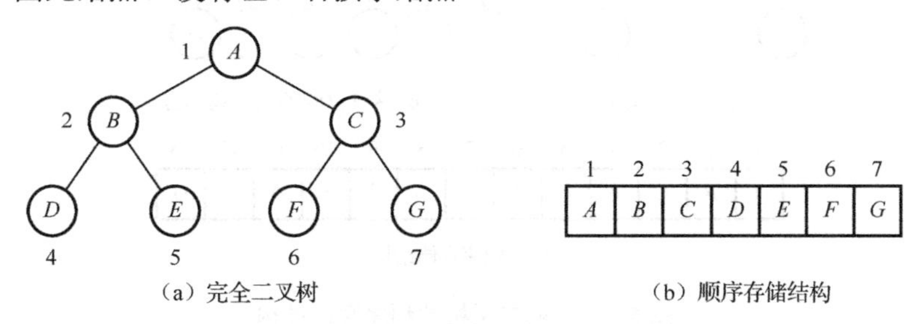

图 5-7 完全二叉树序号与亲子关系

5.2.3 二叉树的存储

在计算机中存储二叉树不仅要存储各结点的数据，还必须存储结点之间的亲子关系。通常，二叉树的存储结构主要有三种：顺序存储结构、链式存储结构及仿真指针存储结构。

1. 二叉树的顺序存储结构

二叉树的顺序存储结构用一维数组存储二叉树的结点及结点之间的亲子关系。完全二叉树的结点可按从上至下和从左至右的顺序存储在一维数组中，其结点之间的亲子关系可由性质 5 中的方法计算得到。如图 5-8 所示是一个完全二叉树及其顺序存储结构。

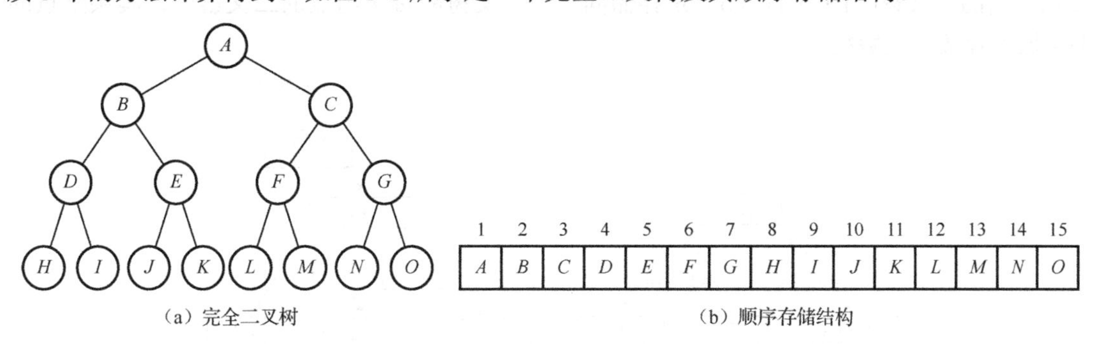

图 5-8 一个完全二叉树及其顺序存储结构

对于一般的非完全二叉树，显然不能直接使用二叉树的顺序存储结构。可以首先在非完全二叉树中增添一些并不存在的空结点使之变成完全二叉树的形态，然后再用顺序存储结构。如图 5-9（a）所示的非完全二叉树，添加空结点后构成如图 5-9（b）所示的完全二叉树，再使用顺序存储结构，如图 5-9（c）所示，其中的“∧”表示此处存放的不是二叉树的结点。很显然这种存储结构适合存储满二叉树或完全二叉树，对于普通二叉树，空间利用率不高。

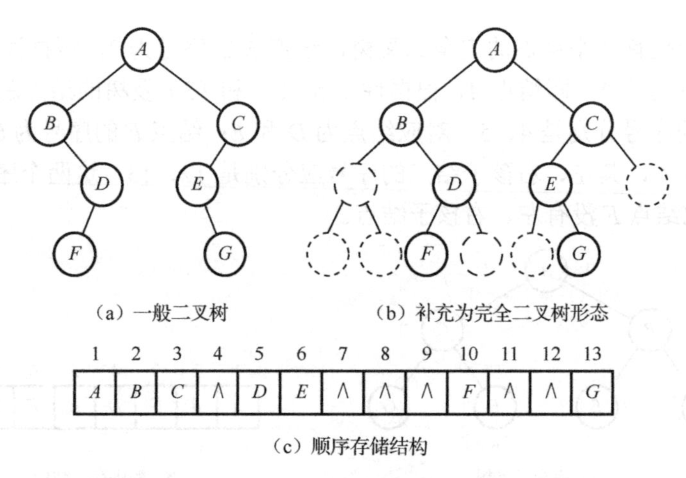

图 5-9　一般二叉树的顺序存储结构

2．二叉树的链式存储结构

lchild	data	rchild

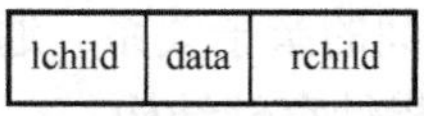

图 5-10　二叉链表中的结点结构

二叉树的链式存储结构用指针建立二叉树中结点之间的关系。二叉树最常用的链式存储结构是二叉链表。二叉链表中的每个结点包含三个域，如图 5-10 所示。

其中，data 为结点的数据域，lchild 和 rchild 分别为该结点的左、右孩子指针域。

使用二叉链表存储的二叉树也有不带头结点和带头结点两种，头结点的设置可以使编码实现更容易一些，这和链表中设置的头结点类似。如图 5-11（a）所示是用不带头结点的二叉链表存储的二叉树，图 5-11（b）是存储同一个二叉树的带头结点的二叉链表，其头结点的 data 域不存放有效数据。

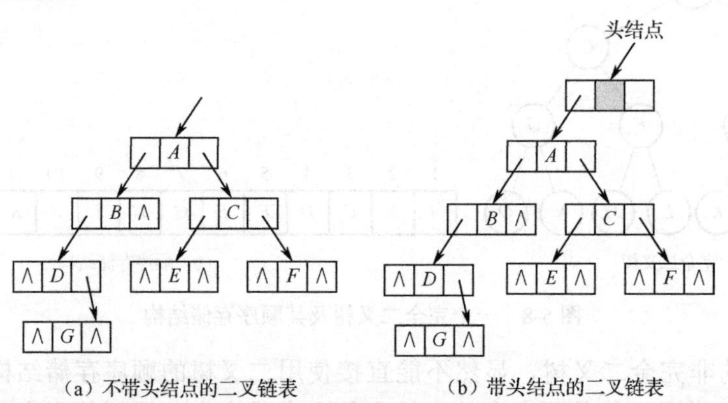

图 5-11　使用二叉链表存储二叉树

注意：本教材中采用不带头结点的存储结构。

3．二叉树的仿真指针存储结构

二叉树的仿真指针存储结构用数组存储二叉树中的结点，数组中每个结点除数据域外，再增加仿真指针域用于仿真常规指针，从而建立二叉树中结点之间的亲子关系。

图 5-12（a）为一棵有 7 个结点的二叉树，根结点是 *A*，在对应的图 5-12（b）中位于第一行，它的左、右两个孩子结点分别是 *B* 和 *C*，这两个孩子结点在数组中的下标分别是 2 和 3，因此结点 *A* 的仿真指针域中分别保存了 2 和 3 两个下标值。当某个结点无左孩子或者无右孩子时，其左孩子仿真指针域或右孩子仿真指针域就存储-1。

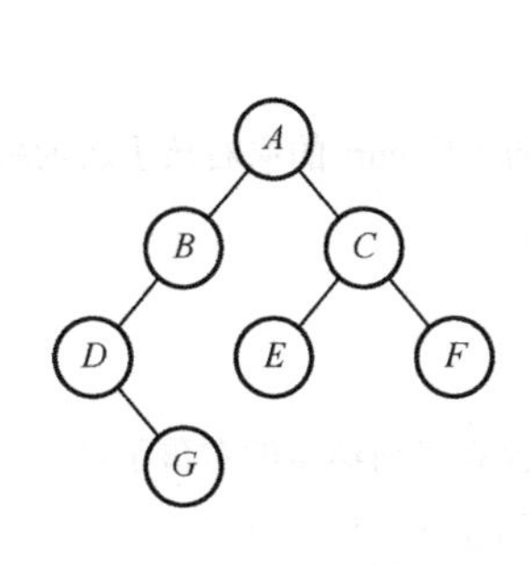

（a）二叉树

	data	lchild	rchild
1	*A*	2	3
2	*B*	4	-1
3	*C*	5	6
4	*D*	-1	7
5	*E*	-1	-1
6	*F*	-1	-1
7	*G*	-1	-1

（b）仿真指针存储结构

图 5-12 二叉树的仿真指针存储结构

5.2.4 二叉树的建立

二叉树的二叉链表存储结构较为常用，本节介绍基于二叉链表存储结构的二叉树的创建。

1. 二叉树的二叉链表结构定义

```
typedef  struct  Node
{    DataType  data;                      //数据域
     struct  Node  *lchild;               //左孩子指针域
     struct  Node  *rchild;               //右孩子指针域
}BiTreeNode, *BiTree;
```

2. 常见操作 C 语言实现

```
//申请一个新结点空间并置左、右孩子指针为NULL
void Initiate(BiTree *root, DataType x)
{    *root=(BiTree)malloc(sizeof(BiTreeNode));     //创建结点
     (*root)->data=x;                              //保存数据域
     (*root)->lchild=NULL;                         //结点左、右孩子指针置空
     (*root)->rchild=NULL;
}
//在curr结点的左孩子处插入值为x的结点，插入后curr的原左孩子成为新结点的左孩子
BiTree InsertLeftNode(BiTree curr, DataType x)
{   BiTree s, t;
    if(curr==NULL)   return NULL;
    t = curr->lchild;                          //保存当前结点的左孩子指针
    s = (BiTree)malloc(sizeof(BiTreeNode));    //创建一个新结点
```

```
    s->data=x;
    s->lchild=t;                           //新结点的左孩子赋值为前面保存的左孩子指针
    s->rchild=NULL;
    curr->lchild=s;                        //当前结点的左孩子为新创建的结点 s
    return curr->lchild;
}
//在 curr 结点的右孩子处插入值为 x 的结点，插入后 curr 的原右孩子成为新结点的右孩子
BiTree InsertRightNode(BiTree curr, DataType x)
{   BiTree s, t;
    if (curr==NULL)   return NULL;
    t=curr->rchild                         //保存当前结点的右孩子指针
    s=(BiTree)malloc(sizeof(BiTreeNode));  //创建一个新结点
    s->data=x;
    s->rchild=t;                           //新结点的右孩子赋值为前面保存的右孩子指针
    s->lchild=NULL;
    curr->rchild=s;                        //当前结点的右孩子为新创建的结点 s
    return curr->rchild;
}
//删除 curr 指向结点的左子树
BiTree DeleteLeftTree(BiTree curr)
{   if(curr == NULL||curr->lchild==NULL)
        return   NULL;
    Destroy(&curr->lchild);                //调用 Destroy 函数删除左子树
    curr->lchild=NULL;                     //当前结点的左孩子置空
    return   curr;
}
//删除 curr 指向结点的右子树
BiTree   DeleteRightTree(BiTree   curr)
{     if(curr == NULL||curr->rchild == NULL)
          return   NULL;
      Destroy(&curr->rchild);              //调用 Destroy 函数删除右子树
      curr->rchild=NULL;                   //当前结点的右孩子置空
      return   curr;
}
//用后根递归遍历的方式删除以 root 为根结点的二叉树
//可在学习完二叉树的遍历后再来理解 Destroy 函数
void   Destroy(BiTree   *root)
{   if((*root)!=NULL && (*root)->lchild!=NULL)
        Destroy(&(*root)->lchild);         //递归删除 root 的左子树
```

```
    if((*root)!=NULL && (*root)->rchild!=NULL)
        Destroy(&(*root)->rchild);            //递归删除 root 的右子树
    free(*root);                              //释放 root 空间
    *root=NULL;
}
```

3. 建立二叉树的二叉链表

通过调用上述几个基本操作建立如图 5-13 所示的二叉树的不带头结点的二叉链表，代码如下：

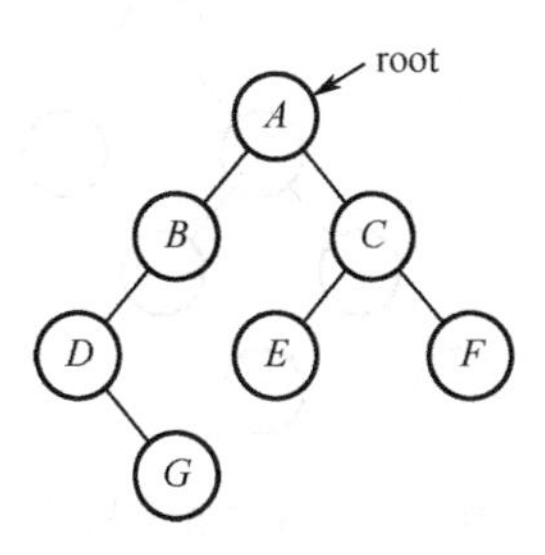

图 5-13　创建有 7 个结点的二叉树

```
//创建如图 5-13 所示的二叉树
void CreatBiTree(BiTree *root)
{  BiTree p;
   Initiate(root,'A');                    //初始化，创建根结点 A
   p=InsertLeftNode(*root,'B');           //在结点 A 左孩子处插入结点 B
   p=InsertLeftNode(p,'D');               //在结点 B 左孩子处插入结点 D
   p=InsertRightNode(p,'G');              //在结点 D 右孩子处插入结点 G
   p=InsertRightNode(*root,'C');          //在结点 A 右孩子处插入结点 C
   InsertLeftNode(p,'E');                 //在结点 C 左孩子处插入结点 E
   InsertRightNode(p,'F');                //在结点 C 右孩子处插入结点 F
}
```

5.3　二叉树性质应用举例

【例 5-1】 对于一个有 n 个结点的完全二叉树，若 n_0 代表叶子结点数，n_1 代表度为 1 的结点数，n_2 代表度为 2 的结点数。试证明如下结论成立：当 n 为奇数时，$n_1=0$；当 n 为偶数时，$n_1=1$。

证明：对于有 n 个顶点的完全二叉树，有　　$n=n_0+n_1+n_2$

因为　　$n_2=n_0-1$（性质 4）

所以　　$n=2n_0-1+n_1$

如果 n 为奇数，$2n_0-1$ 是奇数，则 n_1 一定为偶数。根据完全二叉树的定义，在完全二叉树中分支数为 1 的结点至多只能有 1 个，即 n_1 要么为 1 要么为 0。故推导出：当 n 为奇数时，$n_1=0$；当 n 为偶数时，一定有 $n_1=1$。

【例 5-2】 已知完全二叉树的结点总数为 600，求其叶子结点数。

解：首先这是一棵完全二叉树且结点总数 n 为偶数，根据例 5-1 的结论可知 $n_1=1$。又根据性质 4 可知 $n_0=n_2+1$，故 $n=2n_0$，即 $600=2n_0$，所以叶子结点数为 300 个。

【例 5-3】 若一棵二叉树具有 10 个度为 2 的结点，5 个度为 1 的结点，则度为 0 的结点数是多少？总结点数是多少？

解：根据二叉树的性质 4 有 $n_0=n_2+1$，因此 $n_0=n_2+1=11$，那么该二叉树的总结点数为 $n=n_0+n_1+n_2=11+5+10=26$ 个。

【例 5-4】 一棵完全二叉树的根结点序号为 1，已知序号为 23 的结点有左孩子而无右孩子，问该二叉树共有多少个结点？

解：因为这是一棵完全二叉树，故序号为 23 的结点的左孩子就是最后一层最右边的结点，其左孩子的序号也就是二叉树的结点数。根据完全二叉树的性质 5 可知，其左孩子的序号为 46。而 23 号结点只有左孩子而无右孩子，因此这个左孩子就是该二叉树上序号最大的结点，故二叉树的结点总数为 46 个。

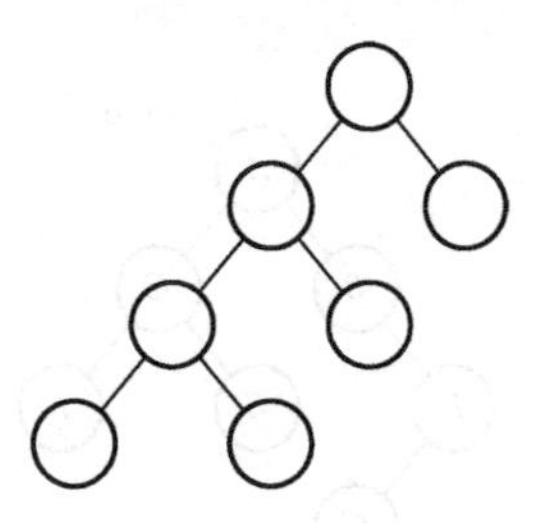

图 5-14　例 5-5 分析示意图

【例 5-5】 设高度为 h 的二叉树上仅有度为 0 和度为 2 的结点，则此二叉树所包含的结点数最少为多少个？

解：因为二叉树只包含度为 0 和度为 2 的结点，因此从第 2 层开始，每层至少有 2 个结点，其二叉树的形态如图 5-14 所示。由于第 1 层只有一个结点，因此二叉树至少有 $2(h-1)+1=2h-1$ 个结点。

【例 5-6】 设二叉树的所有非叶子结点的左、右子树非空，试证明此二叉树满足：当叶子结点数为 s 时，总结点数为 $2s-1$。

证明：按题义可知，该二叉树没有度为 1 的结点，即 $n_1=0$，而 $n_2=n_0-1$，故该二叉树的结点总数为 $n_0-1+n_0=2n_0-1$，因为 $n_0=s$，故结点总数为 $2s-1$。

5.4　二叉树的遍历

二叉树的遍历是二叉树许多操作的基础，例如，统计叶子结点数，求树的高度，将中缀表达式转换成后缀表达式，将每个结点的左、右孩子互换等。本节介绍二叉树的递归遍历思想及其实现。

5.4.1　二叉树遍历的概念与思想

1. 二叉树的遍历

沿着某条搜索路径访问二叉树的每个结点，并且使得每个结点被访问一次且仅被访问一次。这里的访问结点是指对它执行某种操作，例如，输出该结点的信息、修改该结点的值等。在本节中通过调用 visited(v)来表示结点 v 已被访问。遍历的结果是得到包含二叉树的所有结点的一个线性序列。

2. 二叉树遍历算法思想及分类

任何一个二叉树都可以看成由三部分组成：根结点、左子树、右子树，如图 5-15 所示。因此，如果能遍历这三部分，也就遍历了整个二叉树。将一个二叉树分成三部分进行遍历，体现了分治法的算法思想。

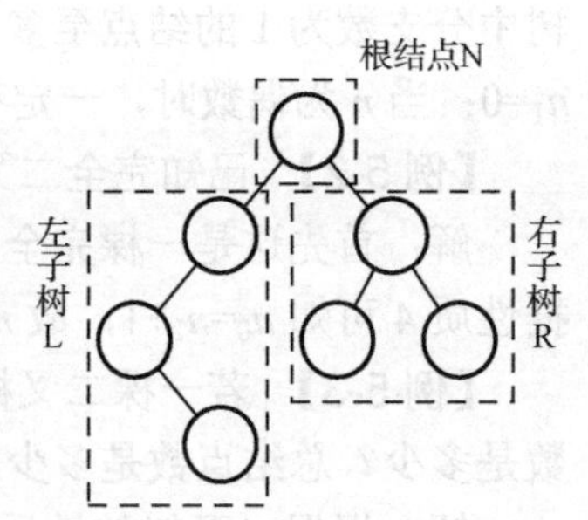

图 5-15　组成二叉树的三部分

对根结点、左子树、右子树三部分进行全排列，会有 6 种可能的方案，这里我们规定左子树的遍历优先于右子树，再按根结点在遍历过程中的先后顺序进行命名，有以下三种遍历方案：

- 先（根）序遍历（NLR）
- 中（根）序遍历（LNR）
- 后（根）序遍历（LRN）

如果按照以结点层序为主，层间从上往下，层内从左至右进行遍历，那么二叉树的遍历还有一种方案是：

- 层次遍历

5.4.2　二叉树遍历的递归算法

不论先序遍历还是中序和后序遍历，对其左子树和右子树的遍历都是按相同的遍历方法实现的，因此，如果用递归描述算法将会十分简单。

1．二叉树的先序遍历算法及其递归实现

二叉树的先序遍历算法描述如下：

① 先访问二叉树的根结点；

② 以先序遍历算法遍历二叉树根结点的左子树；

③ 以先序遍历算法遍历二叉树根结点的右子树。

由于左、右子树的根结点分别是二叉树根结点的左、右孩子结点，因此很容易就能设计出先序遍历算法的递归函数。

先序遍历算法递归实现：

```
void  PreOrder(BiTree  root)          //先序遍历以 root 为根结点的二叉树
{  if(root)                           //如果根结点不为空
   {  visited(root);                  //访问根结点
      PreOrder(root->lchild);         //先序遍历左子树
      PreOrder(root->rchild);         //先序遍历右子树
   }
}
```

【例 5-7】 对于如图 5-16 所示的二叉树，给出先序遍历序列。

按照二叉树的先序遍历算法描述，先序遍历序列为：A、B、D、G、H、C、E、F、I。

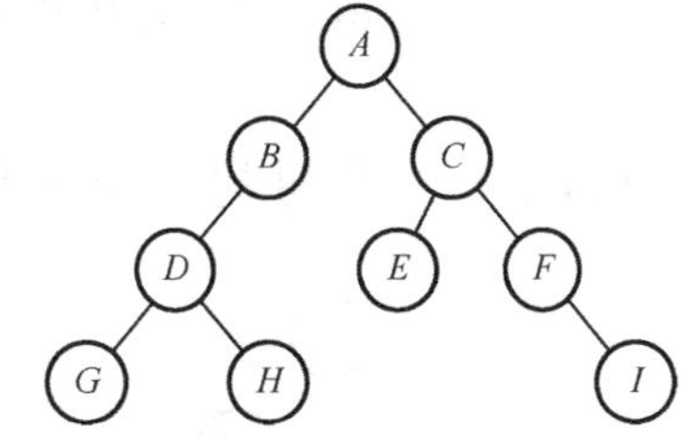

图 5-16　先序遍历二叉树

2．二叉树的中序遍历算法及其递归实现

二叉树的中序遍历算法描述如下：

① 以中序遍历算法遍历二叉树根结点的左子树；

② 访问二叉树的根结点；

③ 以中序遍历算法遍历二叉树根结点的右子树。

这里对根结点左、右子树的遍历仍采用中序遍历算法。同先序遍历相似，很容易设计出其递归函数。

中序遍历算法递归实现：

```
void  InOrder(BiTree  root)            //中序遍历以 root 为根结点的二叉树
{  if(root)                            //如果根结点不为空
   {  InOrder(root->lchild);           //中序遍历左子树
      visited(root);                   //访问根结点
      InOrder(root->rchild);           //中序遍历右子树
   }
}
```

【例 5-8】 对于如图 5-16 所示的二叉树，给出中序遍历序列。

按照二叉树的中序遍历算法描述，中序遍历序列为：*G*、*D*、*H*、*B*、*A*、*E*、*C*、*F*、*I*。

3. 二叉树的后序遍历算法及其递归实现

二叉树的后序遍历算法描述如下：

① 以后序遍历算法遍历二叉树根结点的左子树；

② 以后序遍历算法遍历二叉树根结点的右子树；

③ 访问二叉树的根结点。

同先序遍历和中序遍历相似，后序遍历以先左再右再根的顺序进行遍历。同样，可以设计出类似的后序遍历递归函数。

后序遍历算法递归实现：

```
void  PostOrder(BiTree  root)            //后序遍历以 root 为根结点的二叉树
{  if(root)                              //如果根结点不为空
   {     PostOrder(root->lchild);        //后序遍历左子树
         PostOrder(root->rchild);        //后序遍历右子树
         visited(root);                  //访问根结点
   }
}
```

【例 5-9】 对于如图 5-16 所示的二叉树，给出后序遍历序列。

按照二叉树的后序遍历算法描述，后序遍历序列为：*G*、*H*、*D*、*B*、*E*、*I*、*F*、*C*、*A*。

5.4.3 二叉树的层次遍历

二叉树的遍历除上述三种遍历方案外，还可以进行层次遍历。

1. 层次遍历的基本思想

层次遍历是从根结点开始，自上而下对每层进行遍历，在每层内从左到右依次访问每个结点的遍历方法。如图 5-17 所示的二叉树，层次遍历序列为：*A*、*B*、*C*、*D*、*E*、*F*、*G*、*H*、*I*。

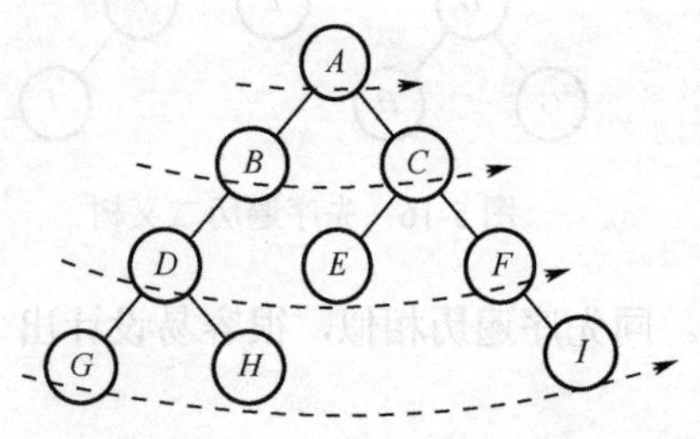

图 5-17 二叉树的层次遍历

2．层次遍历算法描述

按照层次遍历思想，一个结点如果在另一个结点前被访问，例如，图5-17中的结点*B*和结点*C*，结点*B*在结点*C*前被访问，则结点*B*的所有孩子的访问顺序均优先于结点*C*的所有孩子。这体现了一种先进先出的思想，也是队列的操作特点。因此，在层次遍历算法中，其数据结构采用顺序队列。

二叉树的层次遍历算法描述如下。

1）创建一个顺序队列，并进行初始化。

2）若根结点非空，则将根结点入队。

① 若队列为空，则结束，否则转②；

② 将队头出队，遍历它，转③；

③ 将出队结点的左、右非空孩子以先左后右的顺序进队，转①继续。

3．层次遍历算法的实现

层次遍历算法实现如下：

```
//层次遍历二叉树的非递归算法
void  LevelOrderTraverse(BiTree  root)          //root为二叉树的根结点
{   SeqQueue   sq;
    BiTree   p=root;
    InitQueue(&sq);                             //初始化队列
    if(p!=NULL)
    {   EnQueue(&sq,*p);                        //根结点入队
        while(sq.front<sq.rear)                 //队列不为空时，出队并访问该结点
        {   DeQueue(&sq,p);
            visited(p);
            if(p->lchild!=NULL)
                EnQueue(&sq,*(p->lchild));
            if(p->rchild!=NULL)
                EnQueue(&sq,*(p->rchild));
        }
    }
}
```

遍历二叉树的操作就是访问结点，对于有n个结点的二叉树，不论采用哪种遍历算法，其时间复杂度均为$O(n)$。

5.4.4 二叉树的非递归遍历

递归程序结构简捷、思路清晰，但递归程序的执行效率很低，而且并非所有的程序设计语言都允许使用递归方法，因此，为了提高程序执行效率，需要将递

归程序转换为非递归程序。

在5.4.2节中介绍了二叉树的先序、中序和后序遍历的递归实现，接下来介绍二叉树的非递归遍历实现。

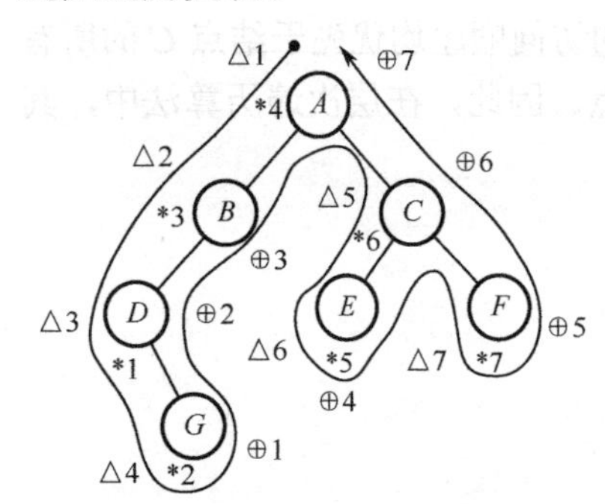

图5-18　二叉树遍历路线

对于同一棵二叉树，其先序、中序、后序遍历所经过的顶点的路线是一样的。在如图5-18所示的二叉树中，三角形（△）序号标出了先序遍历的访问顺序；星号（*）标出了中序遍历的访问顺序；圆圈加号（⊕）则标出了后序遍历的访问顺序。

三种遍历都是从根结点开始沿左子树逐层向下，当向下进入到最左端，无法再向下进入时，向上返回一层，再逐一向下进入刚才遇到的结点的右子树，在右子树中再进行如此的向下进入和向上返回，直到最后从根结点的右子树返回根结点为止。

三种遍历的不同之处在于，在这个向下进入和返回的过程中，对每个结点的访问时机不同。先序遍历的访问时机是在向下进入过程中遇到结点就立即访问，而中序遍历是从左子树向上返回时遇到结点就访问，后序遍历则是从右子树向上返回时遇到结点才访问。

在上述过程中，向上返回结点的顺序与向下进入结点的顺序恰好相反，即后向下进入的先向上返回，符合栈的操作特点。因此，在二叉树的非递归遍历中使用顺序栈来辅助算法的实现。

1．二叉树的非递归先序遍历

先序遍历二叉树的非递归算法描述如下：

1）建立保存二叉树结点指针的顺序栈S，并进行初始化；当前结点指针p指向根结点root。

2）若指针p不为空或栈S不为空，则执行：

① 若p不为空，则访问p指向的结点，将p入栈，更新p为左孩子指针；

② 若p为空且栈S不为空，则p出栈，更新p为出栈结点的右孩子指针，转（2）继续。

二叉树的非递归先序遍历算法实现：

```
// 非递归先序遍历以 root 指向结点为根结点的二叉树
void  NRPreOrder(BiTree  root)
{  BiTree  s[MAXNODE],p;                    //顺序栈及指针 p
   int  top=-1;                              //初始化为空栈
   if(root==NULL)  return ;
   p=root;
   while(p||top!=-1)
   {  while(p)          //当 p 不空时，访问 p 指向的结点，p 入栈，更新 p 为左孩子指针
      {  visited(p);   s[++top]=p;   p=p->lchild;  }
      if(top!=-1)       //如果栈不空，出栈，p 取栈顶元素，更新 p 为右孩子指针
```

```
        {  p=s[top];   top--;   p=p->rchild;  }
    }
}
```

2．二叉树的非递归中序遍历

非递归中序遍历二叉树与非递归先序遍历二叉树唯一的区别是访问结点的时机，即在出栈时访问结点，也就是将访问语句“visited(p); ”移到出栈语句“top--;”与修改 p 的指向语句“p=p-> rchild;”之间。

二叉树的非递归中序遍历算法实现：

```
//非递归中序遍历以 root 指向结点为根结点的二叉树
void  NRInOrder(BiTree  root)
{  BiTree  s[MAXNODE], p;                //顺序栈及指针 p
   int  top=-1;                          //初始化为空栈
   if(root==NULL)  return ;
   p=root;
   while(p||top!=-1)
   {  while(p)    //当 p 不空时，p 入栈，更新 p 为左孩子指针
        {  s[++top]=p;   p=p->lchild;  }
      if(top!=-1)  //如果栈不空，出栈，p 取栈顶元素，访问 p 指向的结点，更新 p 为右孩子指针
      {  p=s[top];   top--;   visited(p);   p=p->rchild;  }
   }
}
```

3．二叉树的非递归后序遍历

非递归后序遍历二叉树与非递归先序和中序遍历二叉树不同，一个结点的访问必须在它的左、右子树都被访问过后进行。因此，为了标记一个结点其左、右子树是否都被访问过，在顺序栈的元素类型定义中增加一个标志域 flag，flag=1 表示该结点的左子树已经被访问过，flag=2 表示该结点的右子树已经被访问过。

为实现二叉树的非递归后序遍历，顺序栈的元素类型定义如下：

```
typedef  struct
{  BiTree  link;
   int  flag;
}StackType;
```

二叉树的非递归后序遍历仍然从根结点开始沿左子树向下进入，若遇到非空结点就入栈且置该结点对应的 flag 为 1，若遇到某个结点 v 无左孩子，则将栈顶结点 v 的 flag 置为 2 后，从其右孩子开始向下进入新的左子树。当遇到 NULL 时，检查栈顶结点的 flag，若为 2，则出栈并访问该结点，直到栈空并且 p 为 NULL 时遍历结束。

后序遍历二叉树的非递归算法描述如下：

1）建立保存结点指针的顺序栈S并进行初始化，当前结点指针p指向根结点root。

2）若指针p非空或栈S非空，则循环执行：

① 若p非空，则p入栈，且置栈顶结点的flag为1，更新p为左孩子指针，继续①，否则转②。

② 若p为空且栈S不为空，则对于栈顶结点进行如下判断：
如果栈顶结点的flag为1，则将栈顶结点的flag置为2，更新p为栈顶结点的右孩子指针，继续②，否则访问栈顶结点（栈顶结点的flag一定为2），且栈顶结点出栈，转（2）继续。

二叉树的非递归后序遍历算法实现如下：

```
//非递归后序遍历以root所指向结点为根结点的二叉树
void   NRPostOrder(BiTree   root)
{  BiTree   p;
   int   top=-1;
   StackType   S[MAXNODE];            //顺序栈
   if(root==NULL)   return;
   p=root;
   while(p||top!=-1)
   {  while(p)
      {  top++;   S[top].link=p;   S[top].flag=1;   p=p->lchild;  }
     if(top!=-1)
   {  if(S[top].flag==1)              //说明该结点只访问了其左子树还未访问其右子树
      {  S[top].flag++;
         p=S[top].link->rchild;       //从栈顶结点的右孩子处开始后序遍历
      }
      else
      {  visited(S[top].link);        //栈顶结点访问后出栈
         top--;
      }
   }
  }
}
```

5.5 线索二叉树

二叉树的遍历除前面介绍的递归遍历以及利用栈的非递归遍历外，还可以采用其他方案实现，例如，采用三叉链表存储方式实现遍历（增加parent域），建立逆转链实现遍历，在线索二叉树上进行遍历等。基于线索二叉树的遍历是一种不用栈的遍历方法。本节介绍线索二叉树的建立及基于线索二叉树的遍历方法。

在一个有 n 个结点的二叉树的二叉链表存储结构中，有 n+1 个空指针域。利用这 n+1 个空指针域存储某种遍历下的该结点的直接前驱或直接后继指针，这种附加的指向直接前驱或直接后继的指针称为“线索”。在原二叉链表存储结构基础上添加了线索的二叉树就是线索二叉树。

如图 5-19（a）是有 6 个结点的二叉树，图 5-19（b）是图 5-19（a）的二叉链表，图 5-19（c）是对图 5-19（b）添加中序线索后的结果。线索化的二叉树不仅提高了空间利用率，同时便于快速查找任意结点的前驱和后继。

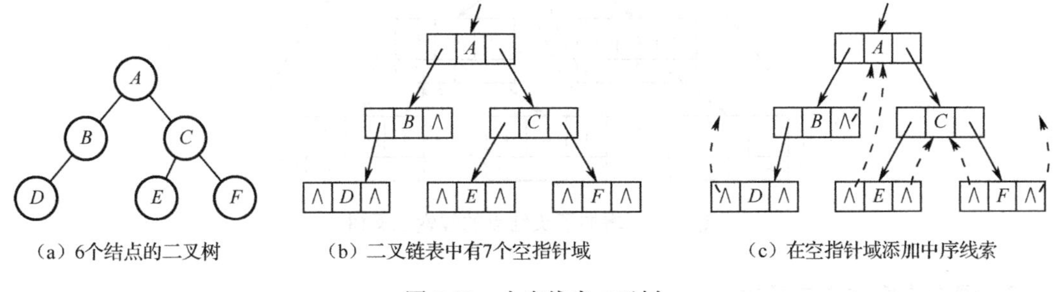

（a）6个结点的二叉树　（b）二叉链表中有7个空指针域　（c）在空指针域添加中序线索

图 5-19　中序线索二叉树

5.5.1　二叉树的线索化

1．线索二叉树的结点结构

图 5-19（c）给出了中序线索二叉树，但怎样判断一个指针域存放的是线索还是孩子指针呢？为了进行区分，在结点结构中引入了两个标志域 ltag 和 rtag，其中若 ltag 为 1 则表明 lchild 为线索，否则为左孩子指针（简称左指针）；同样，若 rtag 为 1 则表明 rchild 为线索，否则为右孩子指针（简称右指针）。如图 5-20 所示是线索二叉树的结点结构示意图。

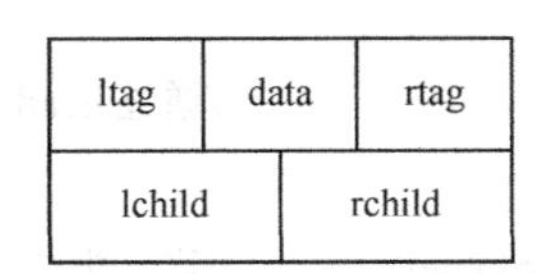

$$\text{ltag}=\begin{cases}0\text{，lchild域指示结点的左孩子}\\1\text{，lchild域指示结点的直接前驱}\end{cases}$$

$$\text{rtag}=\begin{cases}0\text{，rchild域指示结点的右孩子}\\1\text{，rchild域指示结点的直接后继}\end{cases}$$

图 5-20　线索二叉树的结点结构

在线索二叉树中还可以增加一个头结点，该结点的数据域不用，左指针指向树根结点，右指针指向中序遍历的尾结点，如图 5-21 所示。结点 *A* 有左孩子和右孩子，因此它的 ltag 和 rtag 均为 0，表示左、右指针域分别指向两个孩子结点 *B* 和 *C*；结点 *B* 有左孩子结点，因此它的 ltag 为 0，指向左孩子结点 *D*，但它没有右孩子，rtag 为 1，右指针域是后继结点（结点 *B* 在中序遍历下的后继为结点 *A*）的指针，指向结点 *A*。

线索二叉树的结点类型定义：

```
typedef   struct   BiThrNode
{  DataType   data;
   struct     BiThrNode   *lchild,*rchild;
   unsigned   ltag, rtag;
}BiThrNodeType, *BiThrTree;
```

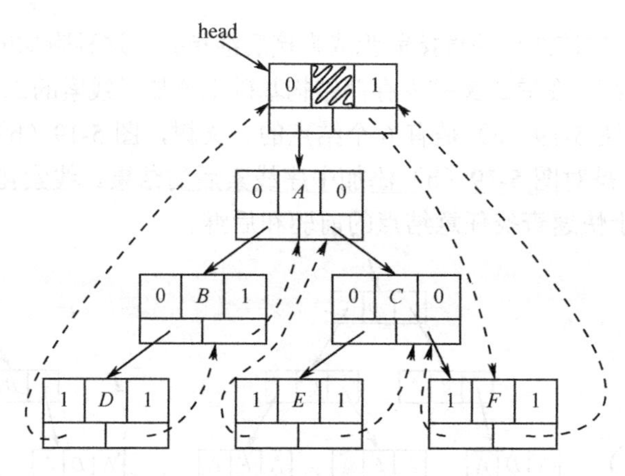

图 5-21　增加了头结点的线索二叉树

2. 建立中序线索二叉树

建立中序线索二叉树的过程实质上就是遍历二叉树。在遍历过程中，访问结点的操作是检查结点的左、右指针域是否为空，如果为空，则将它们改为指向前驱结点或后继结点的线索。为实现这一过程，设指针 pre 始终指向刚刚访问过的结点，指针 p 指向当前结点。得到这两个指针后，如果 p 的左指针为空则把 p 的左指针置为 pre，如果 pre 的右指针为空，则把 pre 的右指针置为 p。

另外，在添加线索时，需要先申请一个头结点，建立头结点与二叉树根结点的指向关系，对二叉树线索化后，还需添加最后一个结点和头结点之间的线索。

建立中序线索二叉树的实现如下：

```
int  InOrderThr(BiThrTree  *head,BiThrTree  T)              //通过 head 返回线索二叉树
{  BiThrTree  pre;
   *head=(BiThrNodeType*)malloc(sizeof(BiThrNodeType));     //建立头结点
   if(*head==NULL)  return  0;
   (*head)->ltag=0;  (*head)->rtag=1;  (*head)->rchild=*head;    //头结点初始化
   if(T==NULL)            //如果 T 是空二叉树，则左指针回指，线索化完毕
      (*head)->lchild=*head;
   else
   {  (*head)->lchild=T;
      pre=*head;
      InThreading(T,&pre);        //中序遍历进行线索化
      pre->rchild=*head;          //最后一个结点和头结点线索化
      pre->rtag=1;
      (*head)->rchild=pre;
   }
   return  1;
}
```

中序线索化以 T 为根结点的二叉树实现如下：

```
void  InThreading(BiThrTree T,  BiThrTree *pre)
{ if(T)
   { InThreading(T->lchild,pre);
      if(!T->lchild)          //当前结点 T 的前驱线索化
      { T->ltag=1;  T->lchild=*pre; }
      else
         T->ltag=0;
      if(!((*pre)->rchild))   //前驱结点 pre 的后继线索化
      { (*pre)->rtag=1; (*pre)->rchild=T;}
      else
         (*pre)->rtag=0;
      *pre=T;                 //前驱结点更新为当前结点，为下一轮线索化做准备
      InThreading(T->rchild,pre);
   }
}
```

5.5.2　遍历线索二叉树

二叉树的线索化包括先序线索化、中序线索化和后序线索化三种，其中中序线索化更为常见，因为通过中序线索二叉树中的线索指针可进行中序遍历、先序遍历和后序遍历。

基于中序线索二叉树的常见操作：查找任意结点的中序前驱、查找任意结点的中序后继、查找任意结点的先序后继、查找任意结点的后序前驱。

1．在中序线索二叉树中查找任意结点的中序前驱

对于中序线索二叉树中由指针 p 指向的结点，在中序遍历下寻找其前驱结点 pre，有以下两种情况：

① 如果 p->ltag==1，pre 就是 p->lchild。

② 如果 p->ltag==0，则表明指针 p 指向的结点有左孩子，根据中序遍历的定义，pre 就是以 p->lchild 为根结点的左子树的最右结点，即沿着其左子树的右指针链往下查找，直到遇到某结点的 rtag 为 1，这个结点就是所要找的前驱结点。

在图 5-21 所示的线索二叉树中查找结点 E 的直接前驱。指针 p 指向结点 E，因为 p->ltag==1，故结点 E 的直接前驱结点 pre 就是 p 的左指针指向的结点，即结点 A，所以 pre==p->lchild。

例如，查找结点 A 的直接前驱，指针 p 指向结点 A，因为 p 的 p->ltag==0，故结点 A 的直接前驱不是它的左孩子结点 B；在以结点 B 为根结点的左子树上找到最右边的结点（结点 B），即为结点 A 的前驱结点。

在中序线索二叉树中查找指针 p 指向的结点的中序前驱实现如下：

```
BiThrTree  InPreNode(BiThrTree  p)
{ BiThrTree  pre;
```

```
    pre=p->lchild;
    if(p->ltag==0)              //p 的左指针不是前驱线索
    {  while(pre->rtag==0)      //以左孩子为根结点的左子树的最右结点即为 p 的前驱
          pre=pre->rchild;
    }
    return  pre;
}
```

2. 在中序线索二叉树中查找任意结点的中序后继

对于中序线索二叉树中指针 p 指向的结点，在中序遍历下寻找其后继结点 post，有以下两种情况：

① 如果 p->rtag==1，post 就是 p->rchild。

② 如果 p->rtag==0，则表明指针 p 指向的结点有右孩子，根据中序遍历的定义，post 就是以 p->rchild 为根结点的右子树的最左结点，即沿着其右子树的左指针链往下查找，直到遇到某结点的 ltag 为 1，这个结点就是所要找的后继结点。

在图 5-21 中查找结点 *E* 的直接后继，指针 p 指向结点 *E*，因为 p->rtag==1，故结点 *E* 的直接后继结点 post 就是 p 的右指针指向的结点，即结点 *C*，所以 post=p->rchild。

在图 5-21 中查找结点 *A* 的直接后继，指针 p 指向结点 *A*，因为 p->rtag==0，故结点 *A* 的直接后继不是它的右孩子结点 *C*；在以结点 *C* 为根结点的右子树上找到最左结点（结点 *E*)，其即为结点 *A* 的后继结点。

在中序线索二叉树中查找指针 p 指向的结点的中序后继实现如下：

```
BiThrTree   InPostNode(BiThrTree   p)
{  BiThrTree   post ;
   post=p->rchild;
   if( p->rtag==0)              //p 的右指针不是后继线索
   {  while(post->ltag==0)      //以右孩子为根结点的右子树的最左结点即为 p 的后继
         post=post->lchild;
   }
   return  post;
}
```

3. 在中序线索二叉树中查找任意结点的先序后继

中序遍历的规律是：左、根、右，而先序遍历的规律是：根、左、右。从这两个规律可以得出结论，一个叶子结点如果在中序遍历时是最后一个结点，那么它在先序遍历序列中也一定是最后一个结点。基于这一点，在中序线索二叉树中查找某个结点在先序遍历下的直接后继就比较容易实现。

在中序线索二叉树中查找指针 p 指向的结点在先序遍历下的后继结点 post 的算法如下：

1）指针 p 指向的结点为分支结点，分两种情况：

① p->ltag==0，在先序遍历下的后继结点 post=p->lchild。

② p->ltag==1，此时，post= p->rchild。

例如，图 5-21 中的结点 *B* 为分支结点，其 ltag==0，故其在先序遍历下的后继为左孩子结点 *D*。结点 *C* 也是分支结点，其 ltag==0，故其在先序遍历下的后继为左孩子结点 *E*。

2）指针 p 指向的结点为叶子结点，也分两种情况：

① p->rchild 是头结点，则说明指针 p 指向的结点无后继，算法结束。

② p->rchild 不是头结点，则指针 p 指向的结点一定是以 p->rchild 为根结点的左子树在中序遍历下的最后一个结点，它也就是以 p->rchild 为根结点的左子树在先序遍历下的最后一个结点。此时，若 p->rchild->rtag==0，则 post=p->rchild->rchild；否则，p=p->rchild，转②继续。直到遇到某个结点其 rtag==0，其右孩子就是结点 post 或者其右孩子为头结点为止。

例如，图 5-21 中的叶子结点 *E*，指针 p 指向结点 *E*，此时 p->rchild 不是头结点且 p->rtag==1，故 post=p->rchild->rchild，即结点 *F*。

再如，叶子结点 *D*，指针 p 指向结点 *D*，此时 p->rchild 不是头结点且 p->rtag==1，故令 p=p->rchild；此时，p->rchild 不是头结点且 p->rtag==1，令 p=p->rchild，此时，p->rtag==0，因此，结点 D 在先序遍历下的后继结点为 p->rchild，即结点 *C*。

在中序线索二叉树中查找指针 p 指向的结点的先序后继实现如下：

```
BiThrTree  InPrePostNode(BiThrTree  head,BiThrTree  p)
{  BiThrTree  post;
   if(p->ltag==0)
     return  p->lchild;              //p 有左孩子，左孩子是后继
   else
     if(p->rtag==0)
        return  p->rchild;           //若 p 无左孩子而有右孩子，则右孩子是后继
     else                            //若 p 是叶子结点
     {  post=p;
        while(post->rchild->rtag==1&&post->rchild!=head)
          post=post->rchild;
        if(post->rchild!=head)
           return  post->rchild->rchild;
        else
           return  post;             //若 post 的右指针指向头结点，则结束，返回 post
     }
}
```

4. 在中序线索二叉树中查找任意结点的后序前驱

中序遍历规律是：左、根、右，而后序遍历的规律是：左、右、根。从这两个规律可以得出结论，一个叶子结点如果在中序遍历时是第一个结点，那么它在后序遍历序列中也一定是第一个结点。基于这一点，在中序线索二叉树中查找某个结点在后序遍历下的直接前驱就比较容易实现。

在中序线索二叉树中查找任意结点 p 在后序遍历下的直接前驱结点 pre 的算法如下：

1）p为分支结点，分两种情况：

① p->rtag==0，在后序遍历下的前驱结点pre=p->rchild。

② p->rtag==1，此时，pre= p->lchild。

例如，在图5-21中结点*C*为分支结点，其rtag==0，故其在后序遍历下的前驱为右孩子结点*F*。再如，结点*B*也是分支结点，其rtag==1，故其在后序遍历下的前驱为左孩子结点*D*。

2）p为叶子结点，也分两种情况：

① p->lchild是头结点，则说明p无前驱，算法结束。

② p->lchild不是头结点，则p一定是以p->lchild为根结点的右子树在中序遍历下的第一个结点，它也就是以p->lchild为根结点的右子树在后序遍历下的第一个结点。此时，若p->lchild->ltag==0，则pre=p->lchild->lchild；否则，p=p->lchild，转②继续。直到遇到某个结点的ltag==0，其左孩子就是结点pre或者其左孩子为头结点为止。

例如，图5-21中的结点*D*为叶子结点，此时，p->lchild是头结点，则结点*D*无前驱。再如，结点*E*也是叶子结点，此时，p->lchild不是头结点且p->lchild->ltag==0，故pre=p->lchild->lchild，即结点*B*。

在中序线索二叉树中查找结点p的后序前驱实现如下：

```
BiThrTree  InPostPreNode(BiThrTree  head,BiThrTree  p)
{  BiThrTree  pre ;
   if(p->rtag==0)
      return  p->rchild;                        //p有右孩子，右孩子是前驱
   else  if(p->ltag==0)  return  p->lchild;     //p无右孩子而有左孩子，则左孩子是前驱
   else
   {  pre=p;
      while(pre->lchild->ltag==1&&pre->lchild!=head)
         pre=pre->lchild;
      if(pre->lchild!=head)
         return  pre->lchild->lchild;
      else
         return  pre;
   }
}
```

5.6 树与森林

二叉树并不是度为2的树，二叉树的孩子是严格区分左右的，而树的孩子是没有顺序之分的。由于树的每个结点的孩子个数并没有限制，故树的存储较二叉树的存储更为复杂。

5.6.1 树的存储

树的结点之间的逻辑关系主要有双亲-孩子关系和兄弟关系。因此，按结点之间的逻辑关系分，树的存储结构主要有4种：双亲表示法、孩子表示法、孩子链表表示法、孩子兄弟表示法。表示逻辑关系的指针可以采用两种方法表示：一种是常规指针，另一种是仿真指针。

1. 双亲表示法

按照树的定义，树中的每个结点（根结点除外）都有唯一的一个双亲，据此设计结点时，每个结点中除包含存放本身数据的数据域外，还包含指向其双亲的地址。用连续的内存空间（一维数组）存储树中的各个结点，双亲的地址用数组下标来表示，即仿真指针的双亲表示法。

双亲表示法的结点类型定义如下：

```
#define  MAXTREENODE  100
typedef  struct  node
{  DataType  data;                    //数据域
   int  parent;                       //仿真指针域存储双亲所在的数组下标
}PTNode;
```

树的双亲表示法的类型定义如下：

```
typedef  struct  Ptree
{  PTNode  nodes[MAXTREENODE]; //存放树的所有结点的一维数组
   int  n ;                         //树中的结点总数
}PT;
```

如图 5-22 所示，图 5-22（a）是一个有 9 个结点的树，图 5-22（b）是双亲表示法的结点结构，图 5-22（c）是图 5-22（a）的仿真指针双亲表示法，没有双亲时，其 parent 值记为-1。

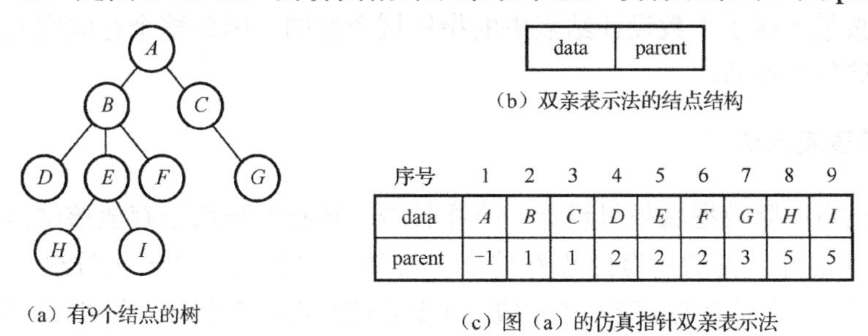

（a）有9个结点的树

（b）双亲表示法的结点结构

序号	1	2	3	4	5	6	7	8	9
data	A	B	C	D	E	F	G	H	I
parent	-1	1	1	2	2	2	3	5	5

（c）图（a）的仿真指针双亲表示法

图 5-22　树及其仿真指针的双亲表示法

使用该方法寻找当前结点的双亲比较方便，直接通过当前结点的 parent 域就能定位到其双亲结点，但是要确定某个结点的所有孩子，却需要遍历所有结点才能实现。

2. 孩子表示法

树中每个结点都有零个或多个孩子，因此可以设计一个结点包含一个数据域和多个指针域，每个指针域指向该结点的一个孩子，从而表示出结点之间的双亲-孩子关系。但树中每个结点的孩子个数不一致，因此结点中的指针域的个数无法确定。这里按照树中所有结点的最大的孩子个数来设计结点指针域的个数，称为定长指针孩子表示法。

度为 3 的树的定长指针孩子表示法的结点类型定义如下：

```
#define  MAXTREENODE  100
typedef  struct  node
```

```
{   DataType    data;              //数据域
    struct  node  *first;          //孩子指针域 1
    struct  node  *second;         //孩子指针域 2
    struct  node  *third;          //孩子指针域 3
}CTnode;
```

如图 5-23（a）所示是度为 3 的定长指针孩子表示法结点结构。如图 5-23（b）所示是图 5-22（a）的定长指针孩子表示法。

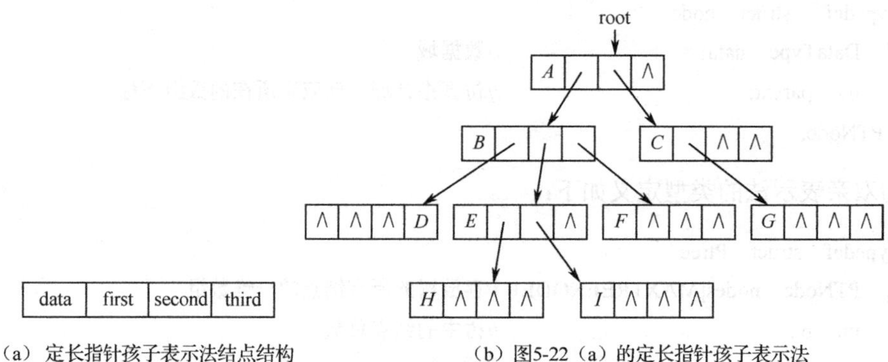

（a）定长指针孩子表示法结点结构　　（b）图5-22（a）的定长指针孩子表示法

图 5-23　定长指针孩子表示法

这种方法的优点是找某个结点的孩子比较容易，缺点是找某个结点的双亲相对比较复杂，同时，由于是按最大孩子个数设计结点中的指针域个数的，因此整个存储空间中会出现许多空指针域，存储效率不高。

3．孩子链表表示法

如果每个结点中除数据域外只设计一个指针域，该指针域用于存放该结点的所有孩子形成的单链表的首地址，树的所有结点存放在一维数组中形成一个表头数组，其结点结构如图 5-24（a）所示。一个结点的所有孩子形成的单链表的结点结构中有两个域：一个存储该孩子在表头数组中的位置 index，另一个存储该孩子结点的下一个兄弟的指针 next，如图 5-24（b）所示。这种存储方案称为孩子链表表示法。如图 5-24（c）所示是图 5-22（a）的孩子链表表示法。

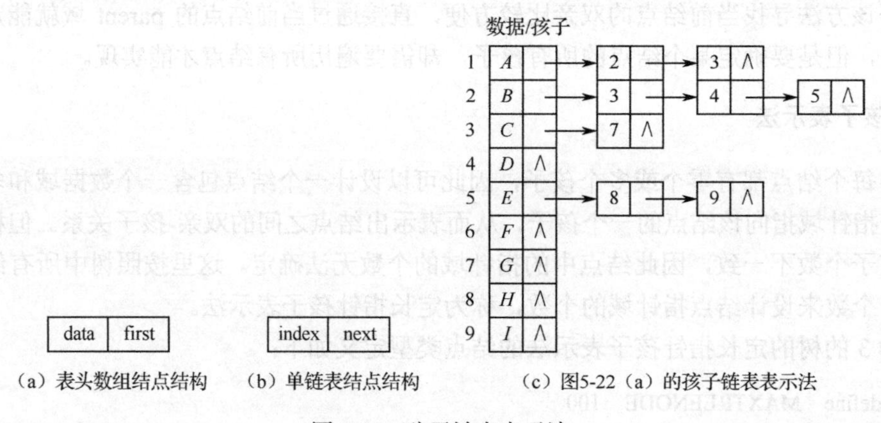

（a）表头数组结点结构　（b）单链表结点结构　（c）图5-22（a）的孩子链表表示法

图 5-24　孩子链表表示法

使用该方法寻找当前结点的孩子比较容易，但是寻找当前结点的双亲比较困难，需要遍历整棵树来确定当前结点的双亲。

4. 带双亲的孩子链表表示法

在孩子链表表示法的表头数组的每个结点中增加一个双亲域 parent，用于存储双亲在该数组中的下标。改进后的存储方法就称为带双亲的孩子链表表示法，如图 5-25 所示。这种方式实际上混合了常规指针和仿真指针的表示法。

data	parent	first

（a）带双亲的孩子链表表示法的结点结构

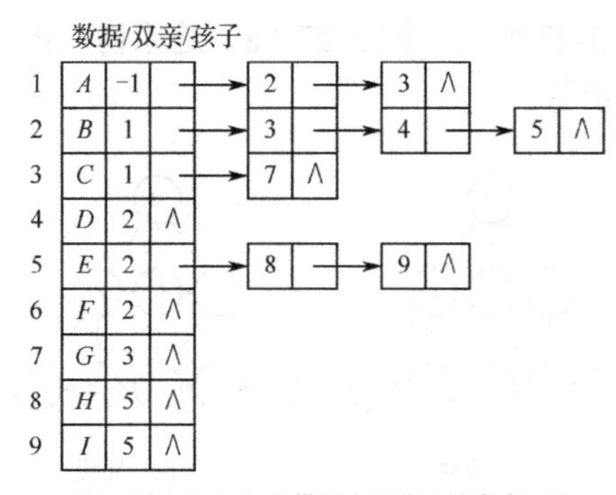

（b）图5-22（a）的带双亲的孩子链表表示法

图 5-25　带双亲的孩子链表表示法

使用该方法可以方便地找到当前结点的双亲和孩子。

5. 孩子兄弟表示法

孩子兄弟表示法是一种常用的树的存储方法。树中的每个结点除数据域外，再增加一个指向该结点的第一个孩子的指针域和自己的下一个兄弟的指针域。如图 5-26 所示为孩子兄弟表示法，在图 5-26（a）中，结点 B 的第一个孩子是结点 D，其下一个兄弟是结点 C。

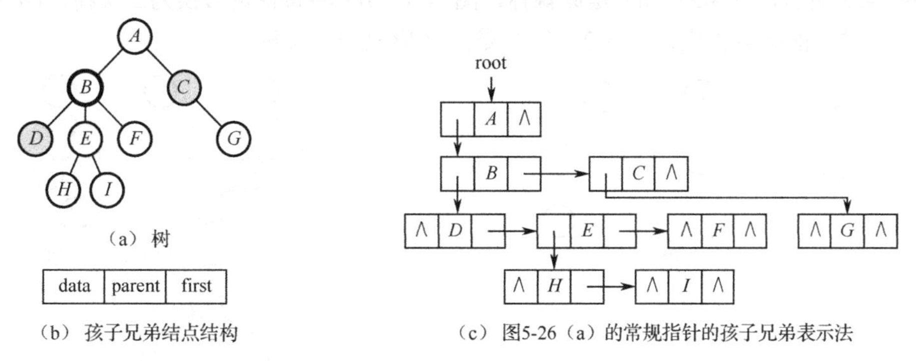

（c）图5-26（a）的常规指针的孩子兄弟表示法

图 5-26　孩子兄弟表示法

使用该方法寻找当前结点的孩子和兄弟都比较容易，但若要定位当前结点的双亲则需要遍历整棵树。

5.6.2　树及森林与二叉树的转换

从树的孩子兄弟表示法中可以发现，每个结点都有两个指针域，这和二叉树的指针域个数是一样的，因此按照这种规则可以将树（森林）转换为二叉树，也可以将二叉树还原为树（或森林）。

1. 树转换为二叉树的步骤

① 加线：在树中所有相邻的兄弟之间加一条连线。

② 抹线：对树中每个结点，除其左孩子外抹去该结点与其余孩子之间的连线。

③ 整理：以树的根结点为轴心，将水平方向的线顺时针旋转 45°。

如图 5-27 所示，图 5-27（a）是原树，图 5-27（b）、图 5-27（c）、图 5-27（d）分别是转换的三个步骤。

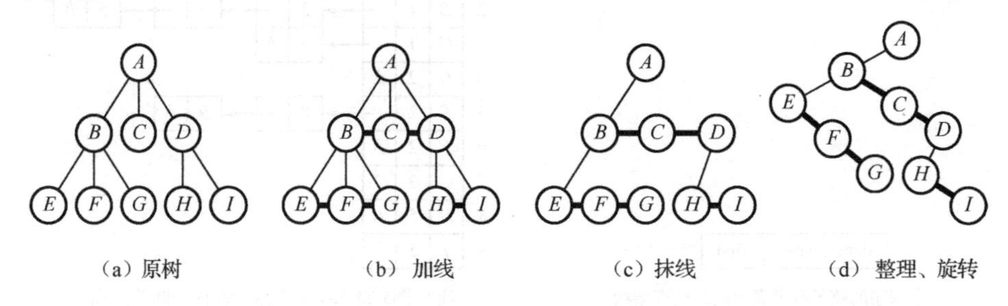

图 5-27 树转换为二叉树的过程

2. 森林转换为二叉树的步骤

① 首先将森林中各棵树分别转换成二叉树。

② 将每棵树的根结点用线相连。

③ 以第一棵树的根结点为二叉树的根结点，再以该根结点为轴心，顺时针进行旋转，构成二叉树。

如图 5-28 所示，图 5-28（a）是原森林，图 5-28（b）将每棵树转换为二叉树，图 5-28（c）将各个二叉树的根结点相连，图 5-28（d）是最终形成的二叉树。

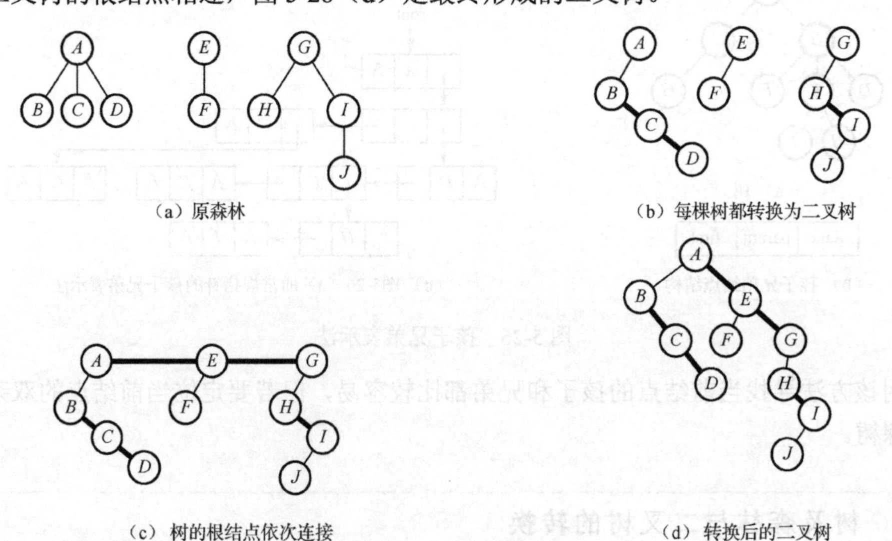

图 5-28 森林转换为二叉树的过程

3. 二叉树还原为树的步骤

① 加线：若结点p是双亲的左孩子，则将p的右孩子，其右孩子的右孩子，……，沿分支找到的所有右孩子，都与p的双亲用线连起来。

② 抹线：抹掉原二叉树中双亲与右孩子之间的连线。

③ 整理：将结点按层次排列，形成树结构。

如图5-29所示，图5-29（a）是二叉树，图5-29（b）是加线后的结果，图5-29（c）是抹线后的结果，图5-29（d）是整理后的树。

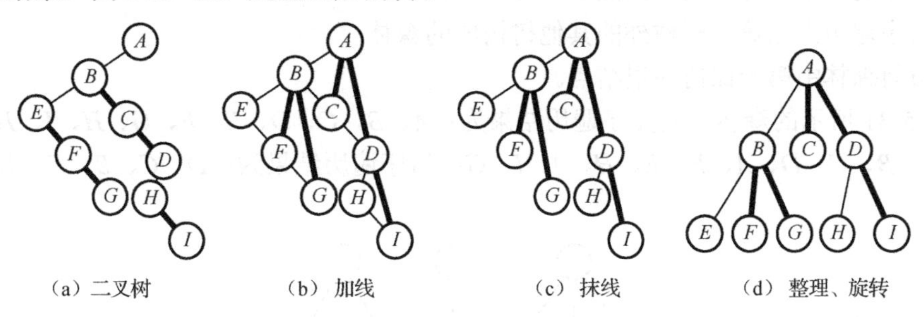

图5-29　二叉树还原为树的过程

4. 二叉树还原为森林的步骤

① 抹线：将二叉树中根结点与其右孩子之间的连线，以及沿右分支搜索到的所有右孩子之间的连线全部抹掉，使它们变成各个孤立的二叉树。

② 还原：将孤立的二叉树还原成树，可参考图5-29。

5.6.3　树与森林的遍历

树的遍历有先序遍历和后序遍历。而森林的遍历有先序遍历、中序遍历和后序遍历三种。

1. 树的遍历

（1）树的先序（根）遍历

① 访问树的根结点；

② 按从左到右的顺序先序遍历根结点的各个子树。

（2）树的后序（根）遍历

① 按从左到右的顺序后序遍历根结点的各个子树；

② 访问树的根结点。

如图5-30所示树的先序遍历结果为：*A*、*B*、*E*、*F*、*G*、*C*、*D*、*H*、*I*；而该树的后序遍历结果为：*E*、*F*、*G*、*B*、*C*、*H*、*I*、*D*、*A*。

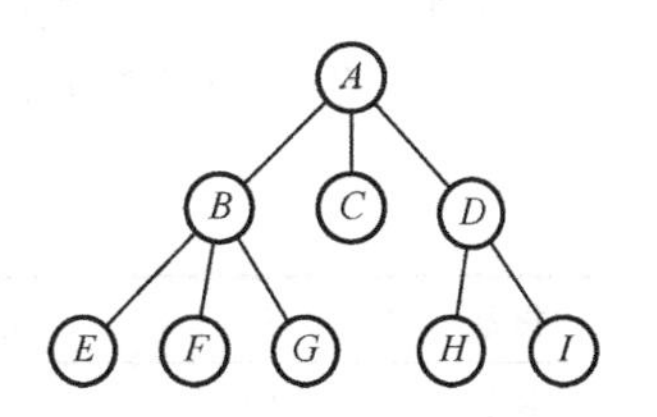

图5-30　有9个结点的树

2. 森林的遍历

（1）森林的先序（根）遍历

① 访问森林中第一棵树的根结点；

② 先序遍历第一棵树的根结点的子树森林；

③ 先序遍历由除第一棵树之外的其他树构成的森林。

（2）森林的中序（根）遍历

① 中序遍历第一棵树的根结点的子树森林；

② 访问森林中第一棵树的根结点；

③ 中序遍历由除第一棵树之外的其他树构成的森林。

（3）森林的后序（根）遍历

① 后序遍历第一棵树的根结点的子树森林；

② 后序遍历由除第一棵树外的其他树构成的森林；

③ 访问森林中第一棵树的根结点。

如图 5-31 所示的森林，其先序遍历结果为：*A*、*B*、*C*、*D*、*E*、*F*、*G*、*H*、*I*、*J*；中序遍历结果为：*B*、*C*、*D*、*A*、*F*、*E*、*H*、*J*、*I*、*G*；后序遍历结果为：*D*、*C*、*B*、*F*、*J*、*I*、*H*、*G*、*E*、*A*。

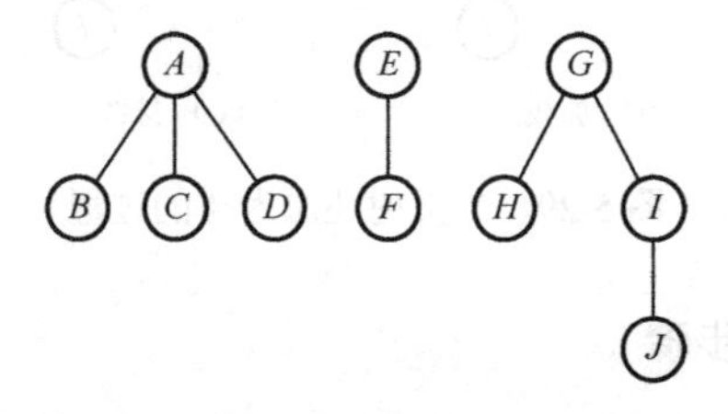

图 5-31　森林

5.7 哈夫曼树与哈夫曼编码

哈夫曼（Huffman）树，又称最优二叉树，是一种带权路径长度最短的二叉树。其有着广泛的应用，哈夫曼编码就是一个非常重要的应用。

5.7.1 哈夫曼编码概述

哈夫曼编码主要解决远距离通信中数据传输的最优化问题，即在发送端对数据进行压缩编码，以提高数据传输效率，在接收端进行无错解码。

1. 数据编码方式

数据编码方式分为定长编码和不定长编码。

（1）定长编码

首先，我们通过一个例子讨论一下定长编码。表 5-1 中列出了 7 个指令及它们对应的频度，试为这一组指令建立定长编码表。

表 5-1　7 个指令及其对应的频度

指令	I_1	I_2	I_3	I_4	I_5	I_6	I_7
频度	0.4	0.3	0.15	0.05	0.04	0.03	0.03

要想对 7 个指令进行编码，最少需要 3 个二进制位，故可以建立如表 5-2 所示的定长编码表。

表 5-2　码长为 3 的定长编码表

指令	I_1	I_2	I_3	I_4	I_5	I_6	I_7
频度	0.4	0.3	0.15	0.05	0.04	0.03	0.03
编码	000	001	010	011	100	101	110

由于每个指令的编码长度均为 3，因此，这种定长编码在进行译码或解码时，不会出现歧义性。例如，编码“000001001101”，可唯一解码为：I_1、I_2、I_2、I_6。

在定长编码时并没有考虑每个指令的不同使用频度，故总编码长度会很大，降低了网络传输效率。因此，定长编码总量大，效率低。

（2）不定长编码

同样解决表 5-1 中的 7 个指令的编码问题，要求建立一个不定长编码表。

这一次考虑到每个指令使用的频度，尽量让频度高的指令编码短些，而频度低的指令编码可以长些，从而设计出表 5-3 所示的不定长编码表。

表 5-3　7 个指令的不定长编码表

指令	I_1	I_2	I_3	I_4	I_5	I_6	I_7
频度	0.4	0.3	0.15	0.05	0.04	0.03	0.03
编码	0	1	10	11	100	101	110

利用上述编码进行解码，例如，“011011”，可译为：I_1、I_2、I_3、I_4，也可以译为：I_1、I_4、I_1、I_4。因此译码时会出现多义问题。这种编码设计因为考虑了使用的频度，所以编码效率较高。

2．哈夫曼编码

通常，一个好的编码方式应满足以下条件：译码不能出现歧义；确保在无损数据的条件下，编码总长度尽量短；充分考虑使用频度。

哈夫曼编码是 Huffman 于 1952 年提出的一种编码方法，它属于一种不定长编码，该方法完全依据字符出现的概率来构造异字头的平均长度最短的码字，因此有时也称之为最佳编码。这里的异字头是指一个编码不会以另一个编码为前缀，这样可以避免译码时发生歧义。

5.7.2　哈夫曼树与哈夫曼编码的实现

1．基本概念

（1）路径和路径长度

从树中一个结点出发到另一个结点之间的分支序列构成了这两个结点间的路径。路径长度指路径上的分支数。而树的路径长度指从根结点到每个叶子结点的路径长度之和。

（2）结点的权值和带权路径长度

结点的权值指在一些应用中，赋予树中结点的一个有某种意义的数值。

结点的带权路径长度指某个结点到根结点之间的路径长度与该结点权值的乘积。

（3）树的带权路径长度（WPL）

树的带权路径长度指树中所有叶子结点的带权路径长度之和，记为 WPL：

$$WPL=\sum_{k=1}^{n} W_k L_k$$

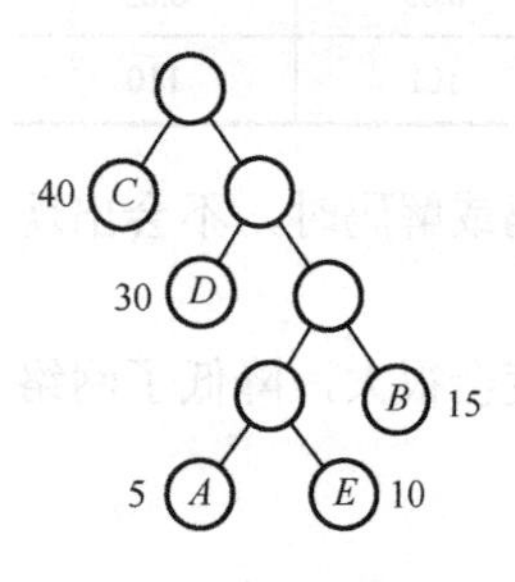

图 5-32　带权二叉树

式中，W_k 为第 k 个叶子结点的权值，L_k 为第 k 个叶子结点到根结点的路径长度（边数）。

如图 5-32 所示的带权二叉树的带权路径长度 WPL=40×1+30×2+5×4+10×4+15×3=205。

（4）哈夫曼树

设有 n 个权值（$w_1,w_2,w_3,\cdots,w_n$），构造一棵有 n 个叶子结点的二叉树，每个叶子的权值为 w_i，则使得 WPL 最小的二叉树称为哈夫曼树。

2．哈夫曼树的构造

（1）构造哈夫曼树的算法描述

构造哈夫曼树的算法步骤如下：

① 根据与 n 个权值$\{w_1,w_2,w_3,\cdots w_n\}$对应的 n 个结点构成 n 棵二叉树的森林 $F=\{T_1,T_2,T_3,\cdots,T_n\}$，其中每棵 T_i 都只有一个权值为 w_i 的根结点，其左、右子树均为空。

② 在森林 F 中，选出两棵根结点权值最小的二叉树作为一棵新二叉树的左、右子树，并且置新二叉树的附加根结点的权值为左、右子树上根结点的权值之和。

③ 从森林 F 中删除这两棵二叉树，同时把新二叉树加入森林 F 中。

④ 重复②和③，直到森林 F 中只含有一棵二叉树为止，此二叉树便是哈夫曼树。

（2）哈夫曼树的结点结构定义及构造哈夫曼树的算法实现

由于哈夫曼树中没有度为 1 的结点，因此一棵有 n 个叶子结点的哈夫曼树中共有 $2n-1$ 个结点，可以用一个大小为 $2n-1$ 的一维数组进行存储。由于在哈夫曼树中，求叶子结点的编码时需要从叶子结点一直追溯到根结点，而译码时又需走一条从根结点到叶子结点的路径，因此，对每个结点，除保存其权值外，还应该保存其双亲信息，同时记录其左、右孩子信息，故哈夫曼树的结点结构如图 5-33 所示。

权值	双亲	左孩子	右孩子
weight	parent	lchild	rchild

图 5-33　哈夫曼树的结点结构

哈夫曼树的结点类型的定义如下：

```
#define  N  6                    //叶子结点个数
#define  M  2*N                  //存储哈夫曼树的一维数组大小
typedef  struct
```

```
{  float   weight;                //权值
   int   parent;                  //双亲
   int   lchild, rchild ;         //左/右孩子
}HuffNode,* HuffTree;
HuffNode   tree[M];               //下标 0 不使用
```

【例 5-10】 以 6，2，3，9，10，8 为 6 个叶子结点的权值构造哈夫曼树。

分析：对 6 个叶子结点创建哈夫曼树，数组大小为 11，但下标为 0 的元素不用，故申请空间 12 个，如表 5-4 所示。

表 5-4 哈夫曼树构造数组

下 标	weight	parent	lchild	rchild
0				
1	6	8	0	0
2	2	7	0	0
3	3	7	0	0
4	9	9	0	0
5	10	10	0	0
6	8	9	0	0
7	5	8	2	3
8	11	10	7	1
9	17	11	6	4
10	21	11	5	8
11	38	0	9	10

首先使用下标 1～6 的数组元素存储叶子结点的初始化信息，写入对应权值并置双亲均为 0，左、右孩子也均为 0。其余数组元素写入一个不可能的权值，且双亲和左、右孩子均为 0。

第 1 次从数组中选择两个无双亲的且权值最小的结点，即下标为 2 和 3 的结点，形成一个新结点，该结点的下标为 7，新结点的权值为这两个结点权值之和，即 5，且左孩子为权值最小的结点的下标，即 2，右孩子为权值次小的结点的下标，即 3，更新下标为 2 和 3 的结点的双亲为 7。

类似过程持续 5 轮，表中只剩下一个双亲为 0 的结点，哈夫曼树构造结束。表 5-4 就是最后的结果。例 5-10 构造的哈夫曼树如图 5-34 所示。

图 5-34 例 5-10 构造的哈夫曼树

构造哈夫曼树的实现如下：

```
//以 w 中提供的 n 个频度创建哈夫曼树 tree
#define   MAX   1000000            //符号常量MAX，用于数据大小比较
void   HuffMan(HuffNode   tree[ ],float   w[ ],int   n)
{  int   i,j,p1,p2;
   float   small1,small2;          //small1 为最小值，small2 为次小值
   for(i=1;i<=n;i++)               //初始化 n 个叶子结点
   {  tree[i].weight=w[i];
      tree[i].parent=0;
      tree[i].lchild=0;
      tree[i].rchild=0;
   }
   for(  ;i<2*n; i++)              //初始化其余元素
   {  tree[i].weight=MAX;          //符号常量 MAX 定义为一个较大值，如 1000000
      tree[i].parent=0;
      tree[i].lchild=0;
      tree[i].rchild=0;
   }
   for(i=n+1;i<2*n;i++)
   {  p1=0;   p2=0;   small1=small2=MAX;        //给一个足够大的初值
      for(j=1;j<i;j++)                          //查找满足条件的两个权值最小的结点
      {  if(tree[j].parent==0)                  //在所有双亲为 NULL 的结点中查找
            if(tree[j].weight<small1)
            {  small2=small1;   small1=tree[j].weight;   p2=p1;   p1=j;   }
            else   if(tree[j].weight<small2)
            {  small2=tree[j].weight;   p2=j;}
      }
      tree[p1].parent=i;   tree[p2].parent=i;         //更新两个结点的双亲为新结点
      tree[i].lchild=p1;   tree[i].rchild=p2;         //更新新结点的左/右孩子
      tree[i].weight=tree[p1].weight+tree[p2].weight;    //更新新结点的权值
   }
}
```

3．哈夫曼编码

实现哈夫曼编码的方法：在已经建立好的哈夫曼树中，从叶子结点开始，沿着双亲指针回退到根结点，每退回一步，就走过了哈夫曼树的一个分支，从而得到一位哈夫曼编码值，由于一个字符的哈夫曼编码是从根结点到相应叶子结点所经过的路径上各分支所组成

的 0、1 序列，因此先得到的分支代码即为所求编码的低位码，后得到的分支代码为其高位码。可以设置二维字符数组用来保存各个字符的哈夫曼编码信息，哈夫曼编码算法如下：

```
//存储哈夫曼编码表的二维字符数组，N 为编码数
typedef   char   HUFFMANCODE[N][N];
HUFFMANCODE   hc;
//以下函数通过 hc 返回各字符的哈夫曼编码
void   huffmancoding(int n, HUFFMANCODE hc, HuffTree ht, char ch[])
{
    int i,start,child,father;
    char *cd;
    cd=(char*)malloc(n*sizeof(char));      //动态申请 n 个字符空间
    cd[n-1]='\0';                          //先设置字符串的结束标志位
    for(i=1;i<=n;i++)
    {
        start=n-1;
        for(child=i,father=ht[i].parent;father!=0;child=father,father=ht[father].parent)
        {
            if(ht[father].lchild==child)   //该结点是其双亲结点的左孩子，则该位为 0，否则为 1
                cd[--start]='0';
            else
                cd[--start]='1';
        }
        strcpy(hc[i],&cd[start]);          //将第 i 个哈夫码编码复制到哈夫曼编码数组中
    }
    free(cd);
    for(i=1;i<=n;i++)                      //输出 n 个哈夫曼编码
    printf("%c :   %s\n",ch[i],hc[i]);
}
```

假设在左分支上标 0，在右分支上标 1，则形成如图 5-35 所示的二叉树。

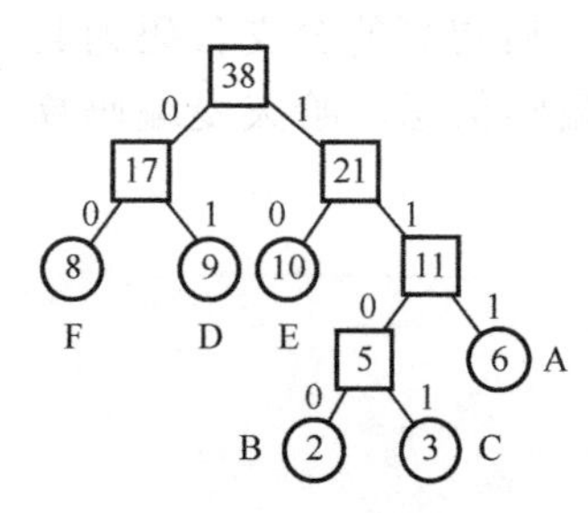

图 5-35 哈夫曼编码

从根结点开始沿路径到每个叶子结点就构成一个二进制位串，这个二进制位串就是该叶子结点对应字符的哈夫曼编码。

将例 5-10 中 6 个叶子结点分别用字符 A、B、C、D、E、F 表示，则各字符的哈夫曼编码：A 为 111，B 为 1100，C 为 1101，D 为 01，E 为 10，F 为 00。

4. 哈夫曼编码的特点分析

哈夫曼编码具有译码无二义性、压缩编码无损、编码总长度最短的优点。

5.8 树与二叉树的应用举例

树的应用十分广泛，这里列举三个例子进行说明。

1. 人工智能中的决策树

决策树（Decision Tree），又称判定树，是一种特殊的树。它最初是运筹学中的常用工具之一，之后其应用范围不断扩展，目前是人工智能中常见的机器学习方法之一。

决策树的形式化定义比较烦琐，这里将采用一种直观的方式进行描述。假定一个事项的确定需要多轮决策，于是在该事项对应的决策树中，从根结点开始，每个分支都表示某一轮的一次决策，不同的孩子结点代表该轮不同的决策结果，叶子结点表示最终决策的结果。

例如，小明在周末或者打球或者读书，他整理了自己关于周末活动的一份数据，见表 5-5。

在这里，将天气、温度、湿度和风力视作 4 个属性，活动类别有两种。通过决策树学习算法可以得到如图 5-36 所示的决策树。之后就可以根据天气、温度、湿度和风力这些客观属性的值，快速查到小明的活动选择，而不需要再查询复杂的数据表，甚至可以通过得到的决策树，根据周末的天气预报推断小明可能进行的活动。

表 5-5 周末活动数据

序号	天气	温度	湿度	风力	打球/读书
1	晴天	26	90	有风	读书
2	多云	28	86	无风	打球
3	雨天	21	96	无风	打球
4	雨天	18	70	有风	读书
5	多云	17	65	有风	打球
6	晴天	22	95	无风	读书
7	晴天	20	70	无风	打球
8	雨天	23	80	无风	打球
9	晴天	23	70	有风	打球
10	多云	22	90	有风	打球

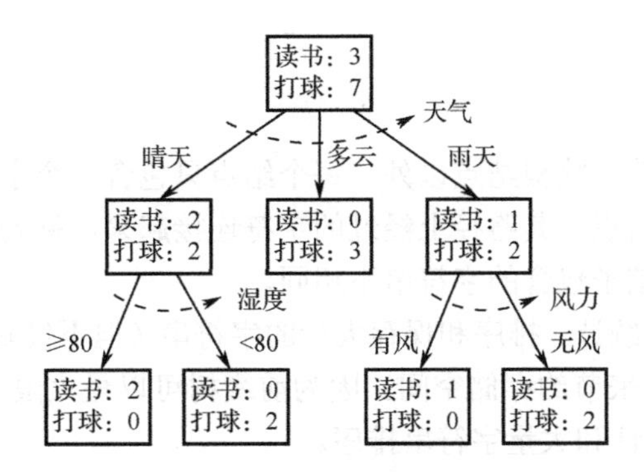

图 5-36　周末活动决策树

2．编译器中的语法树

在计算机科学中，抽象语法树（Abstract Syntax Tree，AST），亦称语法树，是用编程语言编写的源代码的抽象语法结构的树状表示。树中的每个结点均表示源代码中出现的一个结构。

语法是“抽象”的，因为它并不代表真正语法中出现的每个细节，而只是结构或内容相关的细节。例如，if-else 分支结构可以用一个具有三个分支的结点来表示，while 循环结构可以用一个具有两个分支的结点来表示。

对于如下代码片断，在编译过程中会形成类似图 5-37 的语法树。

```
while(x!==0)
    if (x>y)
        x=x−y;
    else
        y=y−x;
return  x;
```

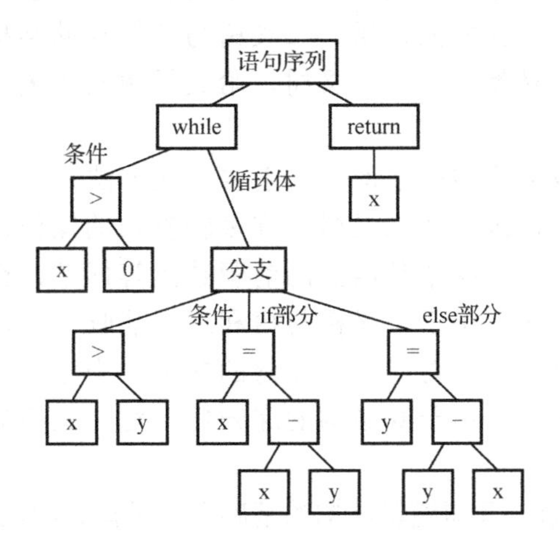

图 5-37　代码片断的语法树

3．字符串处理中的前缀树

在计算机科学中，前缀树（Trie）又称字典树，是一种有序树，用于保存关联数组，其中的键通常是字符串。

前缀树的特点如下：

① 根结点不包含字符，除根结点以外，每个结点只包含一个字符。

② 从根结点到某个结点，其路径上经过的字符连接起来，称为该结点对应的字符串。

③ 每个结点的所有孩子包含的字符串不相同。

前缀树的典型应用是统计、排序和保存大量的字符串（但不仅限于字符串）。其主要思想是利用字符串的公共前缀来节约存储空间。因为前缀树可以最大限度地减少不必要的字符串比较，故可以用于词频统计和大量字符串排序。

在实际运用中，例如，我们要存储一本字典，用一段很长的文本作为输入，需要在字典中查找文本中某个单词是否存在，如果存在，则统计该单词出现了多少次。考虑到有大量的单词而且还要询问出现了多少次，如果用数组直接存储字典中的单词，不仅浪费存储空间，而且查找速度很慢（字典中单词数量很大的情况下），而前缀树就可以很好地解决这个问题。

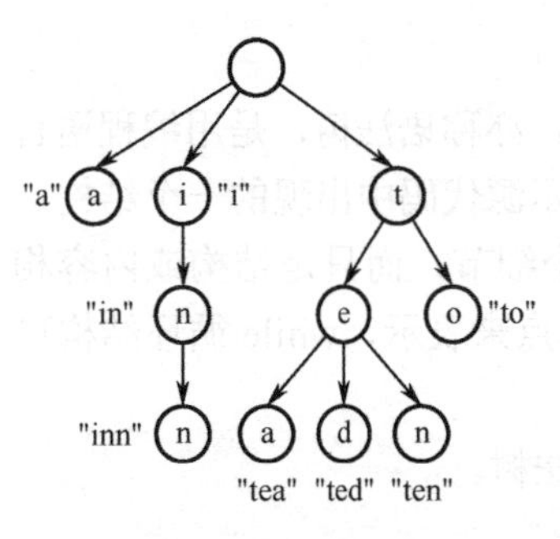

图 5-38　Trie 结构

比如，有一本字典的单词集合为{"a","to","tea","ted","ten","i","in","inn"}，该字典的 Trie 结构如图 5-38 所示。其中，"tea"、"ted"和"ten"三个单词有共同的前缀 te，而单词"in"和"inn"有相同的前缀 i，这样具有相同前缀的单词共享同一个前缀的存储空间，因此能大大缩减存储空间，同时，同层结点之间的有序性也为检索带来了效率的提升。

5.9　本章小结

树是一类重要的非线性结构，有广泛的实际应用，其逻辑结构的特点是，结点之间具有层次关系，即树中的每个结点至多只有一个前驱，但可以有多个直接后继。本章介绍了树和二叉树的定义、二叉树的性质、二叉树与树的存储结构、二叉树与树的遍历、树和森林与二叉树之间的转换、线索二叉树、哈夫曼树与哈夫曼编码，以及树和二叉树的应用举例。

二叉树是最基本、最重要的树结构，其主要存储方法是二叉链表。其最基本也是重要的操作是遍历：一方面，因为在二叉树上许多较复杂的操作，如计算二叉树的深度、删除二叉树中的分支、求二叉树中某结点的前驱结点等问题，在解决时的主体算法都是对二叉树的遍历；另一方面，由于二叉树与树和森林能唯一性地相互转换，对树和森林的先序、后序遍历就可以用与之对应的二叉树的先序、中序遍历来实现，从而使得对树和森林的一些操作易于实现。由于其结构的递归性，对二叉树的遍历可采用递归方式和非递归方式实现。

本章的重点是，在理解二叉树逻辑结构的基础上，掌握它的性质、存储方法、各种遍历的思想和实现、二叉树与树和森林之间的转换关系等，并理解二叉树的一些典型应用。

习题 5

一、客观习题

1．一棵完全二叉树上有 1001 个结点，其叶子结点的个数是（　　）。

A．250　　B．500　　C．505　　D．以上都不对

2．在 n 个结点的线索二叉树中，线索的个数为（　　）。

A．$n-1$　　B．n　　C．$n+1$　　D．$2n$

3．设有 13 个值，用它们组成一棵哈夫曼树，则该哈夫曼树共有（　　）个结点。

A．13　　B．12　　C．26　　D．25

4. 树的基本遍历策略可分为先根遍历和后根遍历，而二叉树的基本遍历策略可分为先序、中序和后序这三种遍历。我们把由树转换得到的二叉树称为该树对应的二叉树，则下面正确的选项是（　　）。

A．树的先根遍历与其对应的二叉树先序遍历序列相同

B．树的后根遍历与其对应的二叉树后序遍历序列相同

C．树的先根遍历与其对应的二叉树中序遍历序列相同

D．以上都不对

5．利用孩子兄弟表示法将树转换为二叉树并用二叉链表存储，则根结点的右孩子指针（　　）。

A．指向最左孩子　　B．指向最右孩子

C．为空　　D．为非空

6．一棵非空的二叉树的先序遍历序列与后序遍历序列正好相反，则该二叉树一定满足（　　）。

A．所有的结点均无左孩子　　B．所有的结点均无右孩子

C．只有一个叶子结点　　D．是任意一棵二叉树

7. n（$n\geqslant 2$）个权值均不相同的字符构成哈夫曼树，关于该树的叙述中，错误的是（　　）。

A．该树一定是一棵完全二叉树

B．树中一定没有度为 1 的结点

C．树中两个权值最小的结点一定是兄弟结点

D．树中任一非叶子结点的权值一定不小于下一层任一结点的权值

8．如果对题图 5-1 所示的二叉树进行中序线索化，则结点 x 的左、右线索指向的结点分别是（　　）。

A．e、c　　B．e、a　　C．d、c　　D．b、a

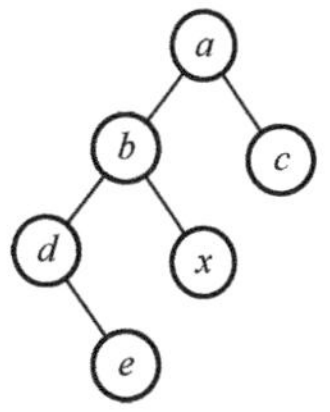

题图 5-1　二叉树

9．5 个字符有如下 4 种编码方案，不是异字头编码的是（　　）。

A．01，0000，0001，001，1　　B．011，000，001，010，1

C．000，001，010，011，100　　D．0，100，110，1110，1100

10．下列选项给出的是从根结点分别到达两个叶子结点路径上的权值序列，能属于同一棵哈夫曼树的是（　　）。

A．24，10，5 和 24，10，7　　B．24，10，5 和 24，12，7

C. 24，10，10和24，14，11　　　D. 24，10，5和24，14，6

11. 若森林 F 有15条边、25个结点，则 F 包含树的个数是（　　）。

A. 8　　B. 9　　C. 10　　D. 11

12. 若二叉树的中序序列是 $a\ b\ c\ d\ e\ f$，且 c 为根结点，则（　　）。

A. 结点 c 有两个孩子　　B. 二叉树有两个度为0的结点

C. 二叉树的高度为5　　D. 以上都不对

13. 如果在一棵二叉树的先序序列、中序序列和后序序列中，结点 a、b 的位置都是 a 在前、b 在后（形如…a…b…），则（　　）。

A. a、b 可能是兄弟　　B. a 可能是 b 的双亲

C. a 可能是 b 的孩子　　D. 不存在这样的二叉树

14. 某二叉树是由一个森林转换而来的，其层顺序列为 $ABCDEFGHI$，中序序列为 $DGIBAEHCF$，将其还原为森林，该森林是由（　　）棵树构成的。

A. 1　　B. 2　　C. 3　　D. 无法确定

二、简答题

1. 简述二叉树与度为2的树之间的差别。

2. 试找出满足下列条件的二叉树：

（1）先序序列与后序序列相同；

（2）中序序列与后序序列相同；

（3）先序序列与中序序列相同；

（4）中序序列与层次遍历序列相同。

3. 设一棵二叉树的先序序列：$ABDFCEGH$，中序序列：$BFDAGEHC$。

（1）画出这棵二叉树；

（2）画出这棵二叉树的后序线索二叉树；

（3）将这棵二叉树转换成对应的树或森林。

4. 对于如题图5-2所示的二叉树：

（1）画出它的顺序存储结构；

（2）将它转换（还原）成森林。

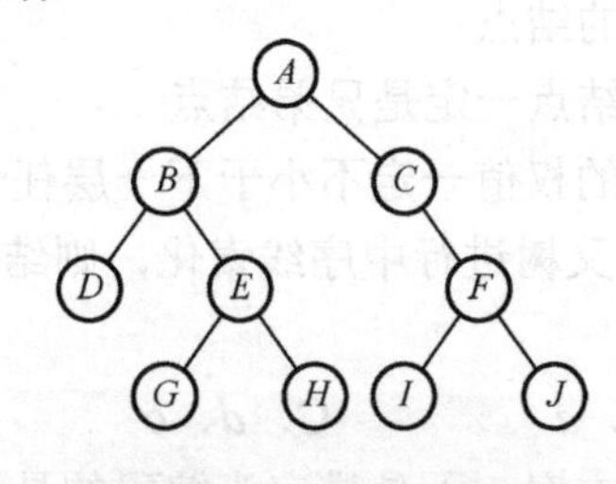

题图5-2　一棵二叉树

5. 假设一段正文由字符集{a,b,c,d,e,f}中的字母组成，这6个字母在这段正文中出现的次数分别是{12,18,26,6,4,34}，要求：

（1）为这6个字母设计哈夫曼编码；

（2）求该哈夫曼树的带权路径长度WPL；

（3）设一个字节由8个二进制位组成，计算按照哈夫曼编码存储这段正文需要多少个字节。

三、算法设计题

1．以二叉链表作为二叉树的存储结构，要求：

（1）统计二叉树的叶子结点个数；

（2）计算二叉树的高度；

（3）判断二叉树是否为完全二叉树（注意：空二叉树是完全二叉树）。

2．求任意二叉树中第一条最长的路径长度，并输出此路径上各结点的值。

3．给定一棵二叉树 *T*，采用二叉链表存储，结点结构为（left, weight, right），其中叶子结点的 weight 域保存该结点的非负权值。设 root 为指向 *T* 的根结点的指针，要求：

（1）使用 C 语言，给出二叉树结点的数据类型定义。

（2）设计一个算法求解 *T* 的 WPL。

第6章 图

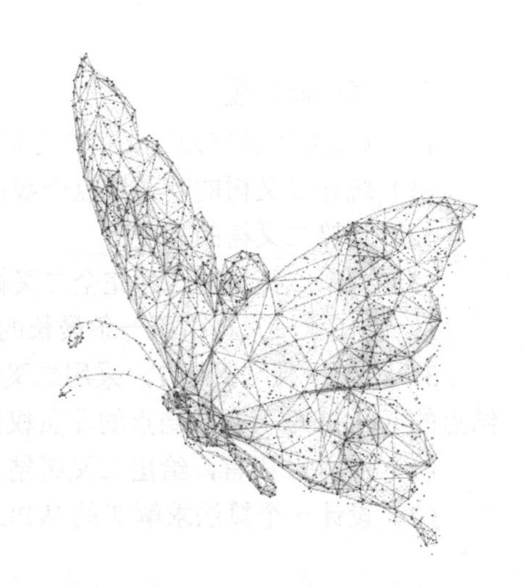

图（Graph）是一种非线性数据结构。图中的任意两个元素（顶点）之间均可以存在某种逻辑关系，它表示的是一种多对多的关系。图的多对多关系体现了世间万事万物都是有联系的，体现了世界的小世界性。要解决一个实际问题，就是要从众多关系中找出有利于问题解决的本质关系，再从多个解决方案中找出一种较优的方案。图的应用十分广泛，包括计算机科学、社会学、运筹学、控制论、网络理论、信息论、交通运输、通信工程等诸多领域。

6.1 图的概念与性质

图是一种比树结构更为复杂的非线性数据结构。树中的元素（结点）之间的关系是一对多的关系，呈现出明显的层次关系，而图中的各个顶点之间的关系是任意的，顶点之间的关系是多对多的，通常无法分出层次关系。

6.1.1 图的定义

图 G 可表示为：$G=(V,E)$。其中，V 是由图中所有顶点组成的非空有限集合，V 可描述为：$V=\{v_i|v_i$ 是 G 中的顶点,$i=1,2,\cdots,n\}$。E 是由描述顶点之间关系组成的有限集合，它可以为空集，E 可描述为：$E=\{(v_i,v_j)|v_i,v_j\in V\}$或者 $E=\{<v_i,v_j>|v_i,v_j\in V\}$。

用圆括号括起来的无序对(v_i,v_j)，称为边或者无向边，表示顶点 v_i 和顶点 v_j 相互之间均存在某种关系。边(v_i,v_j)在图中的图形表示如图 6-1（a）所示。

用尖括号括起来的有序对$<v_i,v_j>$，称为弧或者有向边，v_i 为弧尾，v_j 为弧头，仅表示顶点 v_i 到顶点 v_j 存在某种单向关系。弧$<v_i,v_j>$在图中的图形表示如图 6-1（b）所示。

（a）边（v_i, v_j）　　（b）弧$<v_i, v_j>$

图 6-1　边和弧在图中的图形表示

一个图 G，若其边集 E 为无向边的集合，则图 G 为无向图。如图 6-2（a）所示的图就是一个无向图。一个图 G，若其边集 E 为有向边（弧）的集合，则图 G 为有向图，如图 6-2（b）所示的图就是一个有向图。

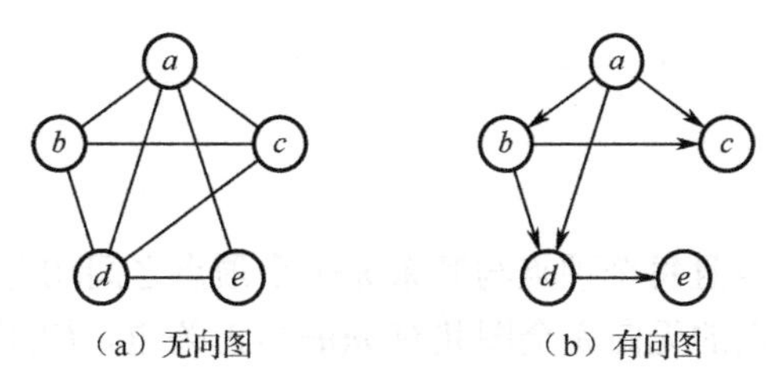

图 6-2 无向图和有向图

6.1.2 图的有关术语

1. 邻接与关联

在无向图 G 中，若存在一条边 $e=(a,b)$，则称顶点 a 和 b 相互邻接，边 e 与 a 和 b 相关联。在有向图 G 中，若存在一条弧 $e=\langle a,b\rangle$，则称 a 邻接于 b，b 邻接自 a，弧 e 与 a 和 b 相关联。

2. 顶点的度

对于无向图 G，一个顶点 v 所连接边的个数称为该顶点的度，记作 TD(v)。

在有向图中，以顶点 v 为弧头的弧的个数称为顶点 v 的入度，记作 ID(v)，而以顶点 v 为弧尾的弧的个数称为顶点 v 的出度，记作 OD(v)。一个顶点 v 的度为其入度与出度之和，即 TD(v)=ID(v)+OD(v)。

无论是无向图还是有向图，它的每条边或弧，都会使连接该边或弧的两个顶点的度数各加 1，因此有如下结论：一个图的所有顶点度数之和等于图的所有的边数 e 的 2 倍，即

$$e=\left[\sum_{i=1}^{n}\mathrm{TD}(v_i)\right]/2$$

3. 简单图

若图中不存在自身到自身的边，也不存在起点和终点完全相同的两条边，则这种图称为简单图。在图 6-3 所示的三个图中，图 6-3（a）是简单图，图 6-3（b）和图 6-3（c）均不是简单图，图 6-3（b）中存在顶点 v_1 到 v_1 的弧，而图 6-3（c）中顶点 v_1 到 v_2 之间有两个完全相同的边。

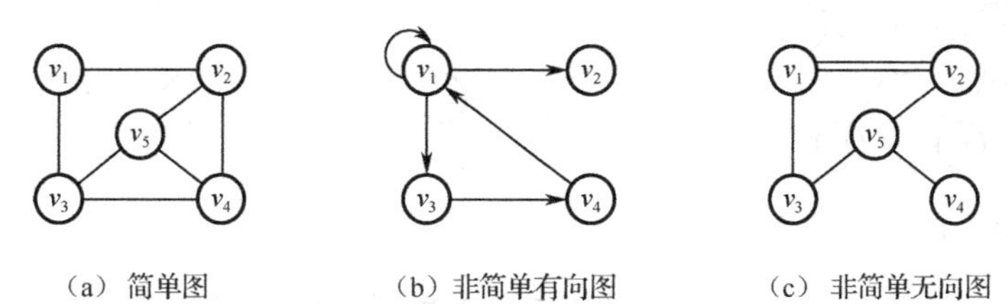

图 6-3 简单图和非简单图

在本章中讨论的图均是简单图。

4. 完全图

（1）无向完全图

若无向图 G 有 n 个顶点且每个顶点与其余 $n-1$ 个顶点之间均有边相连，则称该图为无向完全图。显然，有 n 个顶点的无向完全图共有 $n(n-1)/2$ 条边。如图 6-4（a）所示是一个有 5 个顶点的无向完全图。

（2）有向完全图

在有向图中，若任意两个顶点间都存在方向相反的两条弧，则称该图为有向完全图。显然，有 n 个顶点的有向完全图中共有 $n(n-1)$条弧。如图 6-4（b）所示是一个有三个顶点的有向完全图。

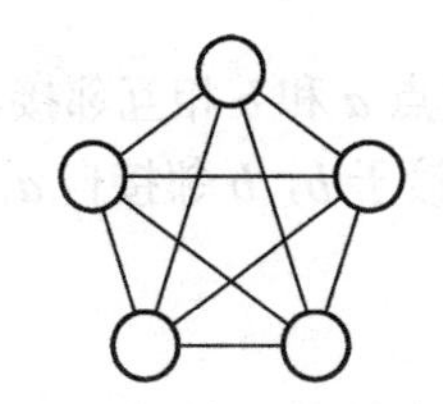

（a）有5个顶点的无向完全图

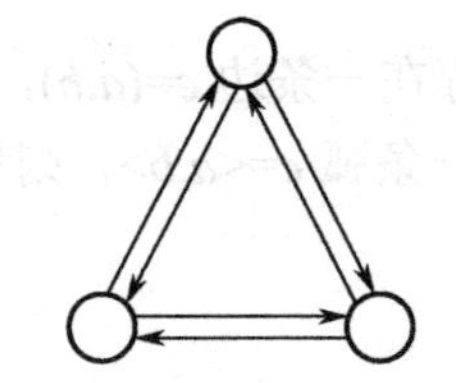

（b）有三个顶点的有向完全图

图 6-4　无向完全图和有向完全图

5. 权值和网

在图的边或弧上标记一个具有某种意义的数值，该数值称为该边（或弧）的权值。通常，权值可用来表示两点之间的距离、耗时或者费用等。

将边（或弧）上标有权值的图称为带权图或网，如图 6-5 所示是有 6 个顶点的网。

6. 子图

假设有两个图 $G=(V,E)$和 $G'=(V',E')$，如果满足：$V'\subseteq V$ 且 $E'\subseteq E$，则称图 G'为 G 的子图。如图 6-6（b）所示的图 G'就是如图 6-6（a）所示的图 G 的一个子图。

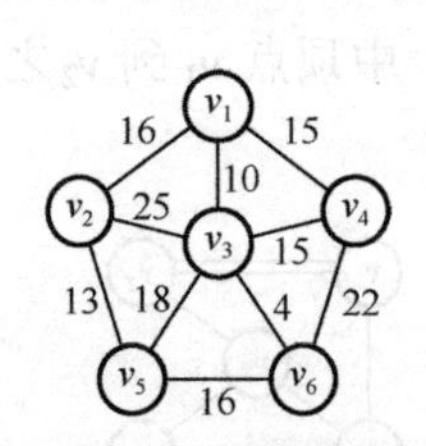

图 6-5　有 6 个顶点的网

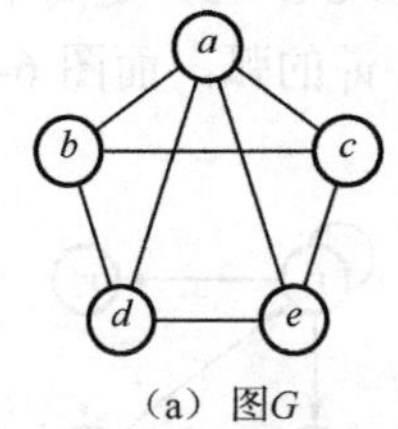

（a）图G

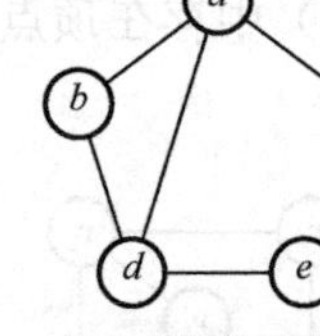

（b）图G的子图G'

图 6-6　无向图及其子图

在如图 6-7 所示的有向图 G 中，如图 6-7（b）所示的图 G'是如图 6-7（a）所示的图 G 的子图，而如图 6-7（c）所示的图 G''则不是如图 6-7（a）所示的图 G 的子图，因为图 G''中的弧$\langle v_1,v_4\rangle$不是图 G 中的弧。

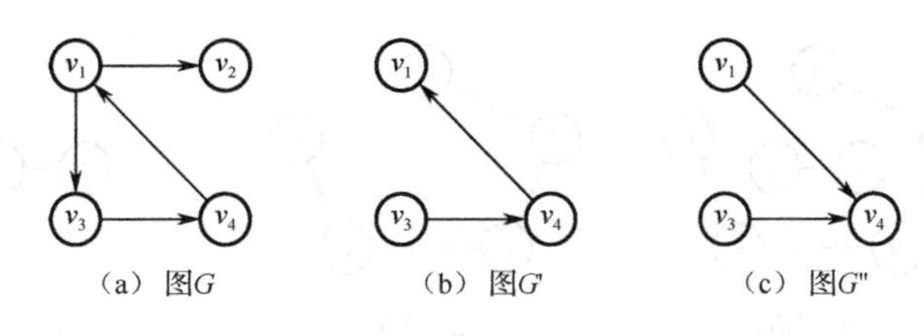

图 6-7　有向图的子图

7．路径、路径长度、回路及简单回路

（1）路径

在无向图 $G=(V,E)$中，若存在一个从顶点 v_i 到 v_j 的顶点序列 $v_i,v_{i1},v_{i2},\cdots,v_{in},v_j$，满足：边$(v_i,v_{i1}),(v_{i1},v_{i2}),\cdots,(v_{in},v_j)$均属于图 G 的边集 E，则称该顶点序列是从顶点 v_i 到 v_j 的一条路径。若图 G 为有向图，则该路径就是从顶点 v_i 到 v_j 的一条有向路径。

（2）路径长度

路径长度是指该路径上的边（或弧）的个数。在图 6-7（a）中，路径 v_1,v_3,v_4 的路径长度为 2。

（3）简单路径

顶点不重复的路径称为简单路径。在如图 6-6（a）所示的图 G 中，a,b,c 就是一条从顶点 a 到 c 的简单路径，而 a,b,d,a,e 则是从顶点 a 到 e 的非简单路径。在如图 6-7（a）所示的有向图 G 中，v_1,v_3,v_4 是一条从顶点 v_1 到 v_4 的简单路径，而 v_1,v_3,v_4,v_1,v_2 则是一条从顶点 v_1 到 v_2 的非简单路径。

（4）回路和简单回路

起点和终点相同的路径称为回路。起点和终点相同的简单路径称为简单回路。

在如图 6-7（a）所示的有向图 G 中，v_1,v_3,v_4,v_1 是一条从顶点 v_1 到 v_1 的回路且为简单回路。

8．连通、极大连通子图及连通分量

这一组概念是专门针对无向图的。

（1）两个顶点的连通

在无向图中，若存在从顶点 v_i 到 v_j 的路径，则称顶点 v_i 和 v_j 连通。

（2）图的连通

如果无向图 G 中任意两个顶点 v_i 和 v_j 均是连通的，则图 G 为连通图。

（3）极大连通子图

无向图 G 的一个连通子图 G'，若图 G'包含了保证连通的极大顶点数且包含了依附于这些顶点的所有边，称图 G'为图 G 的极大连通子图。

（4）连通分量

将无向图 G 的一个极大连通子图称为图 G 的一个连通分量。

如图 6-8 所示的三个无向图中，如图 6-8（b）所示的图 G'和如图 6-8（c）所示的图 G''是如图 6-8（a）所示的图 G 的两个极大连通子图，它们也是图 G 的两个连通分量。

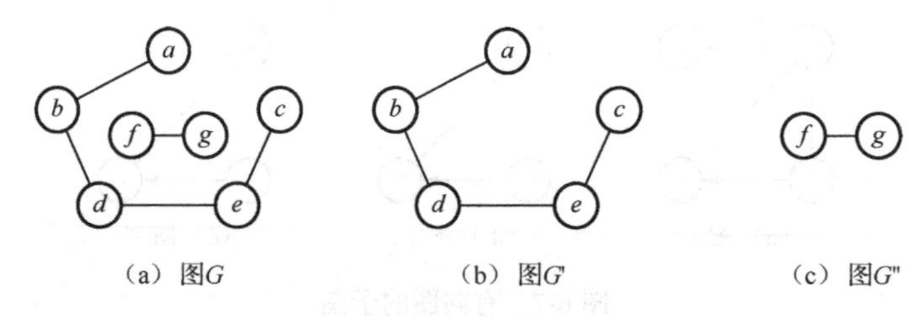

图 6-8　图 G 及其连通分量

9．强连通图和强连通分量

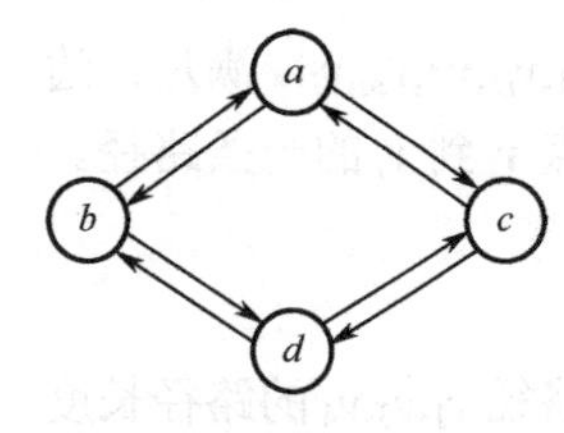

图 6-9　强连通图

强连通图和强连通分量是专门针对有向图的。在有向图中，如果任意两个顶点 v_i 和 v_j 之间同时存在着从顶点 v_i 到 v_j 和从顶点 v_j 到 v_i 的路径，则称此图为强连通图。而有向图的极大强连通子图称为强连通分量。

如图 6-9 所示是一个有 4 个顶点的强连通图。

如图 6-10 所示是一个非强连通图 *G* 及它的三个强连通分量。其中，图 6-10（a）是非强连通图 *G*，而图 6-10（b）、图 6-10（c）、图 6-10（d）则是如图 6-10（a）所示的图 *G* 的三个强连通分量。

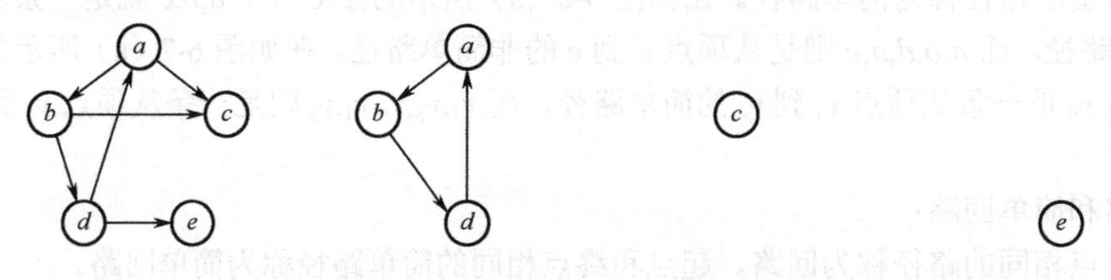

图 6-10　非强连通图 *G* 及其三个强连通分量

10．生成树

一个连通图的生成树是该图的一个极小连通子图，它拥有图的所有顶点，但只包含使子图连通的最少的边数。要使一个有 *n* 个顶点的无向图连通，至少需要 *n*−1 条边。在一个有 *n* 个顶点的无向连通图中，通常可以找到多组能使 *n* 个顶点连通且无回路的 *n*−1 条边。因此，一个连通图的生成树并不唯一。

6.1.3　图的基本运算

1．创建图 CreateGraph(g)

假设图 *G* 不存在，返回创建的图 *G*。

2．销毁图 DestoryGraph(g)

假设图 *G* 存在，销毁图 *G*，释放其空间。

3．查找顶点 LocateVertex(G,v)

在图 G 中查找某个顶点 v 的位置。若不存在顶点 v，则返回空。

4．查找某顶点的邻接顶点 FirstAdjVertex(G,v)

返回顶点 v 的第 1 个邻接顶点。若无邻接顶点，则返回空。

5．插入一个顶点 InsertVertex(G,v)

将顶点 v 插入图 G 中，返回最后的图。

6．删除某个顶点 DeleteVertex(G,v)

从图 G 中删除指定的顶点 v 及它关联的所有边或弧，返回最后的图。

7．插入一条边或弧 InsertArc(G,v,w)

插入一条从顶点 v 到 w 的弧或者边，返回最后的图。

8．删除一条指定的边或弧 DeleteArc(G,v,w)

从图 G 中删除指定的边(v,w)或弧$<v,w>$，返回最后的图。

9．遍历图 TraverseGraph(G)

若图 G 存在，则按照某种顺序，对图中所有顶点不重复地访问一遍。

6.2 图的存储

图是一种非线性数据结构，任意两个顶点之间均可以存在某种逻辑关系。不论采用哪种方式存储图，都必须完整地存储图中的顶点信息及各顶点之间的关系信息。此外，图的存储方式还应该便于图的各种操作的实现。

6.2.1 图的邻接矩阵存储

1．邻接矩阵

图的邻接矩阵存储就是用一维数组存储图中的顶点信息，而用矩阵来表示图中各顶点之间的邻接关系。

设图 $G=(V,E)$，顶点集 V 中有 n 个顶点，E 为边的集合，即

$$V=\{v_1,\cdots,v_n\}，E=\{(v_i,v_j)|v_i,v_j\in V\}\text{或者 }E=\{<v_i,v_j>|v_i,v_j\in V\}$$

则 G 中各顶点之间的邻接关系用一个 $n\times n$ 的矩阵 $\boldsymbol{A}$ 表示，且邻接矩阵元素定义为：

$$A[i][j]=\begin{cases}1，\text{边}(v_i,v_j)\in E\text{或弧}<v_i,v_j>\in E\\0，\text{边}(v_i,v_j)\notin E\text{且弧}<v_i,v_j>\notin E\end{cases}\quad (i,j=1,2,\cdots,n)$$

若图 G 是带权图（网），则邻接矩阵元素可定义为：

$$A[i][j]=\begin{cases}\text{weight，边}(v_i,v_j)\in E\text{或弧}<v_i,v_j>\in E\text{且权值为weight}\\ 0\text{或}\infty\text{，边}(v_i,v_j)\notin E\text{且弧}<v_i,v_j>\notin E\end{cases}\quad(i,j=1,2,\cdots,n)$$

式中，weight 表示边(v_i,v_j)或弧$<v_i,v_j>$上的权值，∞表示实际问题中权值不可能取的某个数值。通常，将图的各顶点与邻接矩阵的行号或列号建立一一对应关系。在图 6-11（b）是如图 6-11（a）所示无向图 G 的邻接矩阵。这里，顶点 a,b,c,d,e 分别与矩阵的下标 1～5 一一对应（注：下标为 0 的行和列均不用，此处没有写出，后面矩阵类同，不再特别说明）。可以看出该邻接矩阵是对称的。

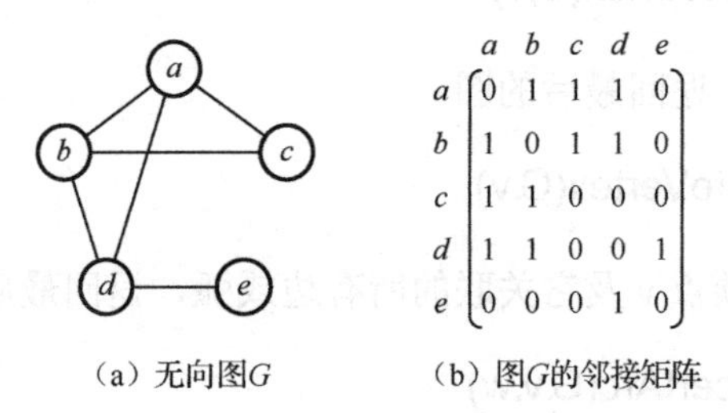

（a）无向图G　　（b）图G的邻接矩阵

图 6-11　无向图 G 及其邻接矩阵

在图 6-12 中，图 6-12（b）是如图 6-12（a）所示无向网 G 的邻接矩阵。同样，顶点 a,b,c,d,e 分别与矩阵的下标 1～5 一一对应。该邻接矩阵也是对称的。

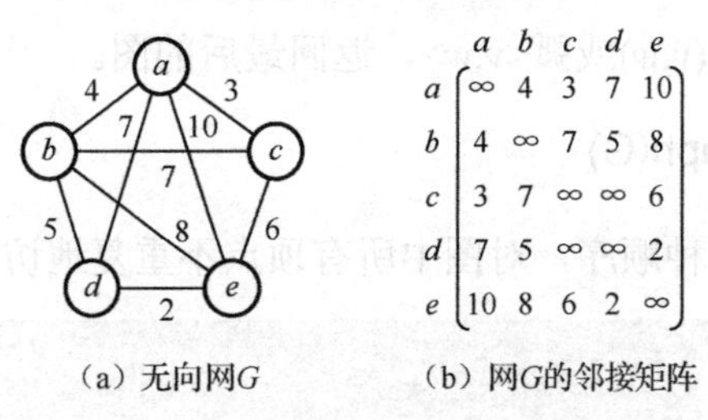

（a）无向网G　　（b）网G的邻接矩阵

图 6-12　无向网 G 及其邻接矩阵

在图 6-13 中，图 6-13（b）是如图 6-13（a）所示有向图 G 的邻接矩阵。同样，顶点 a,b,c,d,e 分别与矩阵的下标 1～5 一一对应。可以看出，该邻接矩阵不对称。

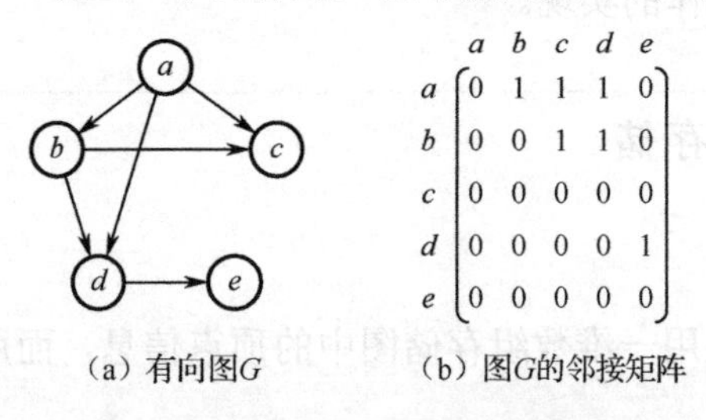

（a）有向图G　　（b）图G的邻接矩阵

图 6-13　有向图 G 及其邻接矩阵

2．邻接矩阵的特点

① 当图的各顶点与矩阵的下标的对应关系确定后，邻接矩阵就是唯一的。

② 对于无向图和无向网，邻接矩阵是对称的，因此可采用只存储上三角矩阵或者下三角矩阵的压缩思想进行存储，而有向图的邻接矩阵则不一定对称。

③ 通过邻接矩阵可以方便地查询任意两个顶点是否邻接，以及两个顶点关联的边或弧上的权值。

④ 通过邻接矩阵可以方便地统计任意顶点的度。对于无向图（或网），某顶点的度就是该顶点在邻接矩阵中对应行或列上非0（非∞）元素的个数。而对于有向图（或网），某顶点的入度为该顶点对应列上非0（或非∞）元素的个数，该顶点的出度则为该顶点对应行上非0（或非∞）元素的个数。

3. 图的邻接矩阵的类型定义

```
#define  MAXLEN  100  //图的最大顶点数
typedef  struct  vertex
{  int  num;      //用于描述顶点序号信息，此处用整数
        …         //顶点的其余信息暂时忽略
}DataType;
typedef  struct
{  DataType  vexs[MAXLEN+1];              //存储顶点的数组，下标从1开始
   int  edges[MAXLEN+1][MAXLEN+1];        //存储顶点邻接关系的矩阵，下标从1开始
   int  n, e;                             //顶点的个数n和边的个数e
}MGraph;
```

4. 创建图的邻接矩阵

```
//创建一个有n个顶点，e条边的无向图G的邻接矩阵
void  CreateGraph(MGraph  *g, int  n, int  e)  //创建的图通过指针变量g传回
{  int  i,j,k,v1,v2;
   g->n=n;  g->e=e;
   for(i=1; i<=g->n; i++)            //初始化顶点数组，下标为0的元素不用，顶点序号从1开始
     g->vexs[i].num=i;
   for(i=1; i<=g->n; i++)            //对图的邻接矩阵进行初始化，全部元素均初始化为0
     for(j=1; j<=g->n ; j++)
        g->edges[i][j]=0;
   for(k=1; k<=g->e;k++)             //根据输入的每条边修改邻接矩阵中的相应元素
   {  scanf("%d%d",&v1,&v2);         //输入每条边的起点、终点对应的序号
      g->edges[v1][v2]=1 ;           //无向图，以下两条语句都要执行，下标均从1开始
      g->edges[v2][v1]=1;            //有向图，不执行本语句
   }
 }
```

可以看出，创建图的邻接矩阵的时间复杂度为$O(n^2)$。

6.2.2 图的邻接表存储

图的邻接表存储采取将顺序存储与链式存储相结合的方式，将图中与顶点 v_i 邻接的所有顶点链接成一个不带头结点的单链表，该单链表称为顶点 v_i 的邻接表，也称为边链表，然后用一维数组存储这些边链表的头指针，构成一个表头数组，称为表头结点表。

1．邻接表的结点结构

（1）表头的结点结构

图中每个顶点在表头数组中均占一个元素位置，其结构如图 6-14（a）所示，其中 vertex 存储顶点信息，如顶点序号、名称等，firstedge 为指针域，存储顶点 vertex 的边链表的头指针。

（2）边链表的结点结构

边链表的结点结构如图 6-14（b）所示，其中 adjvex 存储相应邻接顶点在表头数组中的序号，weight 是专为网设置的权值域，next 为指针域，指向与顶点 vertex 邻接的下一个邻接顶点的边链表结点。

vertex	firstedge

（a）表头的结点结构

adjvex	weight	next

（b）边链表的结点结构

图 6-14　表头的结点结构与边链表的结点结构

对于如图 6-15（a）所示的无向图 G，顶点 a,b,c,d,e 对应于序号 1～5，其邻接表如图 6-15（b）所示，这里表头数组中的顶点信息直接使用各顶点的名称。

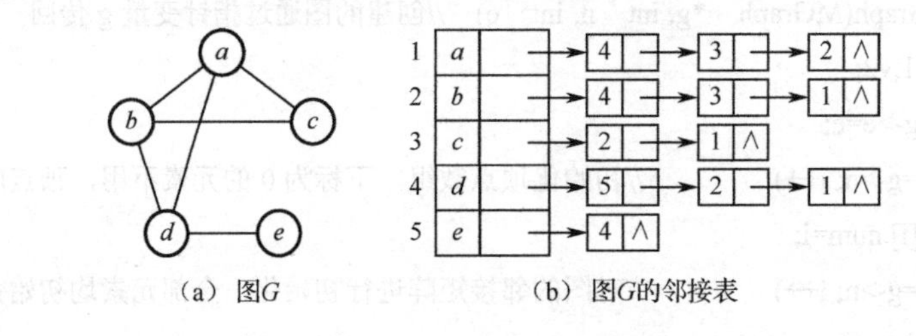

图 6-15　图 G 及其邻接表

对于如图 6-16（a）所示的有向网 G，顶点 a,b,c,d,e 对应于序号 1～5，其邻接表如图 6-16（b）所示，这里表头数组中的顶点信息直接使用各顶点的名称。

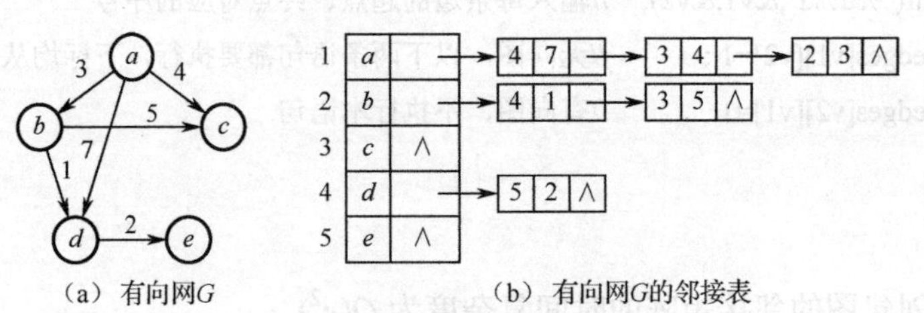

图 6-16　有向网 G 及其邻接表

假设下标为0的元素不用，因此在上述邻接表的表头数组中并没有给出下标为0的元素。每个顶点的边链表都是按头插法建立的。

2. 邻接表的特点

① 图中每个顶点关联的边并不唯一。建立邻接表时，输入边的顺序如果不同，则不论采用头插法还是尾插法，所形成的边链表也会不同，因此一个图的邻接表并不一定唯一。

② 对于无向图，顶点 v_i 的度就是第 i 号边链表中结点的个数。而对于有向图，顶点 v_i 的出度为第 i 号边链表中结点的个数，顶点 v_i 的入度则需要遍历整个邻接表才能得出。因此，有时也会建立逆向邻接表，方便统计有向图顶点的入度。

③ 对于有 n 个顶点、e 条边的无向图，其邻接表中有 n 个头结点和 $2e$ 个边链表结点；对于有 n 个顶点、e 条弧的有向图，其邻接表中有 n 个头结点和 e 个边链表结点。因此，对于边数较少的稀疏图，邻接表比邻接矩阵更节省空间。

3. 图的邻接表的类型定义

以下是图的邻接表的类型定义。如果是网，则应在边链表的结点类型中添加 weight 域。

```
#define  MAXLEN  100          //图的最大顶点数
typedef  struct  node
{  int  adjvex;               //与顶点 vertex 邻接的顶点在表头数组中的序号
   struct  node  *next ;      //指向与顶点 vertex 邻接的下一个顶点的边链表结点
}EdgeNode;                    //边链表结点类型
typedef  struct
{  int  vertex;               //顶点的数据域，暂时定义为整型数，记录顶点的序号
   EdgeNode  *firstedge;      //指针域，指向顶点 vertex 的边链表首地址
}VertexNode;                  //表头结点类型
typedef  VertexNode  AdjList[MAXLEN+1];   //表头数组的类型定义，下标从 1 开始
typedef  struct
{  AdjList  adjlist;          //表头数组
   int  n,e;                  //图中顶点数及边数
}ALGraph;                     //图的邻接表类型
```

4. 建立图的邻接表

```
//由指针 g 带回创建的图的邻接表，n 为图的顶点数，e 为边数
void  CreateAdjList(ALGraph  *g, int  n, int  e)
{  EdgeNode  *ptr;
   int  k,v1,v2;
   g->n=n;
   g->e=e;
   for(k=1; k<=g->n; k++)                //初始化表头数组中的指针域为空，下标从 1 开始
```

```
    {  g->adjlist[k].vertex=k;                //这里假设各顶点对应于序号 1～n
       g->adjlist[k].firstedge=NULL;          //各顶点的边链表初始化为空链表
    }
    for(k=1; k<=g->e; k++)                    //按边数循环 e 次
    {  scanf( "%d%d", &v1,&v2 );              //输入一条边的起、终点对应的序号
       ptr =(EdgeNode*)malloc(sizeof(EdgeNode)); //申请一个边链表结点空间
       ptr->adjvex=v2;                        //写入数据
       ptr->next=g->adjlist[v1].firstedge;    //按头插法插入顶点 v1 到对应的边链表中
       g->adjlist[v1].firstedge=ptr;
       //以下 4 条语句仅对无向图执行，对有向图不执行
       ptr=(EdgeNode*)malloc(sizeof(EdgeNode)); //申请一个边链表结点空间
       ptr->adjvex=v1;                          //写入数据
       ptr->next=g->adjlist[v2].firstedge;      //按头插法插入顶点 v2 到对应的边链表中
       g->adjlist[v2].firstedge=ptr;
    }
}
```

建立邻接表的算法时间复杂度为 $O(n+e)$。

6.2.3 图的十字链表存储与邻接多重表存储

图的存储方式还有十字链表和邻接多重表。

1．十字链表

十字链表是针对有向图的一种存储方式，可以看作邻接表与逆向邻接表的结合。对于有 n 个顶点的图，在十字链表中会有 n 个表头结点，表头结点结构如图 6-17（a）所示，其中 vertex 为顶点信息，firstin 指向该顶点的入边信息链表，firstout 指向该顶点的出边信息链表。

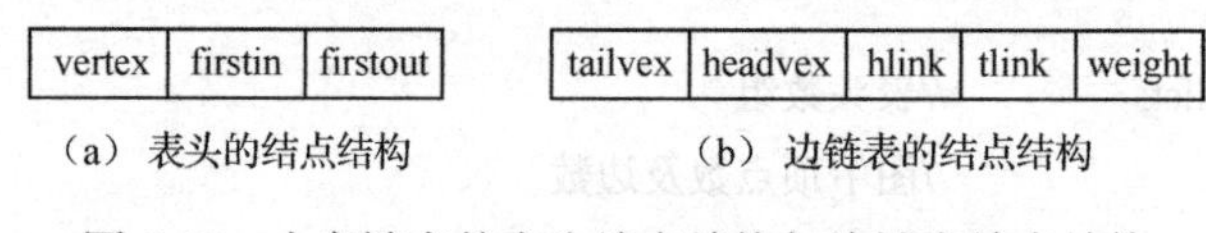

（a）表头的结点结构　　（b）边链表的结点结构

图 6-17　十字链表的表头结点结构与边链表结点结构

边链表的结点结构如图 6-17（b）所示。tailvex 和 headvex 分别表示该边的起点和终点，hlink 指向与弧<tailvex,headvex>具有相同弧头的下一个边结点，tlink 指向与弧<tailvex,headvex>具有相同弧尾的下一个边结点，weight 为该弧上的权值，没有权值时可以不定义这个域。

如图 6-18（a）所示为有向图 G，其十字链表如图 6-18（b）所示。

2．邻接多重表

邻接多重表是针对无向图的另外一种存储方式，与十字链表十分相似。其表头的结点结构如图 6-19（a）所示，边链表的结点结构如图 6-19（b）所示。

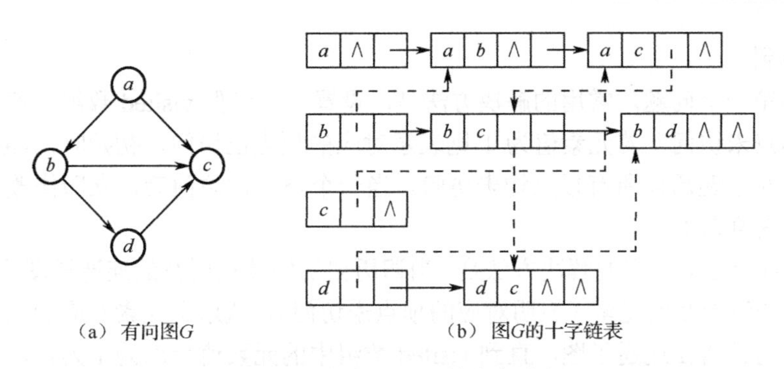

（a）有向图G　　（b）图G的十字链表

图 6-18　有向图 G 及其十字链表

vertex	firstarc

（a）表头的结点结构

i	link1	j	link2

（b）边链表的结点结构

图 6-19　邻接多重表的表头结点结构与边链表结点结构

其中，vertex 为顶点信息，firstarc 指向该顶点第 1 个关联边的边链表结点，i 和 j 分别表示该边的起点和终点，link1 指向与 i 邻接的下一个边链表结点，link2 指向与 j 邻接的下一个边链表结点。如图 6-20（a）所示为无向图 G，其邻接多重表如图 6-20（b）所示。

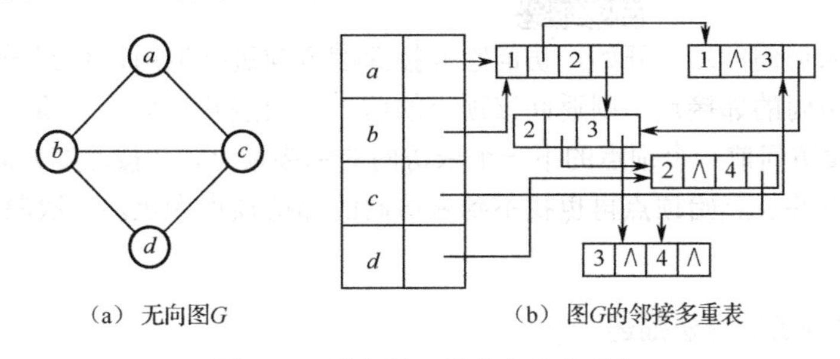

（a）无向图G　　（b）图G的邻接多重表

图 6-20　无向图 G 及其邻接多重表

本节介绍的图的 4 种存储方式中，最常用的是邻接矩阵和邻接表。在解决实际问题时，选择哪一种存储方式，都要具体问题具体分析，通常应以便于解决问题为依据。

6.3　图的遍历

图的遍历指从图的某个顶点出发，将图中的每个顶点访问一遍。图的遍历十分重要，它是图的许多运算的基础，如求解图的连通性、拓扑排序及关键路径等。在生活中，有许多与遍历相关的问题，例如，对扶贫对象的帮扶一个都不能少、天网恢恢疏而不漏等。图的遍历体现着一个都不能少、人人有份，但谁也别多拿多占的公平、公正的思想。

由于图的逻辑关系是多对多的，图的遍历过程中存在以下两个问题。

（1）重复经过问题

图中每个顶点关联的边可能有多条，故在遍历过程中就有可能经过几步之后又回到某个已经访问过的顶点。

（2）顶点遗漏问题

由于图的各顶点间任意邻接及图的连通性，很可能沿着某条路径搜索后，有些顶点却仍然没有被访问到。

对于上述第一个问题，常用的解决方法是，设置一个整型 visited 数组，若元素值为 0 则表示对应的顶点未访问，若元素值为 1 则表示对应的顶点已访问。初始时，visited 数组元素值全部为 0，表示遍历前所有顶点均未访问。当一个顶点被访问后，立即修改该顶点对应的 visited 数组元素值为 1。

对于第二个问题，常用的解决方法是，当遍历完初始顶点所在的连通子图后，检查 visited 数组，找到一个值为 0 的元素（表明对应的顶点未访问），从这个元素对应的顶点出发以同样的遍历方法遍历其所在连通子图，直到 visited 数组中的元素值全部为 1 为止，这表明图中再也没有未访问的顶点了，遍历结束。

本节介绍两个常用的图的遍历算法。

6.3.1 图的深度优先遍历

图的深度优先遍历（Depth First Search，DFS）是指按深度方向优先进行搜索，类似于树的先根遍历。

1. 深度优先遍历的原理

从图中某个未访问的顶点开始，访问它并按深度方向进行遍历，直到遇到一个顶点，该顶点再也没有未访问的邻接点，则返回该顶点的前一个顶点并且前一个顶点目前仍有未访问的邻接顶点，继续访问前一个顶点的下一个未访问的邻接顶点，并按深度方向继续进行遍历，直到返回起始顶点并且起始顶点再也找不到未访问的邻接顶点为止。一次深度优先遍历过程结束。

2. 深度优先遍历的算法描述

1）从图的某个顶点 v_1 出发，首先访问 v_1，并修改 v_1 的访问标志。

2）找出刚被访问的顶点 v_i 的第一个未访问的邻接顶点，访问该顶点并修改其访问标志。以该顶点为新起点，转步骤 2）继续。

若当前顶点再也没有未访问的邻接顶点，则转步骤 3）。

3）返回前一个顶点并且该顶点目前仍有未访问的邻接顶点，找出并访问前一个顶点的下一个未访问的邻接顶点，修改访问标志后转步骤 2）继续。

4）直到返回起始顶点 v_1 并且 v_1 中再也没有未访问的邻接顶点，此时从顶点 v_1 出发的一轮深度优先遍历过程结束。

5）若此时图中仍有顶点未访问，则另选图中一个未访问的顶点作为新一轮深度优先遍历的起点，执行上述步骤 1）～4），直至图中再也没有未访问的顶点，图的深度优先遍历过程结束。

【例 6-1】 如图 6-21（a）所示无向图 G，从顶点 v_1 开始对图 G 进行深度优先遍历，给出深度优先遍历序列。

（1）基于邻接表的深度优先遍历过程

图 6-21（a）的邻接表如图 6-21（b）所示。

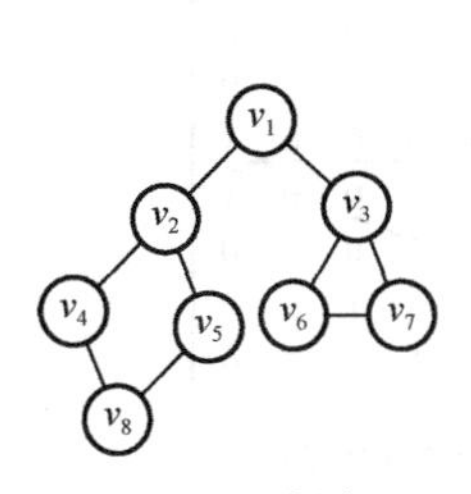

（a）无向图G

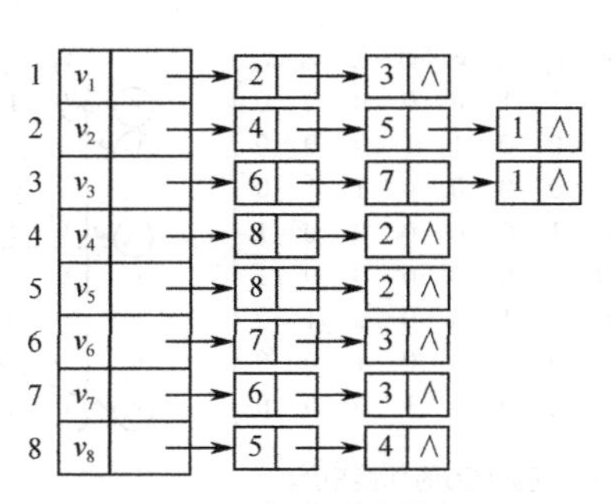

（b）无向图G的邻接表

图 6-21　无向图 G 及其邻接表

深度优先遍历过程如下：

从顶点 v_1 开始，访问 v_1，修改 v_1 的访问标志。获取 v_1 的第一个未访问的邻接顶点 v_2，访问 v_2，修改 v_2 的访问标志。

以顶点 v_2 为新起点，在 v_2 的边链表中找到第一个未访问的邻接顶点 v_4，访问 v_4 并修改 v_4 的访问标志。

再继续以顶点 v_4 为起点，找到未访问的邻接顶点 v_8，访问 v_8，找到 v_8 的第一个未访问的邻接顶点 v_5，访问 v_5，发现 v_5 已经没有未访问的邻接顶点了，此时返回 v_8。v_8 也没有未访问的邻接顶点，返回 v_4。v_4 也没有未访问的邻接顶点，返回 v_2。v_2 也没有未访问的邻接顶点，返回起始顶点 v_1。而 v_1 仍有未访问的邻接顶点 v_3，访问 v_3，修改 v_3 的标志。

以顶点 v_3 为新起点，访问 v_3 的第一个未访问的邻接顶点 v_6，修改 v_6 的访问标志。

以顶点 v_6 为起点，找到第一个未访问的邻接顶点 v_7，访问 v_7，修改 v_7 的访问标志。

顶点 v_7 也没有未访问的邻接顶点，返回 v_6。

顶点 v_6 也没有未访问的邻接顶点，返回 v_3，v_3 也没有未访问的邻接顶点，返回 v_1。v_1 也没有未访问的邻接顶点。本轮从 v_1 开始的深度优先遍历结束。

查看 visited 数组中的元素值，全部为 1，说明图 G 的所有顶点均已被访问过，深度优先遍历结束。

从顶点 v_1 开始深度优先遍历，得到的无向图 G 的深度优先遍历序列为：$v_1,v_2,v_4,v_8,v_5,v_3,v_6,v_7$。

从顶点 v_1 开始对图 G 进行深度优先遍历的过程如图 6-22 所示。

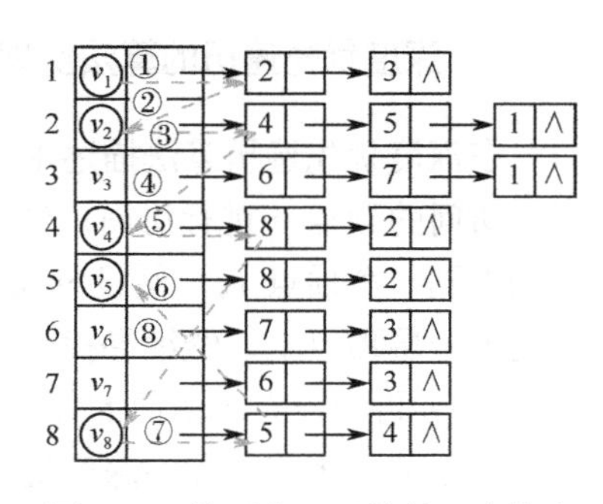

图 6-22　从顶点 v_1 开始的深度优先遍历过程

（2）基于邻接矩阵的深度优先遍历过程

建立图 6-21（a）所示的无向图 G 的邻接矩阵如图 6-23（a）所示，矩阵中下标为 0 的均不用。

深度优先遍历过程如下：

从顶点 v_1 开始，访问 v_1 并修改 v_1 的访问标志。在矩阵第 1 行中找到未访问的邻接顶点 v_2，访问 v_2 并修改 v_2 的访问标志。

在第 2 行中找到未访问的邻接顶点 v_4，访问 v_4 并修改 v_4 的访问标志。

在第 4 行中找到未访问的邻接顶点 v_8，访问 v_8 并修改 v_8 的访问标志。

在第 8 行中找到未访问的邻接顶点 v_5，访问 v_5 并修改 v_5 的访问标志。

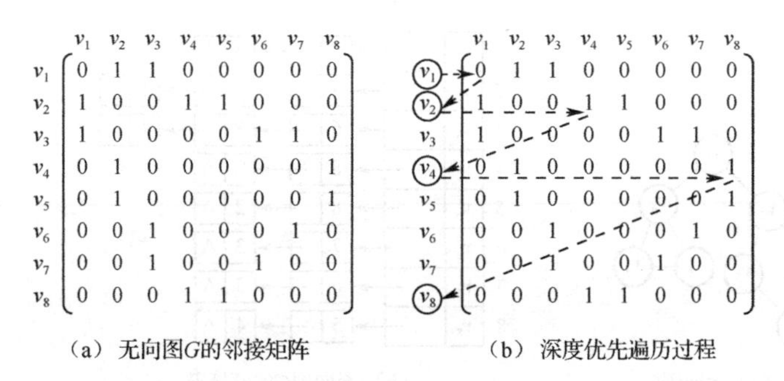

（a）无向图G的邻接矩阵　　（b）深度优先遍历过程

图 6-23　无向图 G 的邻接矩阵及深度优先遍历过程

在第 5 行中没有找到未访问的邻接顶点，返回第 8 行。第 8 行也没有未访问的邻接顶点，返回第 4 行。第 4 行也没有未访问的邻接顶点，返回第 2 行。第 2 行也没有未访问的邻接顶点，返回第 1 行。

在第 1 行中找到下一个未访问的邻接顶点 v_3，访问 v_3 并修改 v_3 的访问标志。

第 3 行找到未访问的邻接顶点 v_6，访问 v_6 并修改 v_6 的访问标志。

第 6 行找到未访问的邻接顶点 v_7，访问 v_7 并修改 v_7 的访问标志。

第 7 行没有未访问的邻接顶点，返回第 6 行。第 6 行也没有未访问的邻接顶点，返回第 3 行。第 3 行也没有未访问的邻接顶点，返回第 1 行。第 1 行也没有未访问的邻接顶点，本轮深度优先遍历结束。

查看 visited 数组元素值，均为 1，深度优先遍历结束。

基于邻接矩阵的从顶点 v_1 开始的深度优先遍历过程如图 6-23（b）所示。深度优先遍历序列为：$v_1,v_2,v_4,v_8,v_5,v_3,v_6,v_7$。

3．深度优先遍历的算法实现

在深度优先遍历算法描述中可以看出，从起始顶点 v_1 出发，选择一个与 v_1 邻接且当前仍然未访问的顶点 v_j 进行访问，然后再以 v_j 为新的起始顶点，用相同方法进行深度优先遍历。直到遇到一个顶点 v_m，假设 v_m 的前驱顶点是 v_k，此时 v_m 也没有未访问的邻接顶点，则返回它的上一层顶点 v_k，继续寻找 v_k 的下一个仍未访问的邻接顶点。继续这个过程，直到返回顶点 v_1 且 v_1 再也没有未访问的邻接顶点为止。这个过程很显然是一个递归过程。

基于邻接矩阵的图的深度优先遍历算法的递归函数实现如下：

```
//基于邻接矩阵的图的深度优先遍历算法的递归函数
int  visited[MAXLEN+1];              //下标从 1 开始
void  DFS(MGraph  *g,int  i)         //从顶点 i 开始进行深度优先遍历
{  int  j;
   printf("%3d",g->vexs[i].num);     //访问起始顶点，这里的访问是指输出顶点序号
   visited[i]=1;  //将访问顶点的访问标志设置为 1，表示已访问
   for(j=1;j<=g->n;j++)              //邻接矩阵下标从 1 开始
     if((g->edges[i][j]==1)&&!visited[j])  //顶点 i 的邻接顶点 j 未访问
        DFS(g,j);  //以顶点 j 为新起点开始深度优先遍历，递归调用 DFS 函数
}
```

```
void  DFSTraverse(MGraph  *g)  //基于邻接矩阵的深度优先遍历
 { int  i;
   for(i=1;i<=g->n;i++)
      visited[i]=0;               //初始化所有顶点为未访问状态
   for(i=1; i<=g->n; i++)         //确保所有顶点均已访问
      if(!visited[i])
         DFS(g,i);                //对未访问的顶点调用 DFS 函数
 }
```

基于邻接表的图的深度优先遍历算法的递归函数实现如下：

```
//基于邻接表的图的深度优先遍历算法的递归函数
int  visited[MAXLEN+1];                    //下标从 1 开始
void  DFS(ALGraph  *g, int  i)             //从顶点 i 开始进行深度优先遍历
{ EdgeNode  *p;
   printf("%3d,",g->adjlist[i].vertex);    //输出该顶点信息
   visited[i]=1;                           //修改访问标志为 1
   for(p=g->Adjlist[i].firstedge; p!=NULL; p=p->next)
     if(!visited[p->adjvex])
       DFS(g, p->adjvex);                  //对未访问的邻接顶点递归调用 DFS 函数
}
void  DFSTraverse(ALGraph  *g)             //基于邻接表的深度优先遍历
{ int  i;
   for(i=1;i<=g->n;i++)
     visited[i]=0;                         //初始化所有顶点为未访问状态
   for(i=1;i<=g->n;i++)                    //确保所有顶点均已访问
     if(!visited[i])
       DFS(g, i);                          //对未访问的顶点调用 DFS 函数
}
```

在图的深度优先遍历中，图中每个顶点至多调用一次 DFS 函数。因为对于每个顶点的访问及设置访问标志的操作，只会执行一次。遍历的过程实质上取决于所采用的存储结构。当采用邻接表时，查找每个顶点的邻接顶点所需时间为 $O(e)$，因此，采用邻接表的深度优先遍历的时间复杂度为 $O(n+e)$。而当采用邻接矩阵时，查找每个顶点的邻接顶点所需时间为 $O(n^2)$，此时深度优先遍历的时间复杂度为 $O(n^2)$。

6.3.2 图的广度优先遍历

图的广度优先遍历（Breadth First Search，BFS）与树的层次遍历类似。其思想是将图分层，按层从上到下，每层从左到右的顺序进行遍历。

对于如图 6-24（a）所示的无向图 G，从顶点 v_1 开始的广度优先遍历过程如图 6-24（b）

所示。先访问起始顶点 v_1，接着访问 v_1 的所有未访问的邻接顶点 v_2 和 v_3，再以 v_2 为起点，访问 v_2 的未访问的邻接顶点，即 v_4 和 v_5。再以 v_3 为起点，访问 v_3 的未访问的邻接顶点，即 v_6 和 v_7，再以 v_4 为起点，访问 v_4 的未访问的邻接顶点，即 v_8。至此，所有顶点均已访问。其广度优先遍历序列为：$v_1,v_2,v_3,v_4,v_5,v_6,v_7,v_8$。

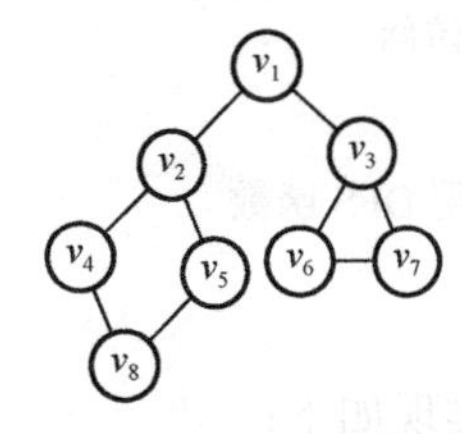

（a）无向图G

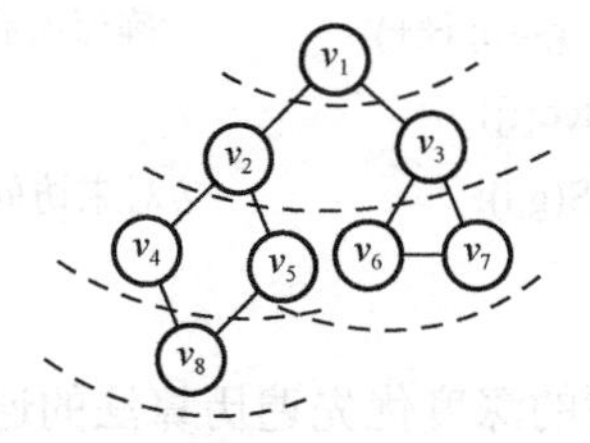

（b）无向图G的广度优先遍历过程

图 6-24　广度优先遍历过程

1. 广度优先遍历的算法描述

1）从图中某个未访问的顶点 v 出发，访问顶点 v，并修改 v 的访问标志。

2）依次访问顶点 v 的各个未访问的邻接顶点。

3）依照这些邻接顶点的访问顺序，分别从它们出发再依次访问它们的未访问的邻接顶点。

4）直到图中所有和顶点 v 有路径相连的顶点都被访问为止。

可以看出，广度优先遍历是一种分层搜索过程，一层层不断向前推进，没有回退现象，因此，算法中不会使用递归。

2. 广度优先遍历算法实现中的问题及解决思路

广度优先遍历算法中，当某个顶点 v 的所有未访问的邻接顶点都被访问过后，按照刚才这些邻接顶点的访问顺序一一遍历它们的边链表。可以看出，在广度优先遍历中每个顶点的邻接顶点的访问顺序十分重要，那么，如何记录这些邻接顶点的访问顺序呢？

假设顶点 v 的两个未访问的邻接顶点 A 和 B，若顶点 A 优先于顶点 B 被访问，则按照广度优先遍历算法思想，顶点 A 的所有未访问的邻接顶点均在顶点 B 的所有未访问的邻接顶点之前被访问，从而体现出先进先出的思想。因此，与树的层次遍历的处理方法相似，广度优先遍历中也利用队列记录顶点的遍历顺序。

【例 6-2】 对于如图 6-25（a）所示的无向图 G，分别基于邻接表和邻接矩阵给出广度优先遍历序列。

1）如图 6-25（a）所示的无向图 G，其邻接表如图 6-25（b）所示。

建立一个顺序队列并置为空队，从顶点 v_1 开始，访问 v_1 并修改 v_1 的访问标志。之后遍历 v_1 的边链表中所有未访问的邻接顶点，并将它们一一进队，直到遇到 NULL 为止。此时队列中有：v_2,v_3。

因为队列不空，出队 v_2，以同样的方法遍历 v_2 的边链表，结束时队列中有：v_3,v_4,v_5。

因为队列不空，再出队 v_3，以同样的方法遍历 v_3 的边链表，结束时队列中有：v_4,v_5,v_6。

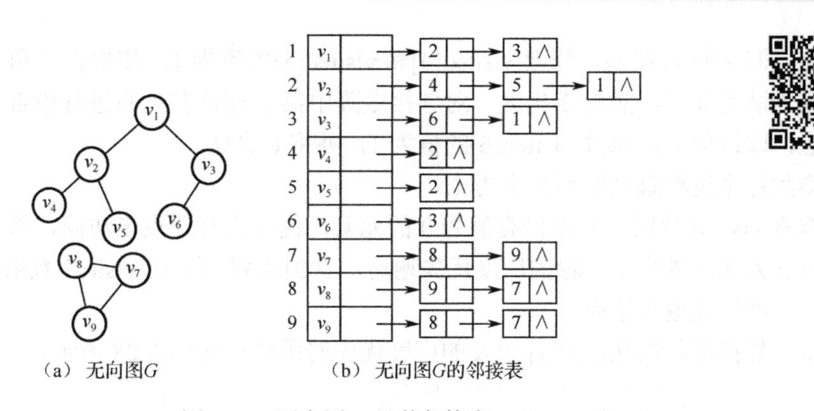

（a）无向图G　　（b）无向图G的邻接表

图 6-25　无向图 G 及其邻接表

其余类推，直到队列空为止，本轮广度优先遍历算法结束。查看 visited 数组，发现仍有未访问的顶点，选中顶点 v_7，从 v_7 开始进行新一轮的广度优先遍历，直到队列空且 visited 数组中元素值全部为 1 为止。广度优先遍历图 G 的过程结束。从顶点 v_1 开始的基于邻接表的广度优先遍历过程如图 6-26 所示。图 G 的广度优先遍历序列为：$v_1,v_2,v_3,v_4,v_5,v_6,v_7,v_8,v_9$。

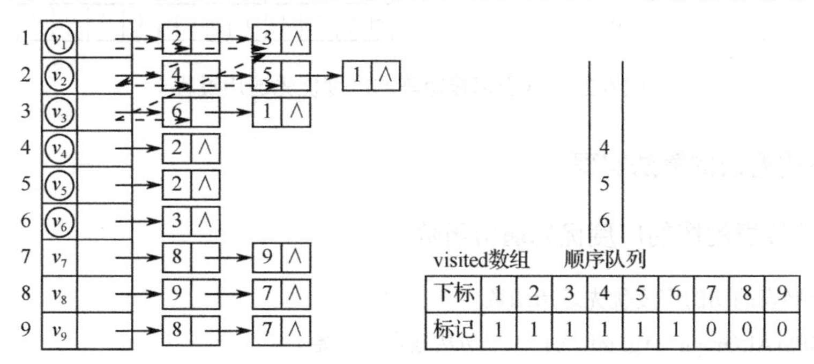

图 6-26　基于邻接表的广度优先遍历过程

2）对如图 6-25（a）的无向图 G，建立邻接矩阵如图 6-27 所示。

$$
\begin{array}{c}
 \\ v_1 \\ v_2 \\ v_3 \\ v_4 \\ v_5 \\ v_6 \\ v_7 \\ v_8 \\ v_9
\end{array}
\begin{array}{c}
\begin{array}{ccccccccc} v_1 & v_2 & v_3 & v_4 & v_5 & v_6 & v_7 & v_8 & v_9 \end{array} \\
\begin{pmatrix}
0 & 1 & 1 & 0 & 0 & 0 & 0 & 0 & 0 \\
1 & 0 & 0 & 1 & 1 & 0 & 0 & 0 & 0 \\
1 & 0 & 0 & 0 & 0 & 1 & 0 & 0 & 0 \\
0 & 1 & 0 & 0 & 0 & 0 & 0 & 0 & 0 \\
0 & 1 & 0 & 0 & 0 & 0 & 0 & 0 & 0 \\
0 & 0 & 1 & 0 & 0 & 0 & 0 & 0 & 0 \\
0 & 0 & 0 & 0 & 0 & 0 & 0 & 1 & 1 \\
0 & 0 & 0 & 0 & 0 & 0 & 1 & 0 & 1 \\
0 & 0 & 0 & 0 & 0 & 0 & 1 & 1 & 0
\end{pmatrix}
\end{array}
$$

图 6-27　图 6-25（a）的邻接矩阵

访问顶点 v_1 并修改 visited[1]的值为 1，将 1 进队。

因为队列非空，队头 1 出队，对邻接矩阵中第 1 行从左到右进行检查并遍历所有未访问的顶点，即访问 v_2 和 v_3，修改 visited[2]和 visited[3]的值为 1，并依次将 2 和 3 进队。此时队列中有 2 和 3。

因为队列非空，队头 2 出队，对邻接矩阵中第 2 行从左到右进行检查并遍历所有未访问的顶点，即访问 v_4 和 v_5，修改 visited[4]和 visited[5]的值为 1，依次将 4 和 5 进队。

因为队列非空，队头 3 出队，对邻接矩阵中第 3 行从左到右进行检查并遍历所有未访问的顶点，即访问 v_6，修改 visited[6]的值为 1，并将 6 进队。

继续这个过程直到队列为空为止。

检查 visited 数组，发现仍有值为 0 的元素，说明仍有顶点未访问，选中一个未访问的顶点，以它为起点进行新一轮的广度优先遍历，直到队列为空且 visited 数组中的元素值均为 1 为止。广度优先遍历结束。

基于邻接矩阵的从顶点 v_1 出发的广度优先遍历过程如图 6-28 所示。

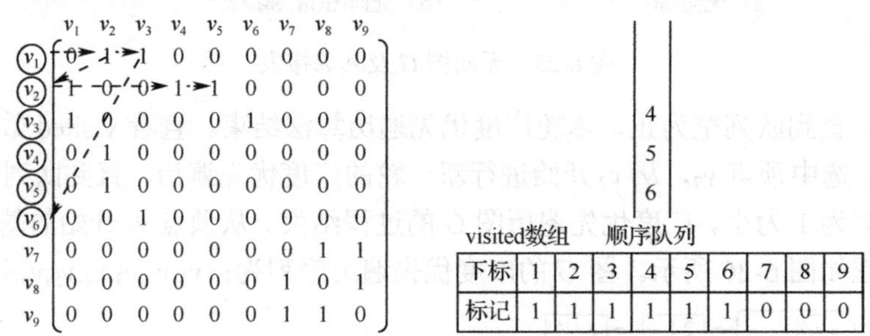

下标	1	2	3	4	5	6	7	8	9
标记	1	1	1	1	1	1	0	0	0

图 6-28　基于邻接矩阵的广度优先遍历过程

3．广度优先遍历的算法实现

（1）基于邻接表的图的广度优先遍历函数

```
//基于邻接表的图的广度优先遍历函数
void   BFS(ALGraph   *g, int   v)              //从顶点 v 开始
{  SeqQueue   q;                               //定义顺序队列类型变量 q
   EdgeNode   *p;
   InitQueue(&q);                              //队列 q 初始化
   visit(v);                                   //调用函数访问 v，功能通常是输出顶点信息
   visited[v]=1;                               //置访问标志为 1，表示此顶点已访问
   EnQueue(&q,v);                              //v（刚访问过的）入队
   while( !QueueEmpty(&q) )                    //当队列非空时，继续遍历过程
   {  DeQueue(&q, &v);                         //出队
      p=g->adjlist[v].firstedge;               //将 v 的表头指针域存入 p 中
      while(p!=NULL)                           //访问 v 的边链表，直到遇到链尾为止
      {  if(!visited[p->adjvex])
         {  visit(p->adjvex);   visited[p->adjvex]=1;   //遍历并修改访问标志
            EnQueue(&q, p->adjvex);                     //入队
         }
         p=p->next;
      }
   }
```

```
}
//基于邻接表的广度优先遍历的主函数
int  visited[MAXLEN];
void  main( )
{  ALGraph   G;                  //定义一个图变量
   int  i;
   CreateGraph(&G);              //调用函数创建图的邻接表
   for(i=0;i<g->n;i++)
     visited[i]= 0;              //初始化所有顶点为未访问状态
   for(i=1;i<=G.n;i++)
      if(visited[i]==0)          //只要还有顶点未访问，就从它开始新一轮广度优先遍历
         BFS(&G,i);
}
```

（2）基于邻接矩阵的图的广度优先遍历函数

```
//基于邻接矩阵的图的广度优先遍历函数
//邻接矩阵中行和列下标 0 均不使用，顶点的序号从 1 开始
void  BFS(MGraph  *g, int  v)  //从顶点 v 开始
{  int  j;
   SeqQueue  q;                  //q 为顺序队列类型变量
   InitQueue(&q);                //队列 q 初始化
   visit(v);                     //调用函数访问 v，功能通常是输出顶点信息
   visited[v]=1;                 //置访问标志为 1，表示此顶点已访问
   EnQueue(&q, v);                          //v 入队
   while (!QueueEmpty(&q))                  //当 q 非空时
      {  DeQueue(&q, &v);                   //当 q 非空时，v 出队
         for(j=1;j<=g->n;j++)               //在 v 对应行中搜索那些还未访问的顶点
            if(g->edges[v][j]==1 && !visited[j])       //下标从 1 开始，顶点序号从 1 开始
            {  visit(j);   visited[j]=1;               //访问 j 并修改访问标志
               EnQueue(&q, j);                         //j 入队
            }
      }
}
```

同样，一轮遍历之后，要查看 visited 数组中是否还有值为 0 的元素，若有，则从该元素对应的顶点开始新一轮广度优先遍历，直到该数组中的元素值全部为 1 为止。

有 n 个顶点的图的广度优先遍历对于图中每个顶点的操作也是入队、出队，以及设置访问标志，且每个顶点的操作也只会发生一次。遍历的过程实质上取决于所采用的存储结构。当采用邻接表时，找邻接顶点所需时间为 $O(e)$，因此，采用邻接表的广度优先遍历的时间复

杂度为 $O(n+e)$。当采用邻接矩阵时，找邻接顶点所需时间为 $O(n^2)$，其广度优先遍历的时间复杂度为 $O(n^2)$。

6.4 最小生成树

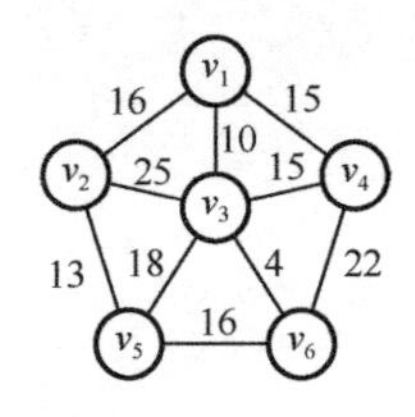

图 6-29 6 个村庄连通示意图

某电信公司，要为 6 个村庄架设通信网络，图 6-29 中顶点 v_1～v_6 表示村庄，连线和权值表示村庄之间的连通性和直线距离。若无连线，则表示无法连通。商业公司当然希望以最小的成本完成此项任务，从而获取最大利益。试给出一种最优的架设通信网络线路的方案。

分析可知，要保证 n 个村庄是连通的，至少需要有 n−1 条边，并且不能出现回路；要使成本最小，就必须使选择的 n−1 条边的权值之和最小。这恰好就构成了有 n 个顶点且成本最小的一棵树。

1. 连通图 G 的生成树

对于连通图 G，若 G 的一个连通子图 G' 含有 G 的 n 个顶点，且只有足以构成一棵树的 n−1 条边，则 G' 是 G 的生成树。

由于图的多对多的逻辑关系，可以得出结论，即一个连通图的生成树并不一定唯一。

2. 生成树的代价

一个无向连通网（带权图）的生成树上各边的权值之和称为该生成树的代价。

3. 最小生成树

一个无向连通网的所有生成树中代价最小的生成树就是最小生成树。同样可以得出结论，最小生成树也并不一定唯一。图 6-30（b）和图 6-30（c）是图 6-30（a）连通网 G 的两棵代价均为 12 的最小生成树。

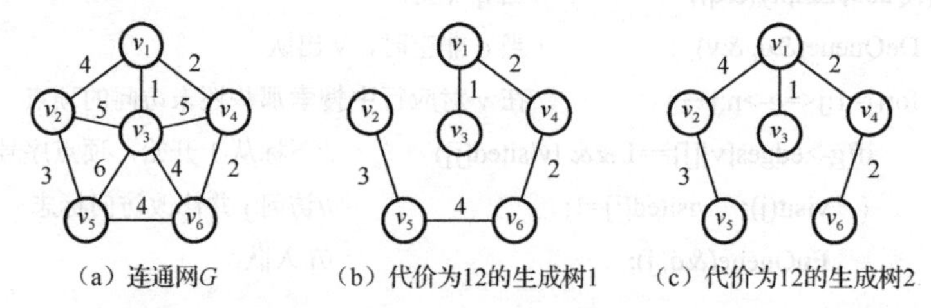

图 6-30 连通网 G 及它的代价相同的两棵最小生成树

构造无向连通网的最小生成树，其最终目标就是保留图中的 n 个顶点，再选择权值之和最小的 n−1 条边，并且不能出现回路。

构造最小生成树的算法不妨从以下两个角度进行考虑：

① 初始生成树为空树，不断向生成树中加入顶点，直到加够 n 个顶点为止，每加入一个顶点都要确保所关联的边是目前所有可能范围内权值最小且不会构成回路的。

② 初始生成树的边集为空集，不断向生成树中加入边，直到加够 n−1 条边为止，确保每加入一条边都要确保这条边是目前权值最小且不构成回路的。

常用的构造最小生成树的算法有 Prim 算法和 Kruskal 算法。

6.4.1 Prim 算法构造最小生成树

Prim（普里姆）算法构造最小生成树就是采取不断向生成树中加入顶点的方式，直到 n 个顶点全部加入生成树中为止。每步加入新顶点所关联的边都是目前最优的一种选择。

1. Prim 算法构造最小生成树的算法描述

设有无向连通网 $G=(V,E)$，$T=(U,\mathrm{TE})$是 G 的最小生成树，其中，U 是 T 的顶点集，TE 是 T 的边集。从顶点 v 出发构造 G 的最小生成树 T 的 Prim 算法步骤如下：

1）初始化：$U=\{v \mid v\in V$ 且 v 为起始顶点$\}$，TE=∅。

2）当 $U\neq V$ 时，转步骤 3)，否则转步骤 4)。

3）在所有 $u\in U$，$w\in V-U$ 的边中选出一条权值最小的边(u,w)，将所选择的边(u,w)并入边集 TE，同时将顶点 w 并入顶点集 U，转步骤 2）继续。

4）此时 $U=V$，算法结束，TE 就是最小生成树的边集。

2. Prim 算法实现的伪代码描述

在 Prim 算法中，如何体现是逐个加入顶点而不是逐条加入边呢？在算法实现的初始时，顶点集 U 中只有起始顶点 v。生成树的边集 TE 初始时并不是空集，而是预置了从顶点 v 出发到达其余各顶点的 $n-1$ 条边。若顶点 v 到某个顶点没有边，则该边对应的权值记为 MAX，表明目前不可到达。这 $n-1$ 条边并不一定是最终生成树中的边，但生成树中的边数不会再增加！

Prim 算法实现的伪代码描述如下：

```
//首先初始化
U={v}，TE={(v,vi,weight)|vi≠v,weight 为边(v,vi)的权值，不存在边时 weight 为 MAX};
while(U!=V)
{  在 TE 中找 weight 最小的边(u',v')，满足 u'∈U 且 v'∈V−U;//确保不会形成回路
   TE=TE+{(u',v') };   //将边(u',v')并入 TE
   U=U+{v'};           //将顶点 v'加入 U
   更新 v'到其余还未加入生成树的各个顶点的边和权值;
}
return   TE;
```

这里，当 $U!=V$ 时，在 TE 中，从所有满足 $u\in U$，$v\in V-U$ 的边中选取一条权值最小的边(u',v')，并将边(u',v')并入 TE，同时将顶点 v'并入 U。这里的并入就是加上一个标志，表明这条边已经是生成树中的边了，该顶点已经加入 U 了，以后将不再对它们进行更新。

将新顶点 v'加入 U 之后，对于那些还没有加入最小生成树的顶点 v_i 而言，如果边(v',v_i)的权值比当前 TE 中连接 v_i 的边(v,v_i)的权值还小，自然应该将(v,v_i)更新为(v',v_i)，从而确保现在的 $n-1$ 条边与上一步相比其权值之和更小且无回路，是目前的一种最优选择。重复这样的过

程，直到 $U=V$ 时，TE 就是最小生成树最终的边集。

3. Prim 算法构造最小生成树的算法实现

```
//用 Prim 算法构造基于邻接矩阵存储的无向连通图的最小生成树
void   Prim(MGraph   *G)
{  int    i,j,k,mincost;
   int    lowcost[MAXLEN+1];       //记录 TE 中连接各顶点的边上的权值
   int    closevertex[MAXLEN+1]; //记录 TE 中各顶点的邻接顶点
   for(i=1;i<=G->n; i++)           //顶点从 1 开始序号
   {  if(i==1)
          lowcost[i]=0;   //对数组 closevertex 和数组 lowcost 进行初始化
      else
          lowcost[i]=G->Edges[1][i];     //初始时，TE 中的边均为顶点 1 到 i 的边，下标从 0 开始
      closevertex[i]=1;                 //初始时，所有顶点的邻接顶点均为起始顶点 1
   }
   for(i=1;i<G->n;i++)  //共进行 n-1 轮，每轮添加一个顶点到 U 中，也就是选择一条边到 TE 中
   {  mincost=MAXCOST;   k=1;        //MAXCOST 为不可能的最大权值，相当于无穷大
      for(j=2;j<=G->n; j++)             //在 TE 中找顶点不在 U 中且所关联的边权值最小的边
        if(lowcost[j]!=0 && lowcost[j]<mincost)
        {  mincost=lowcost[j];
           k=j;
        }  //变量 k 记录了权值最小的边的位置
      if(mincost==MAXCOST)
      {  printf("图不连通，无生成树！");
         return ;
      }
      //输出该边：起点，终点，权值
      printf("(%d,%d,%d)\n",closevertex[k],k,lowcost[k]);
      lowcost[k]=0;                 //一旦顶点 k 加入 U，则将 lowcost[k]置为 0
      for(j=1;j<=G->n; j++)         //通过顶点 k 对其余还没加入 U 的顶点 j 在 TE 中的边进行更新
      {  if(lowcost[j]!=0&& G->Edges[k][j]<lowcost[j])
           {  closevertex[j]=k;
              lowcost[j]=G->Edges[k][j];
           }
      }
   }
}
```

【例 6-3】　如图 6-31（a）所示的连通网 G，其邻接矩阵如图 6-31（b）所示。试用 Prim 算法构造其最小生成树。顶点 v_1～v_6 与行/列下标 0～5 一一对应。

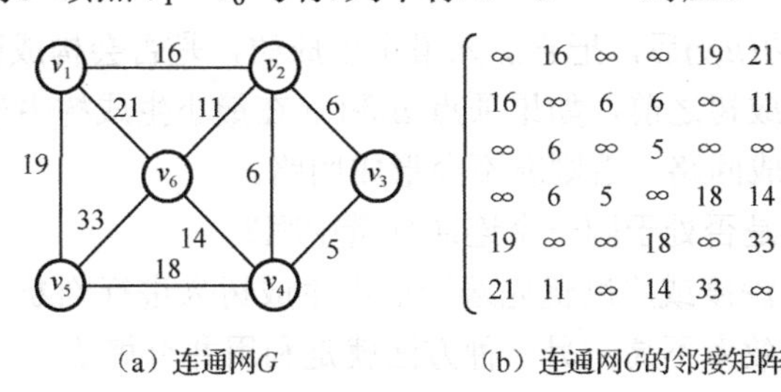

（a）连通网G　　（b）连通网G的邻接矩阵

图 6-31　连通网 G 及其邻接矩阵

用 Prim 算法构造最小生成树的过程如图 6-32 所示。6 个顶点共进行 5 趟。每趟都在所有 lowcost 值不为 0 的顶点中（值不为 0 表明对应的顶点还未加入最小生成树）选择一个顶点 v，满足 lowcost[v]最小。将顶点 v 并入 U，将边(closevertex[v],v)并入 TE。修改 lowcost[v]为 0（图 6-32 中用圈表示该趟被选中的最小权值及邻接顶点），表示该顶点已经加入生成树。然后通过新加入的顶点 v 对其余还未加入生成树的顶点的 lowcost 值进行检查更新。直到 n 个顶点均加入 U 为止。

趟数	顶点v	v_1	v_2	v_3	v_4	v_5	v_6	U	$V-U$	TE
1	lowcost closevertex	0 1	(16 1)	∞ 1	∞ 1	19 1	21 1	v_1	v_2,v_3,v_4,v_5,v_6	
2	lowcost closevertex			(6 2)	6 2	19 1	11 2	v_1,v_2	v_3,v_4,v_5,v_6	(v_1,v_2)
3	lowcost closevertex				(5 3)	19 1	11 2	v_1,v_2,v_3	v_4,v_5,v_6	$(v_1,v_2),(v_2,v_3)$
4	lowcost closevertex					18 4	(11 2)	v_1,v_2,v_3,v_4	v_5,v_6	$(v_1,v_2),(v_2,v_3),(v_3,v_4)$
5	lowcost closevertex					(18 4)		v_1,v_2,v_3,v_4,v_6	v_5	$(v_1,v_2),(v_2,v_3),(v_3,v_4),(v_2,v_6)$
结果	此时6个顶点均已加入U中，生成树T已经形成							v_1,v_2,v_3,v_4,v_6,v_5		$(v_1,v_2),(v_2,v_3),(v_3,v_4),(v_2,v_6),(v_4,v_5)$

图 6-32　用 Prim 算法构造最小生成树的过程

在图 6-32 中，某顶点一旦加入 U，在后面行中该列对应的元素就不应再重复进行标记，故为空白。

由于 Prim 算法中有两重循环，因此对于顶点数为 n 的网，整个算法的时间复杂度是 $O(n^2)$。

6.4.2　Kruskal 算法构造最小生成树

Kruskal（克鲁斯卡尔）算法构造最小生成树采用的是向最小生成树中不断加入边的方式。最小生成树边集 TE 初始时为空集，直到 TE 中加够 $n-1$ 条边为止。每次从图中选择一条权值最小的边，只有确保加入该边后在最小生成树中不会形成回路后，才会将该边加入最小生成树，否则放弃该边，继续考察下一条边。

1. Kruskal 算法实现中需解决的两个问题

① 选择权值最小的边(u,v)后，把它加入最小生成树，是否会构成回路？

在边(u,v)加入最小生成树之前，如果顶点 u 和 v 在最小生成树中处于同一连通分量中，则加入边(u,v)后自然会形成回路，否则就不会形成回路。

如何判断顶点 u 和 v 是否处于同一个连通分量中呢？

一种解决方法是利用深度或广度优先遍历最小生成树来进行判断，但每加入一条边都要对生成树遍历一次，时间效率不高。另一种方法就是利用并查集法。

一个连通分量可看成由该连通分量中所有顶点组成的集合。因此，用若干不相交的顶点集来表示一个图的各个连通分量。每个连通分量用其中的一个顶点作为这个连通分量的代表元。这里引入归属数组 vest[n]，其中，vest[i]的值就是顶点 v_i 所在的连通分量的代表元。同一连通分量中的所有顶点拥有相同的代表元。对于边(v_i,v_j)，如果 vest[i]≠vest[j]，则表示顶点 v_i 和 v_j 不在同一个连通分量中。

② 如果顶点 u 和 v 目前并不在同一连通分量中，将边(u,v)加入最小生成树后，自然就应该把顶点 u 所在的连通分量与顶点 v 所在的连通分量进行合并，那么如何将顶点 u 所在的连通分量与顶点 v 所在的连通分量合并成一个连通分量呢？

采用并查集法，只要将一个顶点所在的连通分量中所有顶点的代表元全部修改为另一个顶点的代表元即可。

图 6-33（a）中有两个连通分量，顶点 v_1 所在的连通分量的代表元为 1，v_3 所在的连通分量的代表元为 3。当考察边(v_1,v_3)时，因为 v_1 和 v_3 的代表元不同，故添加边(v_1,v_3)并不会形成回路，添加边(v_1,v_3)到最小生成树中，如图 6-33（b）所示。然后将 v_3 所在的连通分量中的顶点 v_3、v_4 和 v_6 的代表元均修改为 1，确保 v_1 和 v_3 处于同一连通分量中。

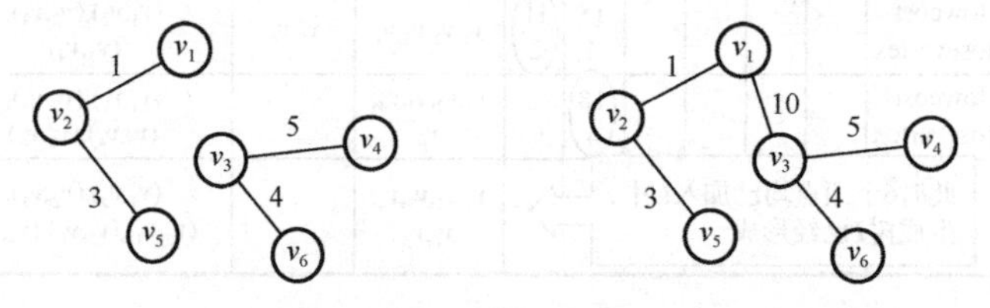

（a）边（v_1,v_3）加入前生成树的状态　　（b）边（v_1,v_3）加入后生成树的状态

图 6-33　并查集法用于 Kruskal 算法

2. Kruskal 算法思想

Kruskal 算法构造最小生成树的基本思想：按照连通网中边的权值递增的顺序考察每条边，直到选择了 n−1 条边为止。

有连通网 G=(V,E)，初始时令最小生成树的状态为只有 n 个顶点而无任何边，即图中每个顶点自成一个连通分量。

在 G 的边集 E 中选择权值最小的边，且该边的两个顶点分别处于生成树 T 的不同的连通分量中，则将此边加入 T；否则，舍去此边而选择下一条权值最小的边进行考察。其余类推，直到 T 中所有顶点都处于同一个连通分量中为止，这时的 T 就是一棵最小生成树。

3．Kruskal 算法的有关类型定义及算法实现

（1）Kruskal 算法中边集的类型定义

```
#define   MAX   100          //最大边数
typedef   struct
{   int   fromvex,endvex;    //起点和终点
    int   weight;            //权值
} Edge,Edgeset[MAX+1];       //边类型和边集类型，下标从 1 开始
Edgeset   GE;                //边集变量 GE
```

（2）Kruskal 算法的步骤

① 初始化：将连通网 G 的所有边按权值升序排列形成边集 GE，并初始化数组 vest：vest[i]=i，i=1,2,⋯,n，同时设置最小生成树边集 TE 为空集，最小生成树中的边数为 0。

② 若 TE 中的边数小于 n−1，则转步骤③，否则表示 TE 已经形成，输出 TE 中的边，算法结束。

③ 依次从 GE 中选择下一条边(v_i,v_j)。

④ 若 vest[i]=vest[j]，则转步骤③，否则转步骤⑤。

⑤ 将刚考察的边(v_i,v_j)加入 TE 中，同时 TE 中的边数加 1，并且将 vest 数组中所有值为 vest[j]的元素值全部修改为 vest[i]的值，转步骤②继续。

（3）Kruskal 算法的实现

```
//基于邻接矩阵存储的网，按各边的权值升序生成边集 GE
#define   MAXCOST   1000        //不可能的最大权值，相当于无穷大
void   CreateGE(MGraph   *G,Edgeset   GE)
{   int   i,j;
    Edge   temp;
    int   k=1;                  //边的计数从 1 开始，下标也从 1 开始
    for(i=1;i<=G->n;i++)        //从邻接矩阵中获取 GE 的值
      for(j=1;j<i;j++)
         if(G->edges[i][j]!=MAXCOST)
         {   GE[k].weight=G->edges[i][j];
             GE[k].fromvex=i;
             GE[k].endvex=j;
             k++;
         }
      for(i=1;i<=G->e;i++)      //对 GE 进行冒泡法排序（升序）
      for(j=1;j<=G->e-i;j++)
         if(GE[j].weight>GE[j+1].weight)
         {   temp=GE[j];   GE[j]=GE[j+1];   GE[j+1]=temp;   }
```

```
}
//构造 G 的最小生成树，GE 为所有边按权值升序排列的边集，TE 为最小生成树的边集
void   Kruskal(MGraph   G, Edgeset   GE, Edgeset   TE)   //GE 和 TE 的下标从 1 开始
{   int   vest[MAXLEN], i, j, k, d, m1, m2;
    for(i=1;i<=G.n;i++)          //初始时，各顶点自成连通分量
        vest[i]=i;
    //正在考察 GE 中第 d 条边是否可以成为最小生成树的第 k 条边
    for(d=1,k=1;k<G.n&&d<=G.e; d++)
    {   m1=vest[GE[d].fromvex];
        m2=vest[GE[d].endvex];      //获取两个顶点的代表元
        if(m1!=m2)                  //代表元不同，说明不在同一个连通分量中
        {   TE[k]=GE[d];   k++;     //该边加入生成树，TE 中的边数加 1
            for(j=1;j<=G.n;j++)     //通过修改代表元将两个连通分量合并为一个
            {   if(vest[j]==m2)
                    vest[j]=m1;
            }
        }
    }
}
```

【例 6-4】 有如图 6-34（a）所示的连通网 G，试用 Kruskal 算法构造其最小生成树。

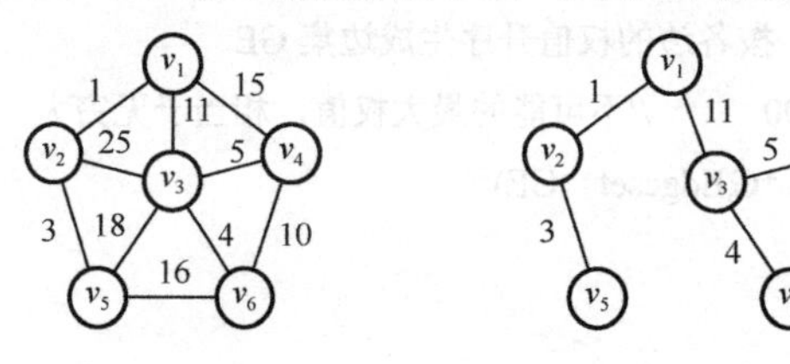

图 6-34　连通网 G 及其最小生成树

首先对连通网 G 的所有边按权值大小进行升序排列，形成边集 GE：

GE={(1,2,1), (2,5,3), (3,6,4), (3,4,5), (4,6,10), (1,3,11), (1,4,15), (5,6,16), (3,5,18), (2,3,25)}

将图中每个顶点都看成独立的一个连通分量，初始化数组 vest：vest[i]=i（i=1,2,⋯,n），最小生成树边集 TE 初始化为空集，TE 中的边数为 0。

然后按照 Kruskal 算法思想依次考察 GE 中的每条边，直到 TE 中有 5 条边为止。构成的最小生成树如图 6-34（b）所示。

Kruskal 算法就是选够 $n-1$ 条边，因此，最多时考察的边数就是图的边数 e，故时间复杂度为 $O(e)$，与图中顶点数无关，故适合构造边数少的稀疏图的最小生成树。

6.5 最短路径

在图的所有应用中，确定两点之间的最短路径十分常见。在有向网中，把两个顶点之间的一条简单路径上所经过的顶点的序列称为路径，把所经过的边上的权值之和称为该路径的长度，把路径长度最短的那条路径称为最短路径。寻求最短路径体现了一种做事应追求效率、尽量不走或少走弯路的优化思想。

两种最常见的最短路径问题：

① 确定从图中某个源点出发到图中其余各顶点的最短路径。

② 确定图中每对顶点之间的最短路径。

6.5.1 单源最短路径——Dijkstra 算法

单源最短路径问题描述：给定一个有向网 $G=(V,E)$，从 G 的某个顶点 v 出发，找出从顶点 v 到其余各顶点的最短路径。

Dijkstra（迪杰斯特拉）算法根据长度递增的顺序生成从源点 v 到其他顶点的最短路径，在当前顶点正在生成的最短路径上，除终点外，该路径上其余顶点的最短路径全部已经生成。

1. Dijkstra 算法思想

1）设有向网 $G=(V,E)$，把网中顶点集合 V 分成两组。

集合 S：包含 G 中所有已经确定了最短路径的顶点，初始化 $S=\{v|v$ 为源点$\}$。

集合 U：包含目前 G 中所有还未确定最短路径的顶点，即 $U=V-S$，初始时，U 中包含除源点 v 外的所有顶点，即 $U=V-S$。

2）按照各顶点与源点 v 之间最短路径长度递增的顺序，逐个把集合 U 中的顶点加入集合 S，使得从源点 v 到集合 S 中各顶点的路径长度始终不大于源点 v 到集合 U 中各顶点的路径长度。特别要注意的是，每加入一个新的顶点 u 到集合 S 中后，都必须检查并更新源点 v 到集合 U 中其余顶点的最短路径长度。

这里，检查并更新路径策略是算法的核心：集合 U 中某个顶点 v 的当前路径长度如果大于顶点 u 的最短路径长度值与弧长(u,v)之和，则立即更新顶点 v 的路径长度为顶点 u 的最短路径长度值与弧长(u,v)之和，并记录顶点 v 的路径信息为经过顶点 u 到顶点 v，否则顶点 v 的路径不更新。

3）当集合 U 中的所有顶点加入集合 S 后，算法结束。

2. Dijkstra 算法的步骤

1）初始化：$S=\{v_1|v_1$ 为源点$\}$，$U=\{v_i|v_i\in V;\ i=2,3,\cdots,n;\ v_i\neq v_1\}$。

对三个一维数组进行初始化：

dist 数组用于记录各顶点之间的最短路径长度，初始时：dist[i]=G->Edges[1][i]。

path 数组用于记录各顶点之间最短路径经过的顶点信息，初始时：

$$\text{path}[i]=\begin{cases}1, & \text{当}G->\text{Edges}[1][i]<\infty\text{时}\\ -1, & \text{当从顶点}v_1\text{到顶点}v_i\text{没有边时}\end{cases}$$

s数组用于记录各顶点是否已经确定了最短路径的标志信息：

$$s[i]=\begin{cases}0，当从源点v_1到顶点v_i未确定最短路径时\\1，当从源点v_1到顶点v_i已经确定了最短路径时\end{cases}$$

初始时：所有s[*i*]均为0，表明从源点v_1到所有顶点均未确定最短路径。

2）在集合*U*中（s[*u*]=0）选取一个顶点*u*，且dist[*u*]的值最小，把顶点*u*加入集合*S*。同时，置s[*u*]为1，表明从源点v_1到顶点*u*已经确定了最短路径。

3）以刚加入集合*S*的顶点*u*为中间点，检查并更新所有s[*i*]=0的顶点v_i（就是集合*U*中的顶点）的路径长度及路径：若dist[*u*]+Edges[*u*][*i*]<dist[*i*]成立，则更新为dist[*i*]=dist[*u*]+Edges[*u*][*i*]，并令path[*i*]=*u*；否则不更新。如图6-35所示。

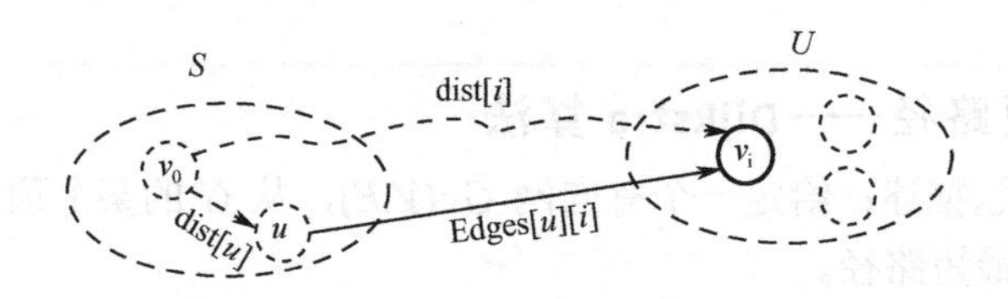

图6-35　通过顶点*u*更新顶点*i*的路径长度

4）重复步骤2）和步骤3），直到所有顶点都包含在集合*S*中。

5）输出各顶点之间的最短路径长度及路径信息。

3. Dijkstra算法实现

```
//构造有向网的以v为源点到其余顶点的最短路径
void  Dijkstra(MGraph  g，int  v)                 //v为源点，g采用邻接矩阵存储
{  int  dist[MAXLEN+1],path[MAXLEN+1];            //记录最短路径长度及路径信息
   int  s[MAXLEN+1];                              //记录是否确定了最短路径的标志信息
   int  i,j,min,w;
   for (i=1;i<=g.n; i++)                          //初始化
   {  dist[i]=g.edges[v][i];                      //标志初始化为0，表明都没有确定最短路径
      if(i==v)  s[i]=1  else  s[i]=0;             //源点v不再考虑
      path[i]=-1;                                 //源点v到i没边时
      if(dist[i]<MAXCOST)                         //路径初始化
          path[i]=v;                              //源点v到i有边时
   }
   //循环共执行n-1次
   //每次都在所有未确定最短路径的源点v的dist[v]中找一个最小值及顶点w
   //这个w就是本次确定的找到最短路径的顶点
   for(k=1;k<g->n;k++)
   {  min=MAXCOST;  //选择法，找最短路径的顶点w及最短路径值min
      w=0;
```

```
        for(j=1;j<=g->n;j++)
          if(s[j]==0 && dist[j]<min)
          {  min=dist[j];
             w=j;
          }
        printf("w=%d,min=%d\n",w,min);
        s[w]=1;         //修改顶点 w 的标志，说明它已被确定了最短路径
        //以下根据 dist[w]及 dist[i]修正其余顶点 i 的最短路径长度，同时修正数组 path
        for(i=1;i<=g->n;i++)
           if(s[i]==0&& w!=0 &&(min+g->edges[w][i])<dist[i])
              {  dist[i]=min+g->edges[w][i];
                 path[i]=w;//根据顶点 w 修改了 dist[i]后，要将顶点 w 的路径信息复制到顶点 i 的路径上
              }
        }
        //以下输出单源最短路径长度及路径信息
        printf("\n");
        Dispath(dist,path,g->n,v);
}
//以下输出单源最短路径长度及路径信息
void Dispath(int dist[],int path[],int n, int v)
{  int  i,j;
   for(i=1;i<=n;i++)
   {  if(i!=v)                                          //源点 v 不再考虑
        if(dist[i]==MAXCOST)
             printf("%d----->%d 无最短路径！ \n",v,i);
        else
        {  printf("%d---->%d:   %d\n",v,i,dist[i]);     //输出到顶点 i 的最短路径长度 d[i]
           printf("path:   ");                          //这里输出的是路径的逆路径
           j=i;
           while(path[j]!=v)          //通过数组 path 还原到顶点 i 的最短路径信息
           {  printf("%3d",path[j]);  //顶点 j 的前一步路径必经过 path[j]这个顶点
              j=path[j];              //继续向前递推，直到遇到源点 v 为止
           }
           printf("%3d\n",path[j]);
        }
   }
}
```

程序输出的最短路径经过的顶点信息并没有按经过的顺序输出，只是说明经过了这些顶

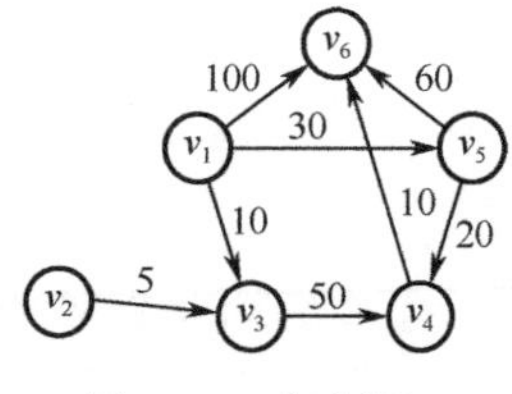

图 6-36　有向网 G

点。由于 Dijkstra 算法中存在循环次数为 n 的两重 for 循环，故 Dijkstra 算法的时间复杂度为 $O(n^2)$。

【例 6-5】 利用 Dijkstra 算法求如图 6-36 所示的有向网中从顶点 v_1 到其余各顶点的最短路径。

1）初始状态见表 6-1。

表 6-1　初始状态

	v_2	v_3	v_4	v_5	v_6	S 集合	U 集合
S[]	0	0	0	0	0	v_1	v_2,v_3,v_4,v_5,v_6
第 1 轮 dist[] path[]	 MAX −1	 10 1	 MAX −1	 30 1	 100 1	v_1	v_2,v_3,v_4,v_5,v_6
第 2 轮 dist[] path[]							
第 3 轮 dist[] path[]							
第 4 轮 dist[] path[]							
第 5 轮 dist[] path[]							

2）从第 1 轮中找到路径长度最短的路径是 $v_1 \to v_3$，长度为 10，将 v_3 从集合 U 移入集合 S，利用 v_3 的最短路径对到达其余顶点的路径进行更新，发现只有到达 v_4 的路径需要更新，路径更新为 $v_1 \to v_3 \to v_4$，长度为 60。

在第 2 轮中找到路径长度最短的路径是 $v_1 \to v_5$，长度为 30，将 v_5 从集合 U 移入集合 S，利用 v_5 的最短路径对到达其余还未确定最短路径的顶点的路径进行更新，发现到达 v_4 和 v_6 的路径需要更新，v_4 的路径更新为 $v_1 \to v_5 \to v_4$，长度为 50，v_6 的路径更新为 $v_1 \to v_5 \to v_6$，长度为 90。

在第 3 轮中找到路径长度最短的路径是 $v_1 \to v_4$，长度为 50，将 v_4 从集合 U 移入集合 S，利用 v_4 的最短路径对到达其余还未确定最短路径的顶点的路径进行更新，发现只有到达 v_6 的路径需要更新，路径更新为 $v_1 \to v_5 \to v_4 \to v_6$，长度为 60。

在第 4 轮中找到路径长度最短的路径是 $v_1 \to v_6$，长度为 60，将 v_6 从集合 U 移入集合 S，利用 v_6 的最短路径对到达其余还未确定最短路径的顶点的路径进行更新，发现没有发生任何更新。

第 5 轮只剩下顶点 v_2，而它的路径长度仍为 MAX，path 值为−1，说明从 v_1 到 v_2 无路径可达，将 v_2 从集合 U 移入集合 S，算法结束。算法结果见表 6-2。

在上述结果中，以顶点 v_6 为例，从 v_1 到 v_6 的最短路径长度为 60，经过的顶点有：到达 v_6 经过的顶点是 v_4，而到达 v_4 前经过的顶点是 v_5，而到达 v_5 经过的顶点是 v_1。因此，从 v_1 到 v_6 的最短路径顶点信息为 $v_1 \to v_5 \to v_4 \to v_6$。

表6-2 算法结果

	v_2	v_3	v_4	v_5	v_6	S集合	U集合
S[]	0	1	1	1	1	v_1	v_2,v_3,v_4,v_5,v_6
第1轮 dist[] path[]	MAX −1	(10 1)	MAX −1	30 1	100 1	v_1,v_3	v_2,v_4,v_5,v_6
第2轮 dist[] path[]	MAX −1		60 3	(30 1)	100 1	v_1,v_3,v_5	v_2,v_4,v_6
第3轮 dist[] path[]	MAX −1		(50 5)		90 4	v_1,v_3,v_5,v_4	v_2,v_6
第4轮 dist[] path[]	MAX −1				(60 4)	v_1,v_3,v_5,v_4,v_6	v_2
第5轮 dist[] path[]	(MAX −1)					v_1,v_3,v_5,v_4,v_6,v_2	

6.5.2 任意两个顶点之间的最短路径——Floyd算法

Dijkstra算法主要用于解决单源最短路径问题。如果我们要确定的是图中任意两个顶点之间的最短路径，该如何处理呢？解决方案有两个。

方案1：分别以图中的每个顶点为源点调用n次Dijkstra算法，从而确定出图中任意两个顶点之间的最短路径。Dijkstra算法时间复杂度为$O(n^2)$，该方案的时间复杂度为$O(n^3)$。

方案2：用一个经典的动态规划算法——Floyd（弗洛伊德）算法，该算法的目标就是寻找从顶点v_i到v_j的最短路径。

1. Floyd算法思想

两个顶点之间的最短路径可能恰好就是连接它们的那个弧，或者是需要经过另外某个顶点而达到最短路径长度，或者需要经过若干个顶点达到最短路径长度。不论是哪种情形，可以描述如下：

设$D(i,j)$表示从顶点v_i到v_j的最短路径长度，则：

$$D(i,j)=\begin{cases}\min(D(i,k)+D(k,j));\ v_k\in V\text{且与}v_i,v_j\text{均不相等，使}D(i,k)+D(k,j)<D(i,j)\text{成立}\\ G\to \text{Edges}[i][j]\text{，当不存在满足上述条件的}v_k\text{时}\end{cases}$$

按照上述思想，对于每一对顶点v_i和v_j，当我们遍历完图中所有顶点v_k后，$D(i,j)$中记录的便是从顶点v_i到v_j的最短路径长度。

2. Floyd算法步骤

Floyd算法实现引入了两个矩阵（注意，下标0不使用）。

D 矩阵：D[*i*][*j*]记录从顶点 v_i 到 v_j 的最短路径长度。初始时，D[*i*][*j*]=g.edges[*i*][*j*]。

path 矩阵：path[*i*][*j*]记录从顶点 v_i 到 v_j 的最短路径上经过的顶点。初始时全部为 0，表明从顶点 v_i 到 v_j 的最短路径目前没有经过其他任何顶点。

1）依次测试每个顶点 v_k，对于每一对顶点 v_i 和 v_j，当 D[*i*][*k*]+D[*k*][*j*]<D[*i*][*j*]，则令 D[*i*][*j*]=D[*i*][*k*]+D[*k*][*j*]，同时令 path[*i*][*j*]=*k*。

2）图中所有顶点 v_k 都测试一遍后，D[*i*][*j*]就是从顶点 v_i 到达 v_j 的最短路径长度，而 path 数组中则包含了最短路径经过的顶点信息。

3）输出各对顶点之间的最短路径长度及路径信息。

这里有一个问题，如何通过 **path** 矩阵还原出从顶点 v_i 到 v_j 的路径信息？

当算法结束时，如果 path[*i*][*j*]=0，则表示边(v_i,v_j)就是最短路径，不需要经过别的顶点；否则，令 *k*=path[*i*][*j*]，则 *k* 就是从顶点 v_i 到 v_j 的最短路径最后确定要经过的一个顶点。接下来对 path[*i*][*k*]和 path[*k*][*j*]以同样的方法进行路径还原，直到遇到顶点 v_i 或 v_j 为止。

3. Floyd 算法实现函数

```
//用 Floyd 算法确定图中任意两个顶点之间的最短路径长度及路径信息
int  D[MAXVEX][MAXVEX],path[MAXVEX][MAXVEX] ;
void  Floyd(Graph  *g)   //图采用邻接矩阵存储，下标 0 不使用
{  int   i,j,k,next,t,s;
   for(i=1;i<=g->n;i++)
     for(j=1;j<=g->n;j++)
     {  D[i][j]=g->Edges[i][j];                 //初始化路径长度矩阵
        path[i][j]=0;                           //初始化各路径信息矩阵,下标 0 不使用
     }
   for(k=1;k<=g->n;k++)
     for(i=1;i<=g->n;i++)
        for(j=1;j<=g->n;j++)                    //若 D[i][k]+D[k][j]<D[i][j]
           if(D[i][k]+D[k][j]<D[i][j])
           {  D[i][j]=D[i][k]+D[k][j];  //更新 D[i][j]
              path[i][j]=k;                    //更新路径信息为 k
           }
   disppath(path,D,g->n);
}
void  disppath(int  path[][MAXVEX],int  D[][MAXVEX],int  n)
{  int  i,j,t,s,next;
   for(i=1;i<=n;i++)
     for(j=1;j<=n;j++)
     {  t=i;  s=j;
        if(D[t][s]==MAX)
```

```
            {   printf("%d-->%d 不可达\n",t,s);    continue;    }
            printf("\n%d -->%d 的路径长度为：%d",t,s,D[t][s]);
            printf("路径经过顶点序列为:");    next=path[t][s];
            printf("%3d",t);
            do
            {   if(next!=0)
                {   printf("%3d",next);
                    if(path[next][s]==0)
                        if(path[t][next]!=0)
                        {   s=next;    next=path[i][next];   }
                        else   break;
                    else{   next=path[next][j];      t=next;   }
                }
                else     break;
            }while(next!=j&&next!=i);
            printf("%3d\n",j);
        }
    }
```

用 Floyd 算法确定图中任意两个顶点之间最短路径，其时间复杂度为 $O(n^3)$，这与用 Dijkstra 算法确定图中任意两个顶点之间最短路径的时间复杂度是一样的。但 Floyd 算法形式上更为简单。

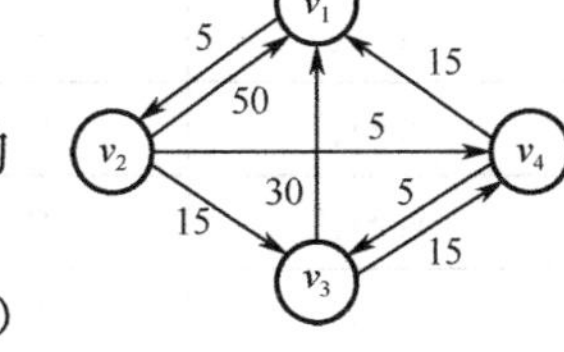

图 6-37　有向网 G

【例 6-6】 用 Floyd 算法求图 6-37 所示有向网的任意两个顶点的最短路径。

1）初始化矩阵 $\boldsymbol{D}$ 如图 6-38（a）所示，初始化矩阵 **path** 如图 6-38（b）所示。

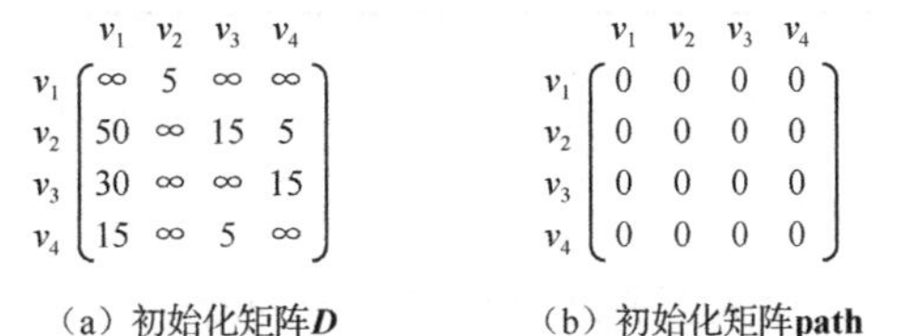

图 6-38　矩阵 $\boldsymbol{D}$ 和矩阵 **path** 初值

2）按照 Floyd 算法实现过程，最终的矩阵 $\boldsymbol{D}$ 和矩阵 **path** 如图 6-39 所示。

以从顶点 v_1 到 v_3 为例，如何获取两个顶点之间的路径长度和所经过的顶点信息呢？从图 6-39（a）的矩阵 $\boldsymbol{D}$ 可知，$v_1 \rightarrow v_3$ 的最短路径长度为 15。而经过的顶点序列则要看图 6-39（b）的矩阵 **path**，首先，path[1][3]为 4，说明从顶点 v_1 到 v_3 的最短路径经过了顶点 v_4；查看 path[4][3]，其值为 0，说明从顶点 v_4 到 v_3 没有经过别的顶点；查看 path[1][4]，其值为 2，说明从顶点 v_1 到 v_4 的最短路径经过了顶点 v_2；查看 path[1][2]，其值为 0，说明从顶点 v_1 到 v_2 没有经过别的顶点；查看 path[2][4]，其值为 0，说明从顶点 v_2 到 v_4 没有经过别的顶点。因此得出结论，$v_1 \to v_3$ 的最短路径经过的顶点有：v_1,v_2,v_4,v_3。其他任意两个顶点之间的最短路径经过的顶点信息以相同的方法进行还原。

$$\begin{array}{c} \\ v_1 \\ v_2 \\ v_3 \\ v_4 \end{array}\begin{array}{c} \begin{array}{cccc} v_1 & v_2 & v_3 & v_4 \end{array} \\ \begin{pmatrix} \infty & 5 & 15 & 10 \\ 20 & \infty & 10 & 5 \\ 30 & 35 & \infty & 15 \\ 15 & 20 & 5 & \infty \end{pmatrix} \end{array} \qquad \begin{array}{c} \\ v_1 \\ v_2 \\ v_3 \\ v_4 \end{array}\begin{array}{c} \begin{array}{cccc} v_1 & v_2 & v_3 & v_4 \end{array} \\ \begin{pmatrix} 0 & 0 & 4 & 2 \\ 4 & 0 & 4 & 0 \\ 0 & 1 & 0 & 0 \\ 0 & 1 & 0 & 0 \end{pmatrix} \end{array}$$

（a）最终的矩阵 ***D*** （b）最终的矩阵 **path**

图 6-39 最终的矩阵 ***D*** 和矩阵 **path**

任意两个顶点之间最短路径长度以及路径信息如表 6-3 所示。

表 6-3 任意两个顶点之间的最短路径长度及路径信息

	长 度	顶 点 1	顶 点 2	顶 点 3	顶 点 4
$v_1 \to v_2$	5	v_1	v_2		
$v_1 \to v_3$	15	v_1	v_2	v_4	v_3
$v_1 \to v_4$	10	v_1	v_2	v_4	
$v_2 \to v_1$	20	v_2	v_4	v_1	
$v_2 \to v_3$	10	v_2	v_4	v_3	
$v_2 \to v_4$	5	v_2	v_4		
$v_3 \to v_1$	30	v_3	v_1		
$v_3 \to v_2$	35	v_3	v_1	v_2	
$v_3 \to v_4$	15	v_3	v_4		
$v_4 \to v_1$	15	v_4	v_1		
$v_4 \to v_2$	20	v_4	v_1	v_2	
$v_4 \to v_3$	5	v_4	v_3		

6.6 拓扑序列

在实际的工程建设中，一个大工程通常会被划分为若干小的子工程，称这些子工程为活动。在这些活动的实施过程中，它们之间往往存在一定的相互制约关系，有些活动必须在另外一些活动完成之后才能进行，即一些活动的实施必须以另一些活动的完成为前提。通常，活动之间有如下两种关系：

① 先后关系：必须完成一个子工程后才能开始实施另一个子工程。

② 无序关系：两个子工程之间无先后顺序关系，可同时开工。

用顶点表示活动，用弧表示活动间的优先关系，从而构成一个有向图，称之为顶点活动网（Activity On Vertex Network，AOV 网）。

在 AOV 网中，若顶点 v_i 和 v_j 之间存在一条有向路径，则称 v_i 为 v_j 的前驱，v_j 为 v_i 的后继。若存在一条弧 $<v_i,v_j>$，则 v_i 为 v_j 的直接前驱，v_j 为 v_i 的直接后继。对一个工程来说，在其 AOV

网中是不应该出现回路的，若存在回路则表明一个活动成为自己的前驱，这样的工程一定无法顺利进行。因此，在大工程开工初期，应该对工程中的各个活动进行分析并构造 AOV 网，并判断 AOV 网中是否有回路存在，这是工程能否顺利进行的关键之一。判断 AOV 网中是否有回路存在，办法就是构造其顶点的拓扑序列（Topological Sort）。

6.6.1 拓扑序列的概念

在有向图 $G=(V,E)$中，若存在包含 V 中所有顶点的一个顶点序列，且该序列满足下列条件：

① 对序列中任意两个顶点 v_i 和 v_j，若在图中有一条从 v_i 到 v_j 的路径，则在该顶点序列中 v_i 一定排在 v_j 的前面。

② 若在图中顶点 v_i 到 v_j 之间无路径相连，则在该序列中 v_i 和 v_j 的前后顺序可以任意放置。

满足上述条件的顶点序列就是图 G 的一个拓扑序列。

例如，软件专业必须学习一系列课程，而有些课程是基础课，可以直接学习，而有些课程必须在另外一些课程学习之后才能开始。软件专业开设的课程及课程之间的先修关系见表 6-4。

表 6-4 软件专业开设的课程及其先修关系

课程编号	课程名称	先修课程编号
C1	高等数学	无
C2	程序设计基础	无
C3	离散数学	C1,C2
C4	数据结构	C2,C3
C5	汇编语言	C2
C6	编译原理	C4,C5
C7	操作系统原理	C4,C9
C8	普通物理	C1
C9	计算机原理	C8

以课程为顶点，以课程之间的先修关系为弧，按照表 6-4 构造的 AOV 网如图 6-40 所示。

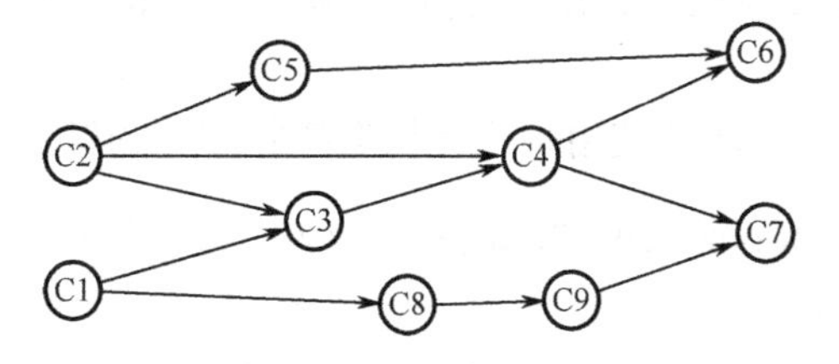

图 6-40 软件专业开设课程及先修顺序 AOV 网

根据拓扑序列的定义，可以确定图 6-40 所示 AOV 网的一个拓扑序列为：C1,C2,C3,C4,C5,C8,C9,C7,C6。由于选择顶点顺序不同，该图还可以有如下的拓扑序列：C1,C8,C9,C2,C3,C4,C5,C7,C6。因此，一个 AOV 网的拓扑序列并不一定是唯一的。

6.6.2 拓扑序列的构造

1. AOV网拓扑序列的构造

构造AOV网拓扑序列的过程描述如下：

① 在AOV网中选择一个无前驱的顶点（入度为0的顶点）且输出该顶点。

② 从AOV网中删除该顶点，以及所有以它为弧尾的弧。

③ 重复步骤①和步骤②，直到图中再也没有入度为0的顶点为止。此时，如果输出的顶点数少于图的顶点总数，则说明原AOV网中有环路出现，否则输出的就是一个拓扑序列。

2. 构造AOV网拓扑序列的算法实现

为了实现拓扑序列构造算法，对AOV网采用邻接表存储结构，但是需要在邻接表的表头结点中增加一个记录该顶点的入度域，修改后的表头结点结构为：

```
typedef   struct
{   int   id;                       //顶点入度域
    int   vertex;                   //顶点域
    EdgeNode   *firstedge;          //指向邻接表第一个邻接顶点的指针域
} VertexNode;                       //结点类型
```

按照上述算法描述，当删除一个顶点及其所关联的弧后，可能会导致图中出现多个入度为0的顶点，这些入度为0的顶点的输出顺序如果采用先出现的顶点后输出的策略，则在算法中可以设置一个栈，用于存储图中入度为0的顶点。

拓扑序列的算法实现步骤如下：

① 将入度为0（没有前驱）的顶点入栈。

② 若栈非空，则将栈顶元素出栈，输出该顶点，删去该顶点关联的所有弧，同时将与该弧关联的另一个顶点的入度减1。

③ 将随时出现的新的入度为0的顶点入栈。

④ 重复步骤②和步骤③直到栈空为止。此时或者已经输出了AOV网的全部顶点，表明已经输出了一个拓扑序列，或者在剩余图中再也没有入度为0的顶点，表明该AOV网中存在回路，拓扑序列构造失败。

（1）表头结点中增加入度域并使用顺序栈构造拓扑序列的算法实现

```
//用带有入度域的邻接表存储AOV网，输出一个拓扑序列，若无拓扑序列则输出有回路
void   TopSort(ALGraph   g)
{   int   i,k,top,count=0;              //count用于统计输出的顶点个数，top为栈顶
    EdgeNode   *p;
    int   s[MAXVEX];                    //顺序栈，用于存储入度为0的顶点在表头数组中的下标
    top=-1;                             //置为空栈
    for(i=0;i<g.n;i++)                  //依次将入度为0的顶点的下标入栈
```

```
        if(g.adjlist[i].id==0)
        {   top++;
            s[top]=i;
        }
    while(top!=-1)                              //当栈非空时
    {   printf("%d,",g.adjlist[s[top]].vertex); //输出栈顶顶点的信息
        count++;                                //已输出的拓扑序列的顶点个数加 1
        p=g.adjlist[s[top]].firstedge;          //获取栈顶顶点的表头结点指针
        top--;                                  //栈顶顶点出栈
        while(p!=NULL)                          //删去所有以出栈顶点为弧尾的弧
        {   k=p->adjvex;
            g.adjlist[k].id--;                  //将弧头的入度减 1
            if(g.adjlist[k].id==0)              //减 1 后，若入度为 0 则该顶点对应的下标入栈
            {   top++;
                s[top]=k;
            }
            p=p->next;                          //继续考虑下一个邻接顶点
        }
    }
    if(count<g.n)                               //栈空时，输出顶点个数<n，说明有回路
        printf("The AOV network has a cycle!\n");
}
```

若有向图有 n 个顶点和 e 条弧，则在拓扑序列构造算法中，第 1 个 for 循环最多执行 n 次，而 while 循环执行 e 次，故上述拓扑序列构造算法的时间复杂度为 $O(n+e)$。

（2）基于邻接表原结构定义也不使用顺序栈构造拓扑序列的算法实现

```
//采用邻接表表示的有向图 g，构造图 g 的拓扑序列
void  Topology(ALGraph  g)
{   static  int  c=0;              //记录拓扑序列中输出顶点的个数
    static  int  a[MAXVEX]={0};    //标记每个顶点是否已在拓扑序列中，若不在则为 0
    int  j,t,i,k;
    EdgeNode  *p;
    for(k=1;k<=g.n;k++)            //进行 n 轮循环，目的是能反复对 n 个顶点扫描 n 次
      for(i=1;i<=g.n;i++)
      {  if(a[i]==0)               //对未加入拓扑序列的顶点再次进行考察
         {   t=1;
             for(j=1;j<=g.n;j++)   //该循环考察 i 是否是一个入度为 0 的顶点
             {   p=g.adjlist[j].firstedje;
                 while(p!=NULL)
```

```
                { if(p->adjvex!=i)
                      p=p->next;
                  else      //出现 i 则 i 不能输出
                  { t=0; break; }
                }
            }
            if(t==1)                          //表明 i 是一个入度为 0 的顶点
            { a[i]=1;                         //将其已访问标志改为 1
              printf("%6d",i);                //输出该顶点
              c++;                            //拓扑序列中的顶点个数加 1
              g.adjlist[i].firstedje=NULL;    //删除以该顶点为起点的所有弧
            }
        }
    }
    if(c!=g.n)
      printf("\n 图中有回路，不存在一条完整的拓扑序列！ \n");
}
```

两种方案的比较：第一个方案中，在结构定义中增加了一个入度域 id，同时算法实现中增设了一个顺序栈。在删除一条弧时，要修改涉及的顶点的入度，当某个顶点的入度为 0 时，就立即入栈。输出的顶点永远是栈顶的顶点。第二个方案中，因为类型中没有设置顶点入度，因此要遍历整个邻接表查找入度为 0 的顶点，显然，这种方案比第一种方案的时间复杂度高。

6.6.3 拓扑序列的应用举例

【例 6-7】 试构造如图 6-41 所示的有向图的拓扑序列。

按照拓扑序列的构造算法，第 1 次找到的入度为 0 的顶点是 2，输出 2 并删除 2 关联的弧<2,1>和<2,3>；下一个入度为 0 的顶点是 1，输出 1 并删除 1 关联的弧<1,3>和<1,4>；下一个入度为 0 的顶点是 3，输出 3 并删除 3 关联的弧<3,5>；下一个入度为 0 的顶点是 5，输出 5 并删除 5 关联的弧<5,4>和<5,6>；下一个入度为 0 的顶点是 4，输出 4 并删除 4 关联的弧<4,6>；此时图中只有一个入度为 0 的顶点 6，输出 6 后，图变成空图，拓扑序列构造过程结束。本例所构造的拓扑序列为：2,1,3,5,4,6。

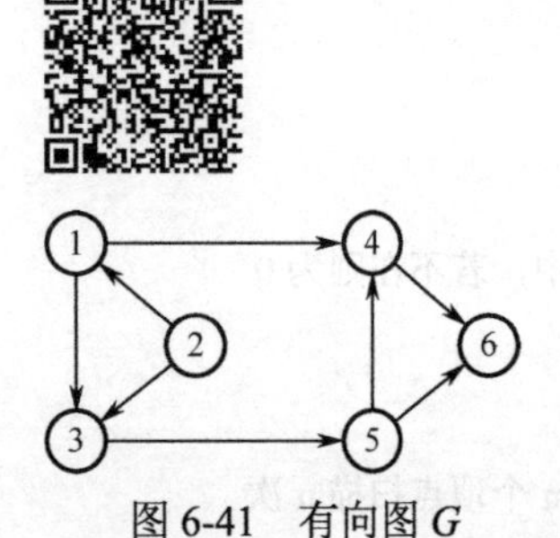

图 6-41 有向图 *G*

6.7 关键路径

用顶点表示事件，弧表示活动，弧上的权值表示活动持续的时间，称这种有向网为 AOE 网（Activity On Edge Network）。AOE 网常用于估算工程完成时间。

用 AOE 网表示一项工程计划时，其中的某个顶点（事件）表示的是这样一种状态：以该顶点为弧头的弧所表示的活动均已完成，而以该顶点为弧尾的弧所表示的活动均可开始。在 AOE 网中应该有一个入度为 0 的顶点，称为源点，同时应该有一个出度为 0 的顶点，称为终点。网中不可以存在回路，否则整个工程将无法完成。如果网中有多个入度为 0 的顶点，则可以增加一个虚拟顶点，从虚拟顶点向所有入度为 0 的顶点添加长度为 0 的弧，使整个网只有一个入度为 0 的顶点；如果网中有多个出度为 0 的顶点，用类似的方法可使网中只有一个出度为 0 的顶点。

AOE 网具有以下两个性质：

① 只有在进入某个顶点的各有向边（弧）所表示的活动都已结束后，该顶点所表示的事件才能发生。

② 只有在某个顶点所表示的事件发生后，从该顶点出发的各有向边（弧）所表示的活动才能开始。

与 AOV 网不同，AOE 网所关心的问题如下：

① 完成该工程至少需要多少时间？

② 哪些活动是影响整个工程进度的关键？

6.7.1 关键路径的概念

在一个工程所形成的 AOE 网中，可能存在着一条或多条并行的这样的路径：它们是工程中从起点到终点的最长路径，称这些路径为关键路径。这些关键路径上的活动不存在富余时间，它们的任何微小的时间延迟都会直接影响工程的最早完成时间，称这些关键路径上的活动为关键活动。因此，如果能把握好工程中的这些路径上涉及的活动的完成时间，就能把握整个工程的进程。

在 AOE 网中确定关键路径涉及的术语如下。

（1）事件 v_i 的最早开始时间 ve(i)

假设工程起点事件是 v_0，则从事件 v_0 到 v_i 的最长路径长度，称为事件 v_i 的最早开始时间，记为 ve(i)。

（2）事件 v_i 的最晚开始时间 vl(i)

在不推迟整个工期的前提下，事件 v_i 允许的最晚开始时间。

（3）活动 a_i 的最早开始时间 $e(i)$

若活动 a_i 由弧$<v_k,v_j>$表示，则活动 a_i 的最早开始时间应等于事件 v_k 的最早开始时间。

（4）活动 a_i 的最晚开始时间 $l(i)$

在不推迟整个工期的前提下，活动 a_i 必须开始的最晚时间。

（5）关键路径

从源点 v_0 到终点 v_{n-1} 的所有路径中长度最长的路径。

（6）关键活动

满足 $e(i)=l(i)$的活动就是关键活动，也就是关键路径上的活动。

6.7.2 关键路径的构造

构造关键路径首先要确定各事件与活动的最早、最晚开始时间，然后确定关键活动，最后利用关键活动确定关键路径。

1. 事件与活动的最早、最晚开始时间的计算

（1）事件 v_i 的最早开始时间 ve(i)的计算

如图 6-42（a）所示，事件 v_i 的前驱事件是 v_{j1},v_{j2},v_{j3}，则 v_i 的最早开始时间一定是在它的所有前驱事件都已完成之后，因此，v_i 的最早开始时间应该等于其各个前驱事件的最早开始时间与相应活动持续时间之和中的最大值。而如果 v_i 是起点，则其最早开始时间为 0，即

$$\mathrm{ve}(i)=\begin{cases}0，\ 当i=0时\\ \max\{\mathrm{ve}(j)+\mathrm{dut}(<v_j,v_i>)\}，\ 当i>0时\end{cases}$$

式中，dut($<v_j,v_i>$)为弧$<v_j,v_i>$上的权值，表示该活动的持续时间。

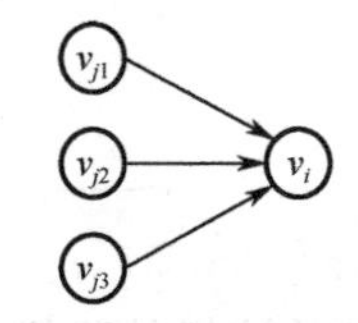

（a）事件v_i与其前驱事件

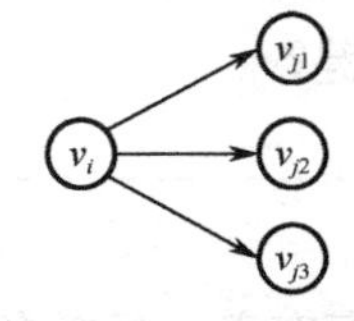

（b）事件v_i与其后继事件

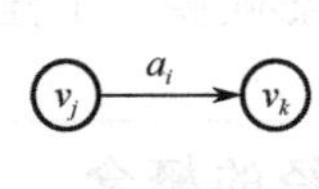

（c）事件v_j和v_k与活动a_i的关系

图 6-42　事件、活动关系示意图

（2）事件 v_i 的最晚开始时间 vl(i)的确定

如图 6-42（b）所示，事件 v_i 的后继事件是 v_{j1},v_{j2},v_{j3}，则 v_i 的最晚开始时间应该在它的所有后继事件要求的最晚开始时间之前，因此，v_i 的最晚开始时间应该是各个后继事件的最晚开始时间与相应活动持续时间之差中的最小值。若 v_i 是终点，则最晚开始时间就等于该事件的最早开始时间，即

$$\mathrm{vl}(i)=\begin{cases}\mathrm{ve}[n-1]，\ 当i=n-1时\\ \min\{\mathrm{vl}(j)-\mathrm{dut}(<v_i,v_j>)\}，\ 当i<n-1时\end{cases}$$

式中，dut($<v_i,v_j>$)为弧$<v_j,v_i>$上的权值，表示该活动的持续时间。

（3）活动 a_i 的最早、最晚开始时间的计算

如图 6-42（c）所示，连接活动 a_i 的弧头为事件 v_k，而弧尾事件为 v_j。事件 v_j 开始了，活动 a_i 也就开始了，因此，活动 a_i 的最早开始时间就是事件 v_j 的最早开始时间，即 $e(i)$=ve(j)。

如图 6-42（c）所示，活动 a_i 的最晚开始时间取决于后继事件 v_k 的最晚开始时间及活动 a_i 的持续时间，由事件 v_k 的最晚开始时间减去活动 a_i 的持续时间获得活动 a_i 的最晚开始时间，即 $l(i)$=vl(k)−dut($<v_j,v_k>$)。

2. 关键活动与关键路径的确定

一个活动 a_i 的最早开始时间与最晚开始时间的差值称为该活动的可延迟时间 $d(i)$，即 $d(i)=l(i)-e(i)$。

当一个活动的可延迟时间 $d(i)$为 0 时，该活动就是关键活动，即该活动不可以被延迟，其任何微小的延迟都将影响整个工程的最早完成时间。而由关键活动组成的路径就是关键路径。

3. 确定关键活动的算法描述

1）输入 e 条弧<j,k>，建立 AOE 网的存储结构。

2）从源点 v_0 出发，令 ve[0]=0，按拓扑序列求其余各顶点的最早开始时间 ve[i]（$1\leqslant i\leqslant n-1$）。若拓扑序列构造失败（所有顶点的 ve 值没能计算完却再也没有入度为 0 的顶点），则算法终止，否则转步骤 3）。

3）从终点 v_{n-1} 出发，令 vl[$n-1$]=ve[$n-1$]，按逆拓扑序列求其余各顶点的最晚开始时间 vl[i]（$0\leqslant i\leqslant n-2$）。

4）根据各顶点的 ve 和 vl 值，求每条弧 s 的最早开始时间 $e(s)$和最晚开始时间 $l(s)$。此时，若有 $e(s)=l(s)$，则 s 为关键活动。

5）所有关键活动找出后，关键路径也就找到了。

6.7.3 关键路径的应用举例

【例 6-8】 求如图 6-43 所示工程的关键路径。

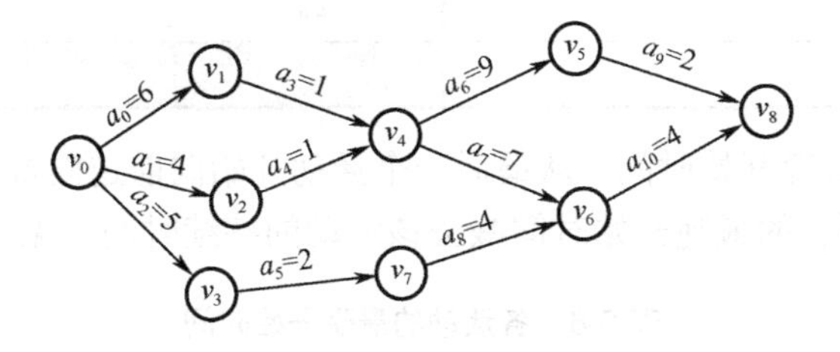

图 6-43 工程的 AOE 网

1）首先计算各事件的最早开始时间，其中起点事件的最早开始时间为 0，可以推算出其余事件的最早开始时间，见表 6-5。

表 6-5 各事件的最早开始时间

事 件	最早开始时间 ve(i)	事 件	最早开始时间 ve(i)
v_0	0	v_5	16
v_1	6	v_6	14
v_2	4	v_8	18
v_3	5	v_7	7
v_4	7		

2）接下来从终点事件向前逆向推算各事件的最晚开始时间，见表 6-6。终点事件的最晚开始时间就等于它的最早开始时间。

表 6-6　各事件的最晚开始时间

事　件	最晚开始时间 vl(*i*)	事　件	最晚开始时间 vl(*i*)
v_8	18	v_3	8
v_5	16	v_2	6
v_6	14	v_1	6
v_7	10	v_0	0
v_4	7		

3）计算各活动的最早开始时间，见表 6-7。活动的最早开始时间就是它关联的弧尾的事件的最早开始时间。

表 6-7　各活动的最早开始时间

活　动	最早开始时间 *e*(*i*)	活　动	最早开始时间 *e*(*i*)
a_0	0	a_6	7
a_1	0	a_7	7
a_2	0	a_8	7
a_3	6	a_9	16
a_4	4	a_{10}	14
a_5	5		

4）计算各活动的最晚开始时间，从最后一个活动开始向前逆向推算：每个活动的最晚开始时间等于它关联的弧头的最晚开始时间减去该活动的持续时间，见表 6-8。

表 6-8　各活动的最晚开始时间

活　动	最晚开始时间 *l*(*i*)	活　动	最晚开始时间 *l*(*i*)
a_{10}	14	a_4	6
a_9	16	a_3	6
a_8	10	a_2	3
a_7	7	a_1	2
a_6	7	a_0	0
a_5	8		

5）确定关键活动，在表 6-7 和表 6-8 中找出对应最早开始时间与最晚开始时间相等的活动，即 $a_0,a_3,a_6,a_7,a_9,a_{10}$。将这些关键活动标出，如图 6-44 所示是确定的两条关键路径，分别为：v_0,v_1,v_4,v_6,v_8 和 v_0,v_1,v_4,v_5,v_8。

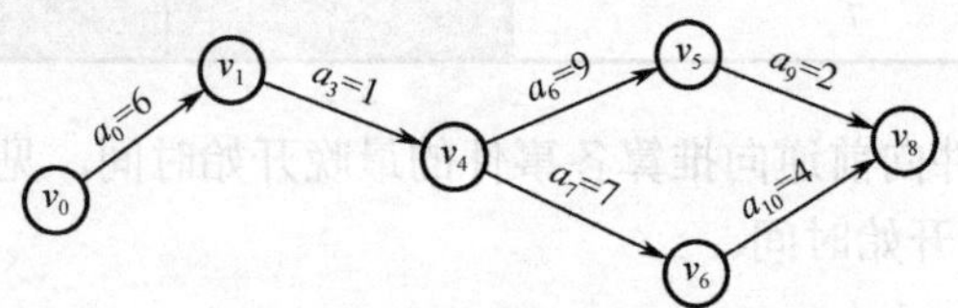

图 6-44　构造的两条关键路径

6.8 图的综合应用举例

图的应用十分广泛，如搜索引擎、社交网络、电子地图导航、基因测序等。

1. 搜索引擎

在搜索引擎中输入关键字后，会返回搜索的结果。而搜索结果的多个页面会按照一定的顺序展示出来。那么，如何确定哪些页面排在前面，哪些页面排在后面呢？确定页面显示顺序的算法有多种，这里仅介绍谷歌的 PageRank 算法。

PageRank 算法本质上是一种以网页之间的链接个数和质量作为主要因素来计算网页重要性的算法。这里不妨假设，即越重要的页面往往会越多地被其他页面引用。如图 6-45 所示为 PageRank 算法计算示意图。

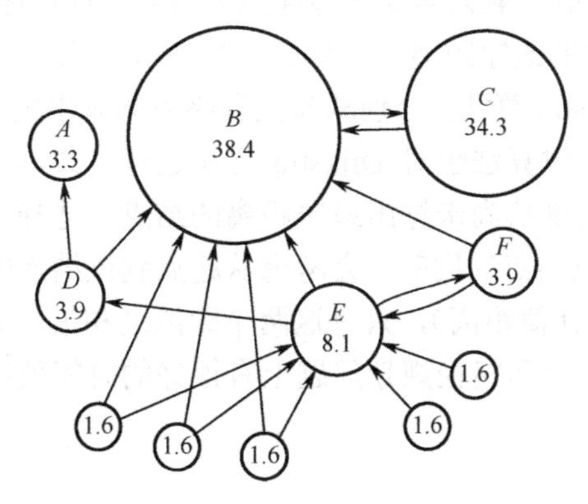

图 6-45　PageRank 算法计算示意图

图 6-45 中，一个圆圈表示一个页面，箭头表示一个页面上有链接，它引用了它所指向的页面上的内容。这些页面及它们之间的链接关系形成了这个图。在这个图中，我们可以计算出每个页面的重要性。假设开始时每个页面的重要性都是 1，表明每个页面的重要性或积分相同。如果有一个页面包含了到其他页面的链接，就会将该页面的积分分一部分给其链接的页面。获得链接最多的页面，其积分就会很高，没能获得其他页面链接的页面，其积分就会很低。搜索引擎会按照搜索结果页面积分的高低对页面进行排序，然后按顺序推送给用户。

2. 社交网络

社交网络在维基百科中的定义是：“由许多结点构成的一种社会结构”。结点通常是指个人或组织，而社交网络代表着各种社会关系。

随着互联网的发展，诞生了各种各样的在线社交网络服务（Social Network Service，SNS），例如，微信、QQ、Facebook、Twitter，以及各类微博等。

这些应用在丰富人们业余生活的同时，也为研究者提供了大量珍贵的数据。以往只能依靠有限的调研或模拟才能进行的社会网络分析，现在具备了大规模开展和实施的条件。以 Facebook 为例，如图 6-46 所示为 Facebook 某科研人员对自己的 150 个朋友进行社交关系分析后得到的社交分析（Community Analysis）图。

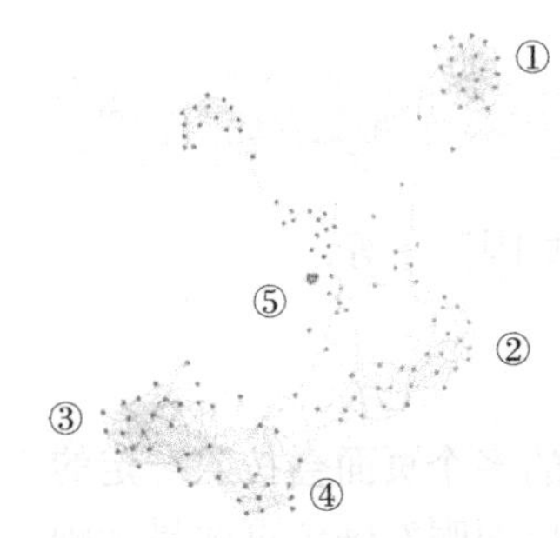

图 6-46 社交分析图

在图 6-46 中有 4 个大的区域：右上的部分①，右下的部分②，左下的部分③，以及下方的部分④，代表他的家人、高中或者大学同学这些和他关系密切的关系群体。而中间比较零星的散点部分⑤，则表示幼儿园或小学的同学。通过社交分析，可以清楚地知道他的社会关系网络和他的朋友圈的结构。

3. 电子地图导航

电子地图就是将实物地图通过网络技术、通信技术、地理信息系统技术（GIS）做成的可以用于快速查询和导游的一种新兴地图。如百度地图、谷歌地图都得到了非常广泛的应用。

导航和路径规划算法有 Dijkstra 算法、A*算法等。Dijkstra 算法计算从一个结点出发到其余各结点的最短距离，而导航一般只需要知道起点和终点之间的距离，所以直接使用 Dijkstra 算法可能会得出我们不需要的最短距离，浪费了计算时间。因此，有人在 Dijkstra 算法的基础上提出了改进，如双向 Dijkstra 算法，分别从起点和终点同时出发进行搜索，可以有效地提高导航计算的速度。同样地，A*算法也对 Dijkstra 算法进行了改进，在原来的基础上加入了启发式算法。Dijkstra 算法每次都从尚未算出最短距离的结点中选择一个最小距离结点作为扩充结点，而 A*算法在考虑扩充结点的同时，会考虑从起点到该结点的距离和从该结点到终点的距离（启发式算法，计算估计值距离），只有这两个距离之和最小时，才把该结点作为扩充结点。实践证明，A*算法在导航和路径规划问题上有很好的时间效率。

4. 基因测序

基因（DNA）测序是一种新型基因检测技术，能够从血液或唾液中分析测定基因全序列，预测罹患多种疾病的可能性，个体的行为特征及行为合理性。基因测序技术能锁定个人病变基因，进行预防和治疗。基因测序是一项非常复杂的工程，这里举一个简单的例子进行说明。

关于基因测序，有人给出过一个形象的比喻：假设购买 1000 份今天的报纸，然后把它们捆在一起用炸弹炸成无数碎片，然后要根据这些碎片还原出一份今天的报纸。假定有这样一个基因序列：TAATGCCATGGGATGTT，这就是一份“报纸”。但我们并不知道它是这个样子的，只有它炸成碎片的样子。每个碎片都是 3 个连续的字母，即 TAA AAT ATG TGC GCC CCA CAT ATG TGG GGG GGA GAT ATG TGT GTT，一共有 15 个碎片。现在要根据这些碎片把原来的基因序列还原出来。可以用图算法来解决这个问题，把每个碎片看成 1 个结点，一共有 15 个结点。如果能把这 15 个结点排列成如图 6-47 所示的样子就解决了测序问题，每个相邻结点有两个字母是重合的，如 TAA 和 AAT，TAA 后面的两个字母和 AAT 前面的两个字母重合，合并这两个结点后就得到了原序列的前 4 个字母 TAAT，据此可以得到原来的基因序列。

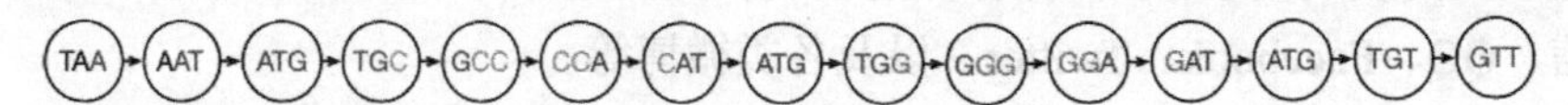

图 6-47 基因碎片序列

图 6-47 是希望得到的结果，因为不知道哪些结点是相邻的，所以当把所有可能的相邻关系都用箭头连接起来后，就形成了如图 6-48 所示的基因碎片的连接图。

AAT
ATG
ATG
ATG
CAT
CCA
GAT
GCC
GGA
GGG
GTT
TAA
TGC
TGG
TGT

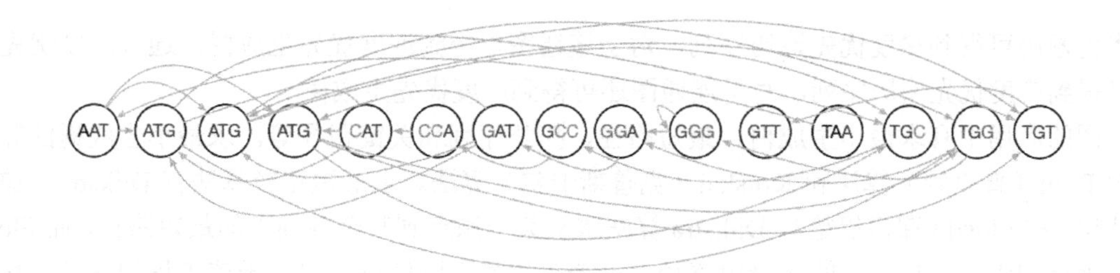

图 6-48 基因碎片的连接图

如果能在图 6-48 上找到一个哈密尔顿路径，就会得到如图 6-47 所示的序列，测序的问题就解决了。但问题是，求解哈密尔顿路径是一个 NP 问题，计算时间随结点个数的增加呈现指数级的增长，所以不能直接在该图上求解哈密尔顿路径。

通过观察不难发现，可以把结点上的基因碎片字母存放在图的边上而不是结点上，而在相邻结点上分别存放基因碎片字母的前缀和后缀，如图 6-49 所示。这样的存放方式会产生很多的前、后缀结点，中间通过 3 个字母的基因碎片相连，把这些结点整理合并后，会得到图 6-50。

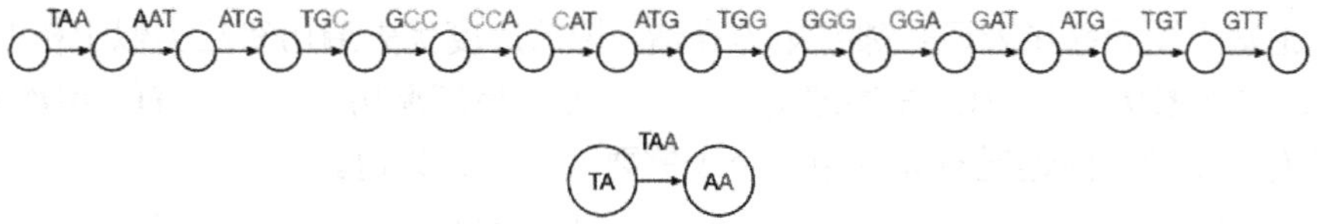

TAA
AAT
ATG
TGC
GCC
CCA
CAT
ATG
TGG
GGG
GGA
GAT
ATG
TGT
GTT
TAA
TA
AA

图 6-49 基因碎片字母存放在图的边上

这样，在图 6-48 上找一个哈密尔顿路径的问题可以转化为在图 6-50 上找一个欧拉路径的问题。而欧拉路径可以在相对较短的时间（多项式时间复杂度）内求解。这样，基因测序问题就转化为了图论中的欧拉路径求解问题。

CA
CCA
CC
GCC
GC
CAT
ATG
TGC
AA
AT
TG
GT
AAT
ATG
TGT
TAA
GAT
TGG
GTT
TA
GA
GG
TT
GGA
GGG

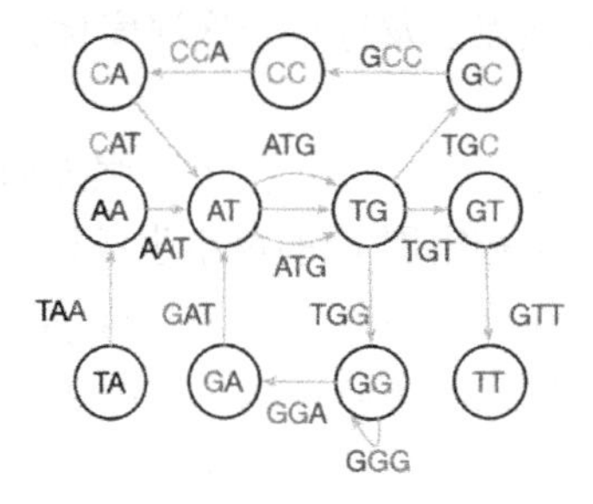

图 6-50 基因碎片重组图

6.9 本章小结

图（Graph）是一种非线性数据结构，图中的每个顶点既可有多个直接前驱，也可以有多个直接后继，图的关系是多对多的。图分为无向图和有向图，无向图的边为无序对，有向图的边（弧）为有序对。

图的存储结构有邻接矩阵、邻接表、十字链表及邻接多重表等，其中邻接矩阵和邻接表更为常用。当一个图的顶点顺序确定后，其邻接矩阵是唯一的，而邻接表则不一定唯一。

对图的遍历可以采用深度优先遍历（DFS）算法或者广度优先遍历（BFS）算法。通过深度优先遍历可得到深度优先遍历序列，对于连通图可得到深度优先生成树。通过广度优先遍历可得到广度优先遍历序列，对于连通图还可得到广度优先生成树。

图的应用中有求最小生成树、最短路径、拓扑序列和关键路径等。求最小生成树的算法常用 Prim（普里姆）算法和 Kruskal（克鲁斯卡尔）算法。求最短路径算法有 Dijkstra（迪杰斯特拉）和 Floyd（弗洛伊德），Dijkstra 算法求从某个源点到其余各顶点的最短路径，而 Floyd 算法确定图中每对顶点之间的最短路径。一个工程能否顺序进行取决于该工程的各子工程构成的图能否构造出包含所有顶点的一个拓扑序列。确定关键路径的意义在于，如果能把握好工程中关键路径上涉及的活动的完成时间就能把握整个工程的进程。

习题 6

一、客观习题

1．无向图的邻接矩阵是（　　）。

A．下三角矩阵　　B．上三角矩阵　　C．稀疏矩阵　　D．对称矩阵

2．不论基于图的邻接表还是邻接矩阵存储，图的广度优先遍历算法类似于树的（　　）。

A．中序遍历　　B．先序遍历　　C．后序遍历　　D．层次遍历

3．具有 n 个顶点的连通有向图中，至少需要（　　）条边。

A．$n-1$　　B．n　　C．$n+1$　　D．$2n$

4．在一个有向图中，所有顶点的入度之和等于所有顶点的出度之和的（　　）倍。

A．1/2　　B．1　　C．2　　D．4

5．n 个顶点的无向连通图用邻接矩阵表示时，该矩阵至少有（　　）个非零元素。

A．n　　B．$2(n-1)$　　C．$n/2$　　D．n^2

6．如果从无向图的任意一个顶点出发进行一次深度优先遍历可以访问图中所有的顶点，则该图一定是（　　）图。

A．非连通　　B．连通　　C．强连通　　D．有向

7．下面（　　）适合构造一个稠密图 G 的最小生成树。

A．Prim 算法　　B．Kruskal 算法　　C．Floyd 算法　　D．Dijkstra 算法

8．用邻接表表示图进行深度优先遍历时，通常借助（　　）来实现算法。

A．栈　　B．队列　　C．树　　D．图

9．图的深度优先遍历类似于二叉树的（　　）。

A．先序遍历　　B．中序遍历　　C．后序遍历　　D．层次遍历

10．已知图的邻接表如题图 6-1 所示，则从顶点 v_0 出发按广度优先遍历的结果是（　　），按深度优先遍历的结果是（　　）。

A．0 1 3 2　　B．0 2 3 1　　C．0 3 2 1　　D．0 1 2 3

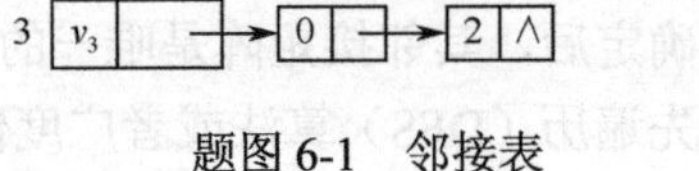

题图 6-1　邻接表

11．在题图 6-2 所示的有向图中存在一个强连通分量 $G=(V,E)$，其中（　　）是那个强连通分量。

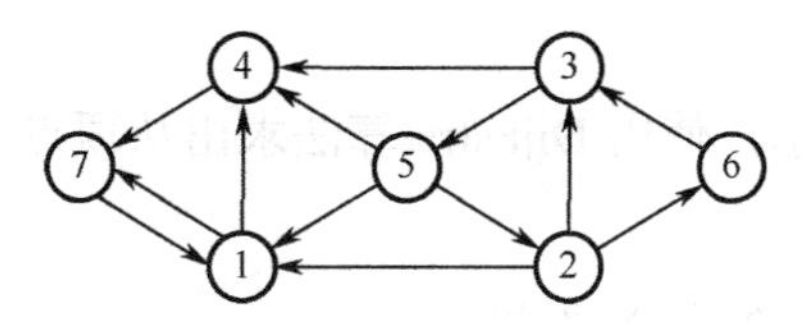

题图 6-2　有向图 G

A．V={2,3,5,6},E={<5,2>,<2,3>,<2,6>,<6,3>,<3,5>}

B．V={2,3,5,6},E={<5,2>,<2,6>,<6,3>,<3,5>}

C．V={2,3,5},E={<2,3>,<3,5>,<5,2>}

D．V={1,7},E={<1,7>,<7,1>}

12．用 Prim 算法求一个连通网的最小代价生成树，在算法执行的某个时刻，已选取顶点集合 U={1,2,3}，边集合 TE={(1,2),(2,3)}，要选取下一条权值最小的边，不可能从（　　）中选取。

A．{(1,4),(3,4),(3,5),(2,5)}　　B．{(1,5),(2,4),(3,5)}

C．{(1,2),(2,3),(3,5)}　　D．{(1,4),(3,5),(2,5),(3,4)}

13．用 Kruskal 算法求一个连通网的最小代价生成树，在算法执行的某个时刻，已选取边集合 TE={(1,2),(2,3),(3,5)}，要选取下一条权值最小的边，可能选取的边是（　　）。

A．(1,2)　　B．(3,5)　　C．(2,5)　　D．(6,7)

14．用 Dijkstra 算法求一个带权有向图 G 中从顶点 0 出发的最短路径，在算法执行的某个时刻，S={0,2,3,4}，选取的目标顶点是顶点 1，则可能修改的最短路径是（　　）。

A．从顶点 0 到顶点 2 的最短路径　　B．从顶点 2 到顶点 4 的最短路径

C．从顶点 0 到顶点 1 的最短路径　　D．从顶点 0 到顶点 3 的最短路径

15．对于 AOE 网的关键路径，以下叙述正确的是（　　）。

A．任何一个关键活动提前完成，则整个工程也会提前完成

B．完成工程的最短时间是从源点到汇点的最短路径长度

C．一个 AOE 网的关键路径是唯一的

D．任何一个活动持续时间的改变都可能影响关键路径的改变

二、简答题

1．简述图有哪两种主要的存储结构，并说明各种存储结构在图中的不同运算中有何优势。

2．根据题图 6-3 所示的带权有向图 G，回答以下问题：

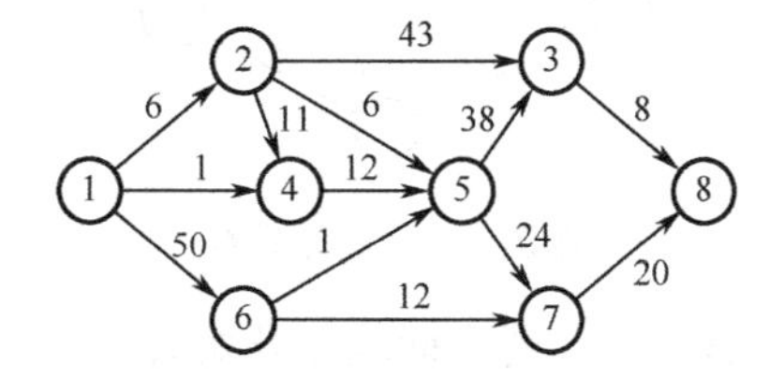

题图 6-3　带权有向图 G

（1）给出从顶点 1 出发的一个深度优先遍历序列和一个广度优先遍历序列；

（2）给出 G 的一个拓扑序列；

（3）给出从顶点 1 到顶点 8 的最短路径和关键路径。

3．已知图的邻接矩阵如题图 6-4 所示，分别画出从顶点 1 出发进行遍历所得的深度优先生成树和广度优先生成树。

4．有向网如题图 6-5 所示，使用 Dijkstra 算法求出从顶点 a 到其他各顶点之间的最短路径，完成题表 6-1。

	1	2	3	4	5	6	7	8	9	10
1	0	0	0	0	0	0	1	0	1	0
2	0	0	1	0	0	0	1	0	0	0
3	0	0	0	1	0	0	0	1	0	0
4	0	0	0	0	1	0	0	0	1	0
5	0	0	0	0	0	1	0	0	0	1
6	1	1	0	0	0	0	0	0	0	0
7	0	0	1	0	0	0	0	0	0	1
8	1	0	0	1	0	0	0	0	1	0
9	0	0	0	0	1	0	1	0	0	1
10	1	0	0	0	0	1	0	0	0	0

题图 6-4　邻接矩阵

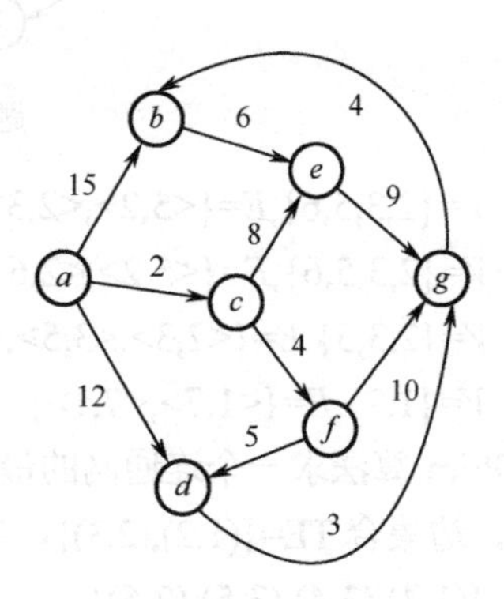

题图 6-5　有向网

题表 6-1　最短路径求解

		i=1	i=2	i=3	i=4	i=5	i=6
终点	b	15 (a,b)					
	c	2 (a,c)					
	d	12 (a,d)					
	e	∞					
	f	∞					
	g	∞					
S 终点集		{a,c}					

5．已知有 5 个顶点的无向图 G，如题图 6-6 所示，回答以下问题：

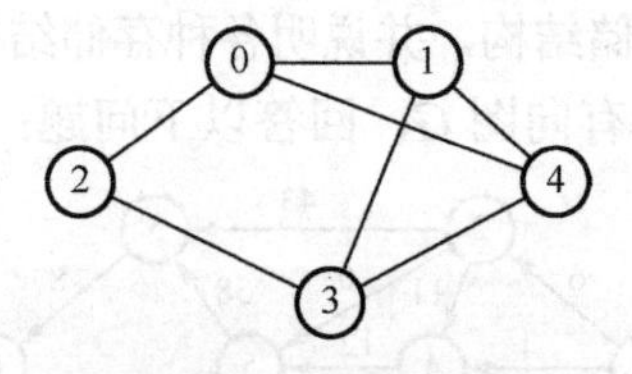

题图 6-6　无向图 G

（1）写出图 G 的邻接矩阵 $\boldsymbol{A}$（行、列下标从 0 开始）；

（2）求 $\boldsymbol{A}^2$，矩阵 $\boldsymbol{A}^2$ 中位于 0 行 3 列的元素值的含义是什么？

（3）若已知具有 n（n≥2）个顶点的邻接矩阵 $\boldsymbol{B}$，则 $\boldsymbol{B}^m$（2≤m≤n）非零元素的含义是什么？

三、算法设计题

1．分别以邻接矩阵和邻接表作为存储结构，实现以下图的基本操作：

（1）增加一个新顶点 *v*，InsertVex(G,v)；

（2）删除顶点 *v* 及其相关的边，DeleteVex(G,v)；

（3）增加一条边(*v*,*w*)，InsertArc(G,v,w)；

（4）删除一条边(*v*,*w*)，DeleteArc(G,v,w)。

2．设计一个算法，求图 *G* 中距离顶点 *v* 的最短路径长度最大的一个顶点，设 *v* 可到达其余各顶点。

3．微信是目前主流的社交应用程序，假设每个联系人作为图中的一个顶点，分别写出基于 DFS 和 BFS 的算法来判断联系人之间是否有联系，即顶点 *i* 和顶点 *j*（*i*≠*j*）之间是否有路径（假定图采用邻接表存储）。

第 7 章 查找

查找也称为搜索或检索，它是非数值处理中的一种非常基本和重要的操作。对于很多实际应用问题，尤其是数据量庞大的实时系统，查找算法效率的高低直接决定着整个系统性能的优劣。在处理具体查找问题时，应根据不同问题的特点和需求进行具体分析，从中寻求最优解决方案。由于系统实现时会根据问题的不同特点采取不同的数据组织形式，因此本章将分别介绍可应用于线性表、树表和哈希表的查找算法。

7.1 查找的基本概念

为了便于后面各种查找算法的学习，本节首先介绍一下查找的定义与分类，以及查找算法的性能评价。

7.1.1 查找的定义与分类

1. 查找的定义

查找是指在大量同类型元素（记录）构成的集合中寻找关键字等于给定值的元素的过程。例如，在全校学生学籍信息表中查找指定学号的学生学籍信息。

2. 查找的相关术语

（1）查找表：指由同一种数据类型的元素构成的、用于查找的数据集合。由于查找表中各元素的关系比较松散，可通过不同的形式组织和存储，因此查找表可采用多种不同的数据结构具体实现，如线性表、树表和哈希表等。

（2）主关键字：指在组成记录的若干个数据项中，能够唯一标识一条记录的数据项。

（3）次关键字：指在组成记录的若干个数据项中，不能唯一标识一条记录的数据项。

在设计查找算法时，一定要注意区分查找关键字是主关键字，还是次关键字。例如，学生记录中的学号为主关键字，而年龄则为次关键字。基于主关键字的查找，满足条件的记录最多只有一条，因此只要找到一条满足条件的记录即可结束查找过程；而基于次关键字的查找，满足条件的记录可能有多条，所以只有搜索完整个查找表才能得到完整的结果。显然，基于主关键字的查找和基于次关键字的查找在算法实现上会有所不同。

注意：本章所研究的各种查找方法均为基于主关键字的查找方法。

3. 查找的分类

按照在查找过程中是否对查找表进行修改可将查找方法分为两类：静态查找和动态查找。

① 静态查找：指仅在查找表上按照指定关键字进行纯粹的查找，在查找过程中不对查找表进行任何修改。实现静态查找的查找表称为静态查找表。

② 动态查找：伴随着查找过程会对查找表进行必要的修改，例如，在查找表中插入新的元素或者删除原本存在的元素。实现动态查找的查找表称为动态查找表。

本章所学习的基于线性表的查找方法属于静态查找，而基于树表和哈希表的查找方法则属于动态查找。静态查找所对应的查找表在查找过程中始终不变，而动态查找所对应的查找表，如树表和哈希表，则在查找过程中会动态变化。在本章后面各节的学习中，读者可以认真体会静态查找与动态查找的不同之处。

7.1.2 查找算法的性能评价

查找算法的性能评价一般可依据时间效率、空间效率两方面进行。由于查找过程需要在大量数据中找出满足指定条件的记录，查找速度的快慢是用户最关心的问题，因此对于查找算法的性能评价主要以时间效率来衡量。

平均查找长度（Average Search Length）是对查找算法进行算法分析时通常采用的评价指标，它可以反映出采用某种查找方法在查找表中查找任意记录时所需进行的关键字平均比较次数的大小，常记为ASL。其计算公式为：

$$\text{ASL}=\sum_{i=1}^{n}p_i c_i$$

式中，p_i为查找到第i个元素的概率，c_i为查找到第i个元素所需进行的比较次数。通常，认为查找到每个元素的概率相等，即$p_1=p_2=\cdots=p_n=\dfrac{1}{n}$。显然，算法的平均查找长度越小，说明查找过程中需要进行比较的次数越少，查找时间就越短，查找效率也就越高。

为了确保本书中各种查找算法描述的通用性，查找表中的元素仅设置两个数据项。一个为key，代表关键字，它的类型指定为抽象数据类型KeyType，在本章的查找算法程序实现中，KeyType均代表int型。另一个是others，代表除关键字外的其余数据，它的类型指定为抽象数据类型OthersType。为了不影响对算法的描述和对算法的理解，在本章的算法程序实现中都暂时忽略这一项。在解决实际问题时，应根据具体问题中的数据含义对key和others项进行准确定义。

本章查找表中元素的数据类型定义如下：

```
typedef  int  KeyType;
typedef  struct
{  KeyType  key;              //KeyType为关键字key的抽象数据类型
   OthersType  others;        //除key外的数据统称为others，其抽象数据类型为OthersType
}DataType;
```

7.2 基于线性表的查找

线性表是一种最基本的数据结构，也是查找表经常采用的最简单的组织形式。本节将学习线性表上的三种常用查找算法，它们分别为顺序查找、折半查找和分块查找。

查找算法中顺序查找表的数据类型定义如下：

```
typedef  struct
{  DataType   list[MAXLEN+1];   //下标为 0 的元素不用
   int   length;
}SeqList;
```

注意：为了符合大多数人的一般习惯，在 list 数组中，元素是从下标 1 开始顺序存放的，下标为 0 的元素不用。

7.2.1　顺序查找

顺序查找算法思想非常简单，无论线性表采取顺序存储结构还是链式存储结构，都是将待查关键字逐个与查找表中各记录关键字进行比较来实现查找的。

1. 基本思想

按查找表中元素的顺序，依次将每个元素的关键字和待查元素的关键字进行比较，若找到二者相等的元素，则查找成功；若整个查找表中都找不到二者相等的元素，则查找失败。

采用顺序存储，查找成功则返回该元素在查找表中的位置；查找失败则返回 0。采用链式存储，查找成功则返回该元素的结点指针；查找失败则返回空指针 NULL。

2. 算法描述

以下函数实现基于顺序表的顺序查找算法：

```
//在 L 所指向的线性表上查找关键字为 x 的元素，查找表采用顺序存储结构
//查找成功则返回对应元素在顺序表中所在的位置，查找失败则返回 0
int   SeqSearch(SeqList   *L,KeyType   x)
{  int   i;
   L->list[0].key=x;      //设置监视哨
   i=L->length;           //从表尾开始向前扫描
   while(L->list[i].key!=x)
       i--;
   return   i;            //查找成功返回元素所在的位置，查找失败返回 0
}
```

上述算法中，从 list 数组下标 1 开始存放元素，按照从表尾到表头的顺序进行关键字的比较，为了减少查找过程每次对下标 i 的合理范围检测（要求 i>0），特意用数组元素 list[0] 充当“监视哨”，以提高算法的执行效率。

基于单链表的顺序查找算法实现，读者可自行设计（提示：只能从链头向链尾方向查找）。

3．算法分析

假设线性表表长为 n，按照从表尾到表头的顺序进行比较，当查找成功时，若待查元素位于下标 i 处（i=1,2,⋯,n），则需进行 $n-i+1$ 次比较。因此在等概率条件下算法在查找成功时的平均查找长度为：

$$\text{ASL}=\sum_{i=1}^{n}p_i c_i=\sum_{i=1}^{n}p_i(n-i+1)=\frac{1}{n}\sum_{i=1}^{n}(n-i+1)=\frac{n+1}{2}$$

当查找失败时，共进行了 $n+1$ 次关键字的比较，也就是查找过程到达监视哨位置才会停止，此时查找效率最低。

7.2.2 折半查找

顺序查找虽然思想简单、容易实现，但应用于规模较大的线性表时查找效率很低，特别是在查找不成功时。若线性表采用顺序存储结构且元素按查找关键字排列有序，则可采用一种效率较高的查找方法——折半查找。

1．基本思想

折半查找又称二分查找，其基本思想为：首先确定查找区间的中间位置，用此位置上元素的关键字与待查元素的关键字进行比较。若相等，则查找成功；否则，将查找区间缩小到原查找区间中可能存在待查元素的前半个或后半个子区间。重复上述过程，直到查找成功或者查找区间缩小到为空宣布查找失败为止。

注意：在使用折半查找算法前，查找表必须满足两个前提条件。第一，查找表必须以顺序方式存储。第二，查找表中的元素必须按照关键字升序或降序排列。如图 7-1 所示为折半查找的过程，展示的是在一个按关键字升序排列的查找表{18,26,32,45,52,66,80,91}中查找关键字为 52 的元素的折半查找过程。

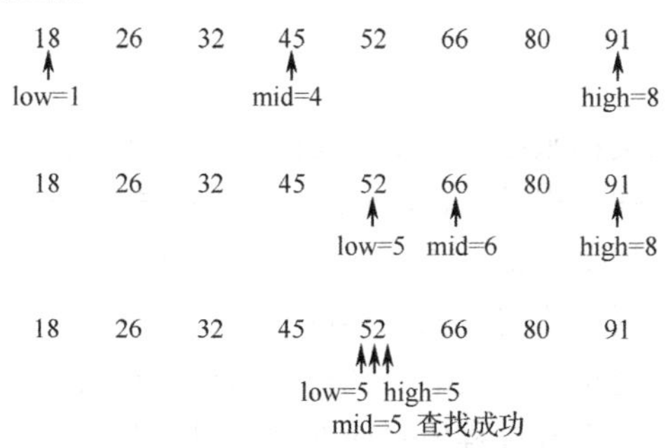

图 7-1 折半查找过程

2. 算法描述

以下函数实现在按关键字升序排列的顺序表中的折半查找算法：

```
//在按关键字升序排列的顺序表中查找关键字为 x 的元素，L 为指向顺序表的指针变量
//查找成功，函数返回值为对应元素在顺序表中的位置；查找失败，返回 0
int  BinSearch(SeqList  *L,KeyType  x)
{  int  low,high,mid;  //low、high、mid 分别标识查找区间的左端点、右端点及中间点位置
   low=1;  high=L->length;        //设置查找区间左、右端点的初值，下标为 0 的不用
   while(low<=high)               //当查找区间非空时进行查找
   {  mid=(low+high)/2;           //求出区间的中间点位置 mid 的值
      if(x==L->list[mid].key)
          return (mid);           //查找成功，返回元素所在位置
      else
      {  if(x<L->list[mid].key)
             high=mid-1;          //缩小查找区间到前半个子区间中
         else
             low=mid+1;           //缩小查找区间到后半个子区间中
      }
   }
   return  (0);                   //查找失败，返回 0
}
```

在按关键字升序排列的查找表中，若满足 x==L->list[mid].key，则查找成功，返回该元素的位置 mid。若满足 x<L->list[mid].key，则待查元素只可能出现在前半个子区间中，故确定出下一轮查找区间的下标范围为从 low 到 mid−1；若 x>L->list[mid].key，则待查元素只可能出现在后半个子区间中，故确定出下一轮查找区间的下标范围为从 mid+1 到 high。

在按关键字降序排列的查找表中进行折半查找的过程与上述过程类似，只是在缩小查找区间时的区间选择与升序排列的恰好相反。

3. 算法分析

折半查找过程可借助二叉树来描述。将查找区间的中间点位置（mid）对应的元素的序号作为根结点，以 mid 分界，位置 1～mid−1 对应元素的序号在左子树中，而 mid+1～n 对应元素的序号则在右子树中，而对左、右子树的构造也按同样的方法，直到左、右子树中只有根结点为止，将这样构造的二叉树称为折半查找二叉判定树。如图 7-1 所示折半查找过程所对应的判定树如图 7-2 所示。

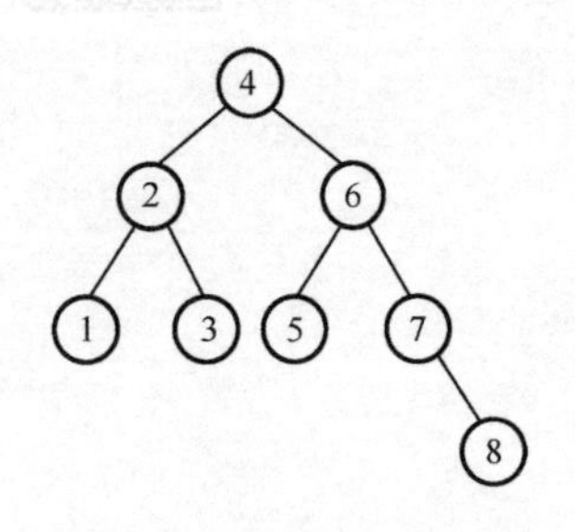

图 7-2　折半查找二叉判定树

从上述判定树中可以看出，若要查找第 4 个元素，只比较一次即可找到；若要查找第 2 个或第 6 个元素，则分别需要进行 2 次比较；若要查找第 1、3、5、7 个元素，各需进行 3 次比较；若

要查找第 8 个元素，则需进行 4 次比较。可见，查找某个元素所需的比较次数正好是该元素序号在判定树中所处的层数。显然，对表长为 8 的线性表进行折半查找的平均查找长度为：

$$ASL=(1+2+2+3+3+3+3+4)/8\approx 2.6$$

借助二叉判定树，我们很容易求得折半查找的平均查找长度。在表长为 n 的查找表中进行折半查找，其最坏情况下查找成功时的平均查找长度也不会超过对应二叉判定树的深度。在一般情况下，表长为 n 的二叉判定树的深度和含有 n 个结点的满二叉树的深度相同。为了讨论方便，我们不妨假设折半查找二叉判定树为一个满二叉树，此时该树的深度 h 为 $\log_2(n+1)$，树中第 k 层上的结点个数为 2^{k-1}。因此，在等概率条件下，查找成功时的平均查找长度为：

$$\mathrm{ASL}=\sum_{i=1}^{n}p_ic_i=\frac{1}{n}\sum_{k=1}^{h}k\times 2^{k-1}=\frac{n+1}{n}\log_2(n+1)-1$$

当 n 很大时，折半查找的平均查找长度可近似为 $\log_2(n+1)-1$。可见，折半查找比顺序查找的平均查找效率高，但由于折半查找只适用于顺序存储的有序表，所以其使用受到了很大的限制。

7.2.3　分块查找

分块查找是性能介于顺序查找和折半查找之间的一种查找方法，又称为索引顺序查找。它是通过对线性表分块和建立索引表的方法来实现查找的。

1. 基本思想

分块查找要求按如下索引方式来存储线性表：将线性表 R 均匀地分成 b 块，每一块中的元素不要求有序排列，但一定要保证块间有序，即后一块中元素的关键字均大于（或小于）前一块中元素的关键字；建立由各块中元素的最大关键字和起始位置两个数据项构成的索引表 ID，即 ID[i]（$1\leqslant i\leqslant b$）中存放着第 i 块中元素的最大关键字和该块在表 R 中的起始位置。由于表 R 块间有序，所以索引表是一个有序表。此处采用的基本数据表加索引表的存储方式称为索引存储，属于一种较常用的存储结构。例如，对于表长为 15 的线性表 R，为达到块间有序可将其均分为三块，每块由 5 个元素构成。根据分块结果所建立的索引表 ID 中，每个元素存储某个块的起始地址及块内元素的最大关键字。为线性表 R 建立的实现分块查找的索引存储结构如图 7-3 所示。

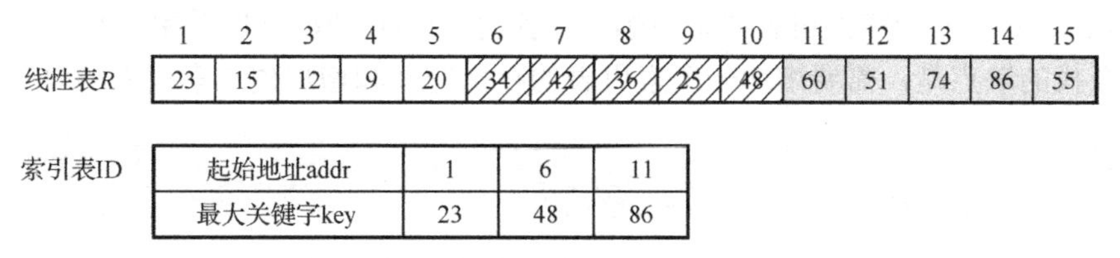

图 7-3　分块查找的索引存储结构

分块查找的基本思想是：首先在索引表中进行查找，确定待查元素所在的块；然后在所确定的那一块中查找指定关键字的元素。由于索引表是有序表，查找时可采用折半查找或顺序查找；而在块内进行查找时，由于块内无序，故只能采用顺序查找。

例如，在图 7-3 所示的存储结构中查找关键字为 25 的元素的过程如下：

① 首先在索引表 ID 中进行查找，以确定待查元素所在的块。由于索引表中元素的关键字呈有序排列，可采用二分查找实现。查找结果有两种情况：若待查元素的关键字为所在块的最大关键字，则查找成功时 mid 的值即为该块信息在索引表中存储的位置；若待查元素的关键字不是所在块的最大关键字（如 25），则当查找区间为空时 low 的值即为该块信息在索引表中的存储位置。由此可以确定关键字为 25 的元素若存在，则必定在第二块中。

② 在对应的块范围中查找指定关键字的元素。对于要查找的关键字 25，由 ID[2].addr 可得到第二块的起始地址 6，从此地址开始，在第二块中进行顺序查找（在线性表 *R* 的 ID[2].addr 到 ID[3].addr−1 区间中查找），即可查找成功，由于 R[9].data.key 值为 25，返回结果为 9。

2. 算法描述

分块查找实际上是两次查找的过程，即先在索引表中进行折半查找或顺序查找，再在块内进行顺序查找。分块查找算法利用前面所学的两个查找算法即可得到，具体算法在此略去。

3. 算法说明

分块查找的过程并不复杂，在使用时应注意的是两项准备工作：第一，对线性表进行分块，保证块间有序；第二，建立索引表。

4. 算法分析

分块查找的平均查找长度由两部分组成，即 $ASL=ASL_{索引表}+ASL_{块内}$。设线性表中有 n 个元素，分为 b 块，每块中有 s 个元素（$s=n/b$），因此有以下两种情况。

若在索引表中采用折半查找，那么 ASL 为：

$$ASL \approx \log_2(b+1)-1+\frac{s+1}{2}=\log_2\left(\frac{n}{s}+1\right)+\frac{s}{2}$$

若在索引表中采用顺序查找，那么 ASL 为：

$$ASL=\frac{b+1}{2}+\frac{s+1}{2}=\frac{1}{2}\left(\frac{n}{s}+s\right)+1$$

可以看出，分块查找的效率介于顺序查找和折半查找之间。当在索引表中采用折半查找时，s 值越小越好；而当在索引表中采用顺序查找时，s 的值取 $\sqrt{n}$ 时效率最高。

分块查找的缺点是，需要增加一个索引表的存储空间和增加建立索引表的时间。

7.3 基于树表的查找

7.2 节介绍的三种常用查找算法均以线性表作为查找表的组织形式，其中，顺序查找的查找表可采用顺序表或链表实现，而折半查找的查找表必须采用有序顺序表。当查找表中元素的插入或删除操作频繁时，顺序表的维护时间成本较高，而链表虽然实现插入或删除操作比较方便，但只能进行顺序查找，其查找效率不高。因此基于线性表的组织形式更适合静态查找，而对于动态查找通常可采用二叉树和树结构的树表组织形式。树表组织形式便于实现插入和删除操作，并且，若树的形状合适，则其查找效率可接近或等于折半查找。其中，常用的二叉树结构包括二叉排序树和平衡二叉树，常用的树结构包括B-树和B+树。

7.3.1 二叉排序树

二叉排序树又称二叉查找树或二叉搜索树，它是一种特殊的二叉树，其树中结点按照元素关键字呈现出有序分布的特点。正是由于二叉排序树是按照一定规则来组织和存储数据的，因此为实现高效处理奠定了基础，例如，它可以很好地应用于查找和排序问题。这里首先给出二叉排序树的定义。

1. 二叉排序树的定义

二叉排序树或者是一棵空树，或者是满足以下条件的二叉树：

① 若其左子树非空，则其左子树中所有结点的关键字均小于根结点的关键字；

② 若其右子树非空，则其右子树中所有结点的关键字均大于根结点的关键字；

③ 其左、右子树本身均为二叉排序树。

如图7-4所示的二叉树满足以上定义，它是一棵二叉排序树。注意：二叉排序树中不存在关键字相同的元素。

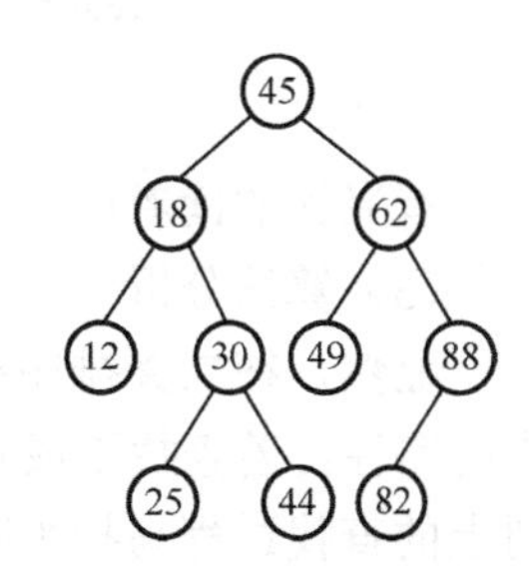

图7-4 二叉排序树示例

利用二叉排序树结点关键字分布的有序性，可实现高效的查找。此外，二叉排序树还有一个重要特点：对其进行中序遍历可得到一个按关键字升序排列的结点序列。此特点可用于对一组数据进行排序，这就是它被称作“二叉排序树”的原因。对如图7-4所示的二叉排序树进行中序遍历，得到的关键字序列为：(12,18,25,30,44,45,49,62,82,88)。

二叉排序树通常采用二叉链表存储，二叉排序树所对应的二叉链表中每个结点的结构体类型定义如下：

```
typedef  struct  Node
{  KeyType  key;            //只说明关键字，其他信息略
   struct  Node  *lchild;   //存放左孩子地址
   struct  Node  *rchild;   //存放右孩子地址
}BSTree;
```

2. 二叉排序树的查找

因为二叉排序树可看作一个有序表，所以二叉排序树上的查找和折半查找类似，也是一个快速缩小查找范围的过程。

(1) 算法思想

首先在整棵树中进行查找，将待查结点的关键字与根结点的关键字进行比较，若相等，则查找成功；若小于根结点的关键字，则说明待查结点只可能出现在左子树中，缩小查找范围到左子树中；若大于根结点的关键字，则说明待查结点只可能出现在右子树中，缩小查找范围到右子树中；在左、右子树中的查找与在整棵树中的查找过程相同。重复上述查找过程，直到查找成功或查找范围缩小为空为止。

（2）算法描述

以下是在二叉排序树上查找指定关键字结点的递归函数实现：

```
//在根结点为t的二叉排序树上查找关键字为k的结点
BSTree   *BstSearch(BSTree   *t,KeyType   k)
{   if(t==NULL)
      return   NULL;                                   //查找失败，返回空指针
    if(t->data.key==k)
      return    t;                                     //查找成功，返回该结点的指针
    else
        if(k<t->data.key)
           return   BstSearch(t->lchild,k);    //在左子树中查找
        else
           return   BstSearch(t->rchild,k);    //在右子树中查找
}
```

有兴趣的读者可按照上述步骤尝试写出二叉排序树查找的非递归函数。

（3）算法分析

显然，在二叉排序树上进行查找，若查找成功，则查找过程走了一条从根结点到待查结点的路径；若查找不成功，则走了一条从根结点到某个度小于 2 的结点的路径。故二叉排序树上的查找过程与折半查找类似，查找过程中关键字的比较次数不会超过二叉树的深度。若待查找的二叉排序树结点个数为 n，最坏的情况是该二叉树为单枝树（树的深度为 n），其查找效率与顺序查找相同，ASL≈$(n+1)/2$；而最好的情况是该树为一棵形态均匀的二叉树（其深度与同结点个数的完全二叉树相同，约为$\lfloor \log_2 n \rfloor+1$），其查找效率与折半查找相同，ASL≈$\log_2 n$。在一般情况下，二叉排序树上的查找效率介于顺序查找与折半查找之间。

3. 二叉排序树的插入

对于任意一组元素，如何将其建成二叉排序树呢？二叉排序树的创建过程其实就是从一棵空树开始，将结点逐个插入的过程。

插入一个新结点的算法步骤描述如下：

1）若待插入的二叉排序树为空，则将新结点作为根结点插入。

2）若待插入的二叉排序树非空，则用新结点的关键字与根结点的关键字进行比较：

① 若新结点的关键字小于根结点的关键字，则将该结点插入根结点的左子树中；

② 若新结点的关键字大于根结点的关键字，则将该结点插入根结点的右子树中。

在二叉排序树中插入新结点的递归算法实现如下：

```
//将关键字为k的新结点插入T所指向的二叉排序树中
//二叉排序树的插入算法，T中存放着指向根结点的指针变量的地址
void   InsertBST(BSTree   **T, KeyType   k)
{   if(*T==NULL)          //若待插入的二叉排序树为空，则将新结点作为根结点插入
    {   *T=(BSTree*)malloc(sizeof(BSTree));
```

```
            (*T)->data.key=k;
            (*T)->lchild=NULL;
            (*T)->rchild=NULL;
        }
        else
         if(k<(*T)->data.key)
            InsertBST( &((*T)->lchild) ,k);    //将新结点插入当前根结点的左子树中
         else
            InsertBST( &((*T)->rchild) ,k);    //将新结点插入当前根结点的右子树中
    }
```

有兴趣的读者可尝试写出在二叉排序树中插入新结点的非递归函数。

4．二叉排序树的创建

二叉排序树的创建过程是，从一棵空的二叉排序树开始，对输入的每个结点关键字首先在二叉排序树中进行查找，若不存在则将其插入树中的恰当位置。例如，对于输入的一组结点关键字{51,34,79,18,45,86}，创建对应的二叉排序树的过程如图 7-5 所示。

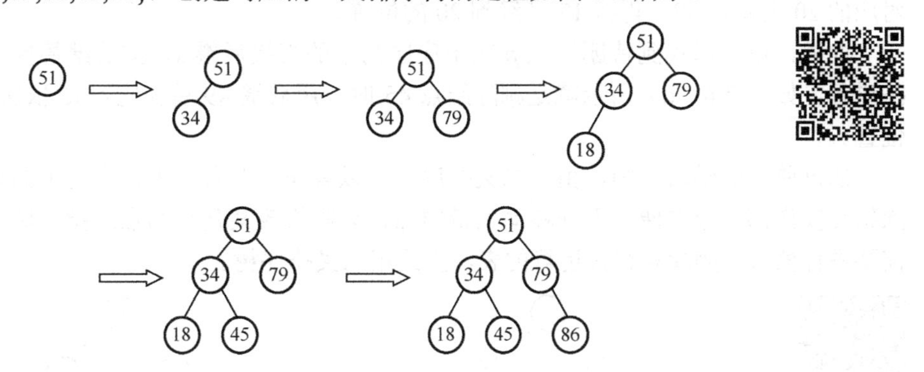

图 7-5　二叉排序树的创建过程

创建二叉排序树的具体算法实现如下：

```
//二叉排序树的创建算法，T 中存放着指向根结点的指针变量的地址
void  CreateBSTree( BSTree   **T)
{  KeyType   endflag=-1;      //endflag 为输入结束标志，在本算法中假定以-1 表示输入结束
   KeyType   x;               //此处 KeyType 暂时按 int 型对待
   printf("请输入要插入的结点值,以-1 结束：\n");
   scanf("%d",&x);            //输入第 1 个结点的关键字
   while(x!=endflag)          //将输入的各结点依次插入二叉排序树中
   {  InsertBST(T,x);
      scanf("%d",&x);         //假定输入的关键字均不相同
   }
}
```

可以看出，一棵二叉排序树的创建是通过输入各结点关键字并调用 InsertBST 函数将其逐个插入二叉树中的恰当位置来实现的。

注意：从创建二叉排序树的整个过程可以看出，对于同一组结点关键字，若其输入顺序不同，则生成的二叉排序树也不同。

5. 二叉排序树的删除

从二叉排序树中删除某个指定关键字的结点，确保删除后要保持二叉排序树的原有性质。假设 p 为待删结点，f 为待删结点的双亲结点，下面分三种情况进行讨论：

① 若待删结点为叶子结点，将其直接删除，当 p 为 f 的左（右）孩子时，修改其双亲结点的左（右）孩子指针域为空即可。如图 7-6（a）所示是 p 为 f 的左孩子情况。

② 若待删结点 p 仅有左子树或仅有右子树，只需用 p 的左或右子树替换 p 即可，即实行左孩子继承或者右孩子继承。如图 7-6（b）所示是 p 只有右子树的情形，这时因为 p 为 f 的左孩子，故执行 f->lchild=p->rchild。

③ 若待删结点 p 的左、右子树均非空，设 p 在中序序列中的直接前驱结点（其左子树中关键字最大的结点，且它无右子树）为 s，按前驱替换、依次升级的方法进行，即 p 用 s 替换，而 s 的左子树则升级到原 s 的位置。如图 7-6（c）所示的就是 p 左、右子树都有的情形，用 s 对应的 20 去替换 38，再将 17 升级到 20 的位置。

此外，也可以找到待删结点 p 在中序序列中的直接后继 s，按后继替换、依次升级的方法进行。如图 7-6（d）所示就是删除结点 45 时，用后继 49 替换它，56 依次升级到原 49 的位置。

通过前面的学习可知，由于二叉排序树可以看作一个有序表，在树上的查找、插入和删除结点操作都十分方便，无须移动大量结点，只需修改某几个结点的指针域，所以对于经常需要进行插入、删除和查找运算的表，宜采用二叉排序树。

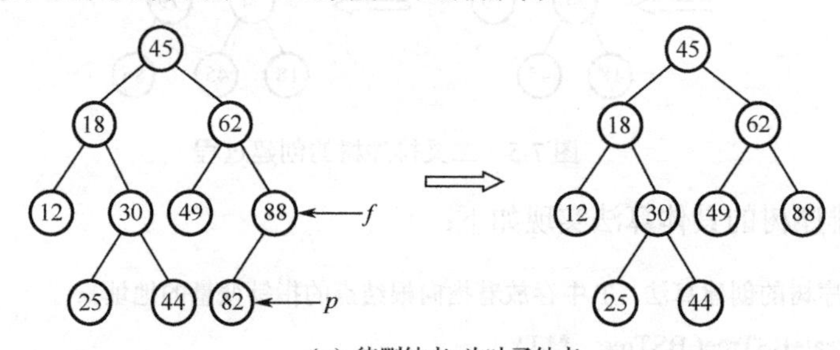

（a）待删结点p为叶子结点

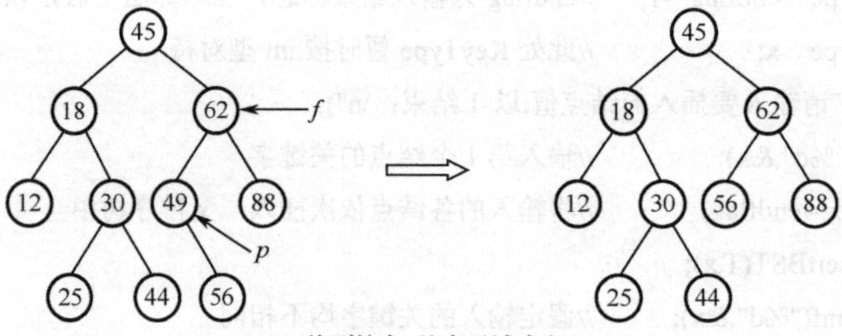

（b）待删结点p的右子域为空

图 7-6 从二叉排序树中删除结点

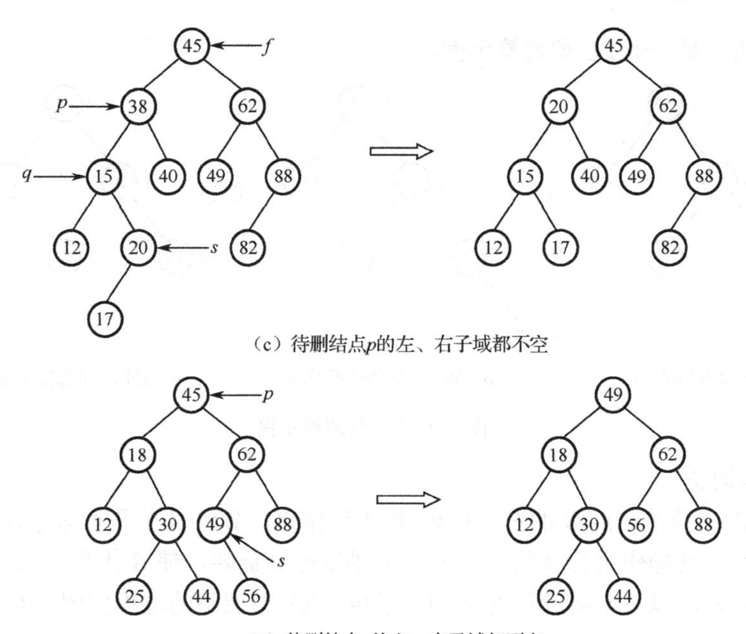

（c）待删结点p的左、右子域都不空

（d）待删结点p的左、右子域都不空

图 7-6 从二叉排序树中删除结点（续）

7.3.2 平衡二叉排序树

二叉排序树的查找效率直接与树的形态相关，为了提高效率，在不影响二叉排序树原有特性的条件下，可以动态调整树，使之形态均匀。这里引入平衡二叉排序树。

若一棵二叉树中每个结点的左、右子树的深度之差（平衡因子）的绝对值不超过 1，则称这样的二叉树为平衡二叉排序树。由于平衡二叉排序树是由两位数学家 Adelson-Velskii 和 Landis 提出的，故又被称为 AVL 树。如图 7-7 所示是一棵 AVL 树。

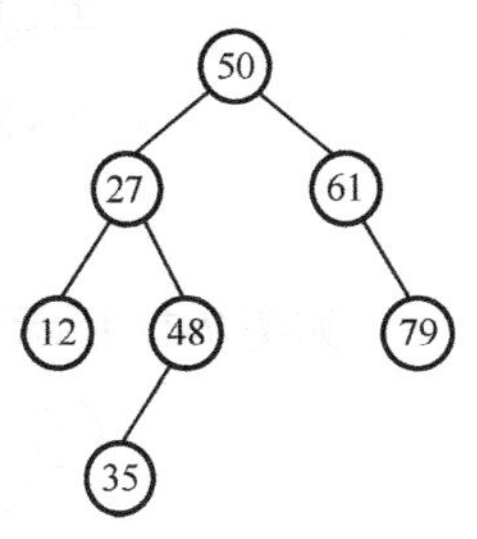

图 7-7 AVL 树

在一棵 AVL 树中插入一个新结点后，有时会导致某些结点的平衡因子发生变化，使原来平衡的状态变为不平衡状态，这时需要对其进行调整。具体操作可分为下列 4 种情况（假设最小不平衡子树的根结点为 A）。

（1）LL 型调整

在结点 A 的左孩子结点 B 的左子树α上插入新结点，导致 A 的平衡因子由 1 增至 2，可通过一次顺时针旋转操作进行调整。以 B 为轴顺时针旋转，使 B 代替 A 成为根结点，A 成为 B 的右孩子，B 的原右子树旋转为 A 的左子树。如图 7-8 所示是 LL 型调整过程。

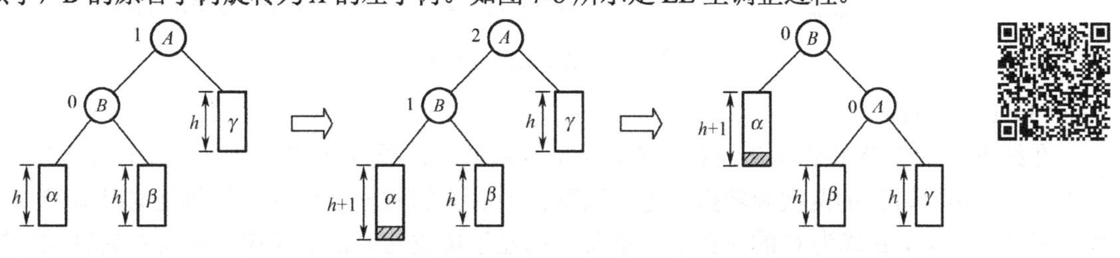

（a）插入新结点前 （b）插入新结点后使A不平衡 （c）经LL型调整后达到平衡

图 7-8 LL 型调整过程

如图 7-9 所示是一个 LL 型调整示例。

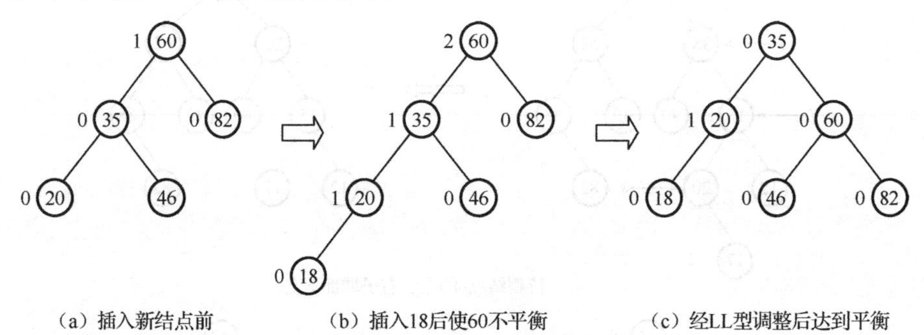

图 7-9　LL 型调整示例

（2）RR 型调整

在结点 A 的右孩子结点 B 的右子树 γ 上插入新结点，导致 A 的平衡因子由−1 增至−2，可通过一次逆时针旋转操作进行调整。将 B 作为轴逆时针旋转，使 B 代替 A 成为根结点，A 成为 B 的左孩子，B 的原左子树旋转为 A 的右子树。RR 型调整的过程如图 7-10 所示。

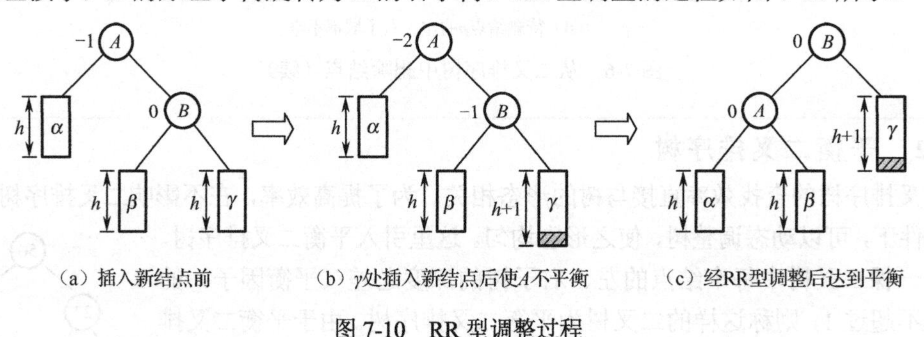

图 7-10　RR 型调整过程

如图 7-11 所示是一个 RR 型调整示例。

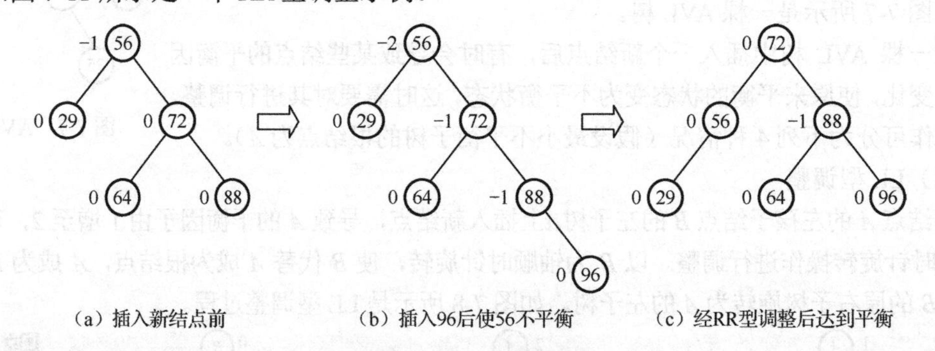

图 7-11　RR 型调整示例

（3）LR 型调整

在结点 A 的左孩子结点 B 的右子树 β 上插入新结点，导致 A 的平衡因子由 1 增至 2，通过先逆时针再顺时针的两次旋转操作进行调整。先以 B 的右孩子结点 C 为轴逆时针旋转，取代原来 B 的位置，B 成为 C 的左孩子，原来 C 的左子树成为 B 的右子树；再以 C 为轴顺时针旋转，使 C 代替 A 成为根结点，A 成为 C 的右孩子，原来 C 的右子树成为 A 的左子树。如图 7-12 所示为 LR 型调整过程。

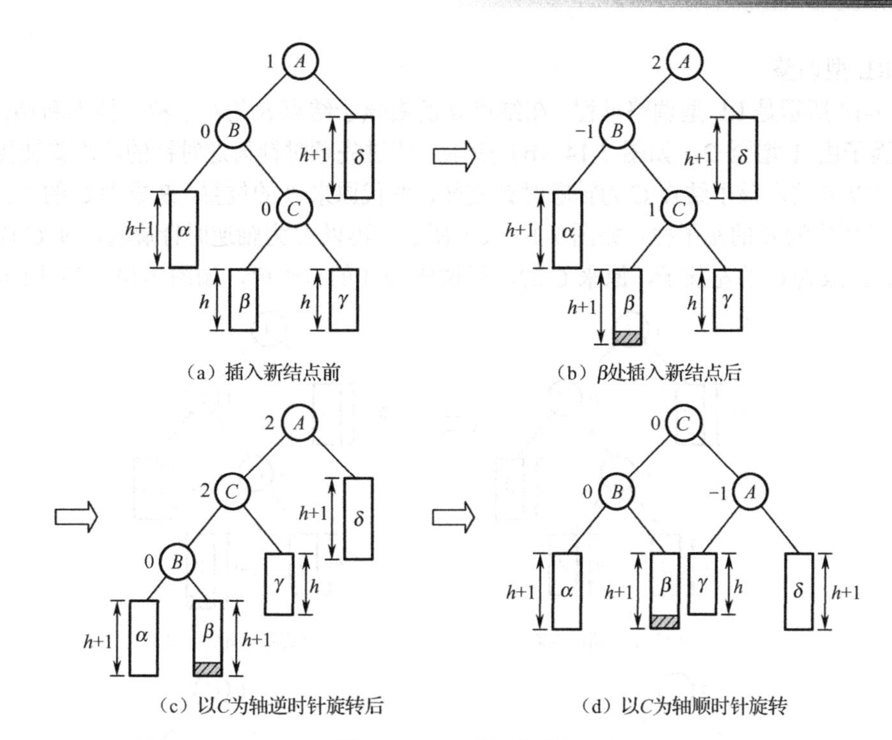

(a) 插入新结点前

(b) β处插入新结点后

(c) 以C为轴逆时针旋转后

(d) 以C为轴顺时针旋转

图 7-12 LR 型调整过程

如图 7-13 所示是一个 LR 型调整示例。

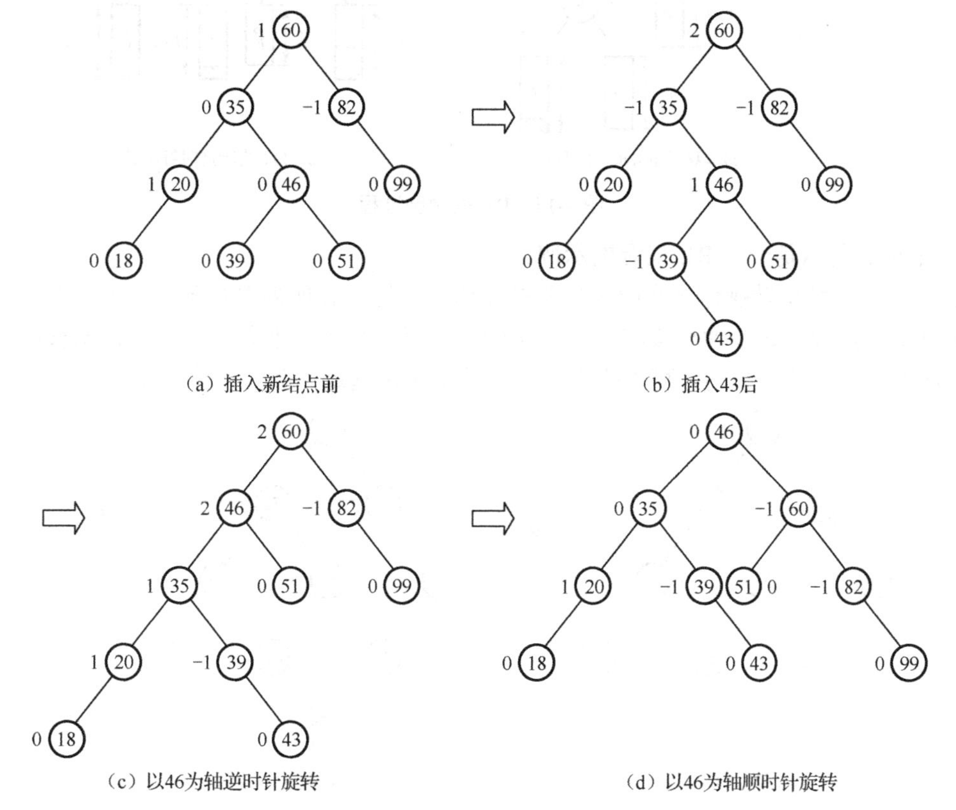

(a) 插入新结点前

(b) 插入43后

(c) 以46为轴逆时针旋转

(d) 以46为轴顺时针旋转

图 7-13 LR 型调整示例

（4）RL 型调整

如图 7-14 所示是 RL 型调整过程。在结点 *A* 的右孩子结点 *B* 的左子树上插入新结点，导致 *A* 的平衡因子由−1 增至−2，如图 7-14（b）所示。通过先顺时针再逆时针的两次旋转操作进行调整。首先以 *B* 的左孩子结点 *C* 为轴顺时针旋转，取代原来 *B* 的位置，*B* 成为 *C* 的右孩子，原来 *C* 的右子树成为 *B* 的左子树，如图 7-14（c）所示。再以 *C* 为轴逆时针旋转，使 *C* 代替 *A* 成为根结点，*A* 成为 *C* 的左孩子，原来 *C* 的左子树成为 *A* 的右子树，如图 7-14（d）所示。

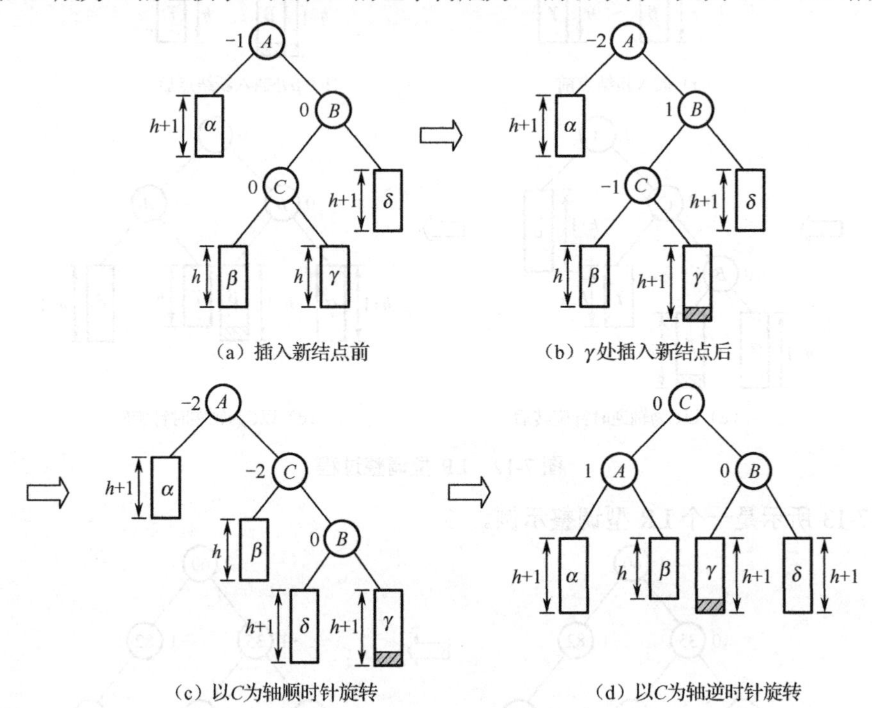

图 7-14　RL 型调整过程

如图 7-15 所示是一个 RL 型调整示例。

由于上述 4 种旋转操作不会改变二叉排序树的特性，表现为中序遍历所得到的关键字序列仍保持不变，因此这些调整策略可以被正确地应用在最小不平衡子树上，且调整后子树的深度与插入结点之前的相同，可以确保调整后的二叉树满足平衡二叉树的要求。

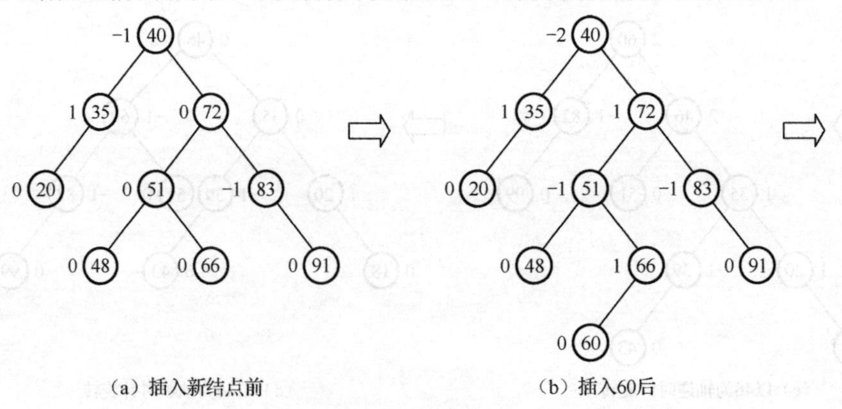

图 7-15　RL 型调整示例

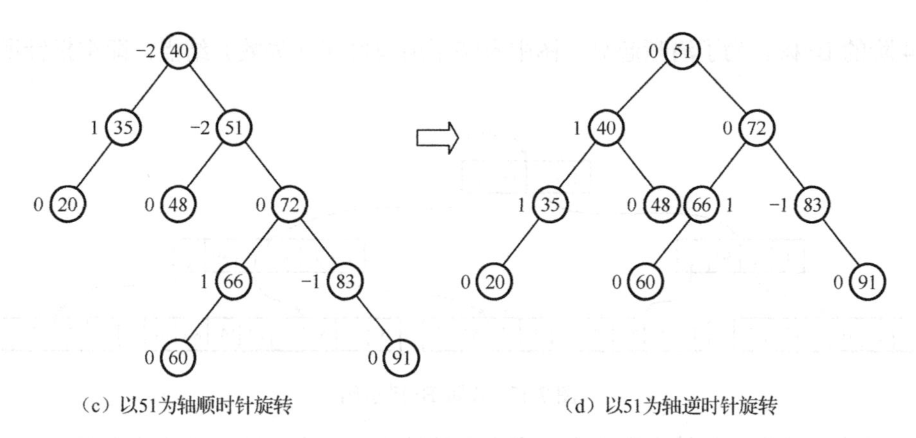

（c）以51为轴顺时针旋转　　（d）以51为轴逆时针旋转

图 7-15　RL 型调整示例（续）

7.3.3　B-树

对于前面介绍的二叉排序树来说，查找效率与树的深度密切相关。但由于二叉树中每个结点最多只能有 2 个孩子，结点个数为 n 的二叉树的深度不可能突破$\lfloor \log_2 n \rfloor+1$ 的限制，因此只有构造度大于 2 的查找树，才能进一步减少树的深度，降低查找过程中对结点的访问次数。B-树，也称为 B 树，就是一种可应用于动态查找的多叉排序树（这里的多叉是指 B-树的度通常大于或等于 3），其查找效率高于二叉排序树，常用于文件系统中。B-树的度也被称为该树的阶。

1．B-树的定义

一棵 m 阶 B-树或者是一棵空树，或者是满足以下 5 个条件的 m 叉树：

① 树中每个结点至多有 m 棵子树；

② 若根结点不是叶子结点，则其至少有两棵子树；

③ 除根结点外，其余结点中的非叶子结点至少有$\lceil m/2 \rceil$棵子树；

④ 所有的叶子结点都分布在树中的同一层上，并且不带信息，被称为失败结点，指向这些结点的指针为空；

⑤ 所有非叶子结点最多有 $m-1$ 个关键字。

B-树的结点结构如图 7-16 所示。

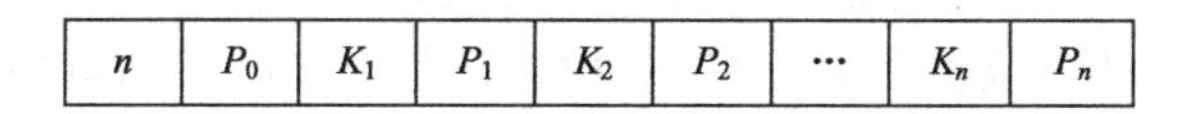

n	P_0	K_1	P_1	K_2	P_2	…	K_n	P_n

图 7-16　B-树的结点结构

其中，n 为该结点中关键字的个数，除根结点外，其他结点的 n 满足$\lceil m/2 \rceil-1 \leqslant n \leqslant m-1$；$K_i$（$i$=1, 2,⋯,$n$）为该结点的第 i 个关键字，且满足 $K_i<K_{i+1}$；P_i（i=0,1,⋯,n）为指向该结点各子树根结点的指针，且 P_i（i=1,2,⋯,n−1）所指向的子树中所有结点的关键字均大于 K_{i-1} 且小于 K_{i+1}，其中，P_0 所指向的子树中所有结点的关键字均小于 K_1，P_n 所指向的子树中所有结点的关键字均大于 K_n。

由于 B-树中所有叶子结点均分布在同一层上，故 B-树的形态具有平衡的特点。图 7-17

为一棵 4 阶的 B-树。为了清晰起见，图中省略了所有叶子（失败）结点，即空指针所指向的结点。

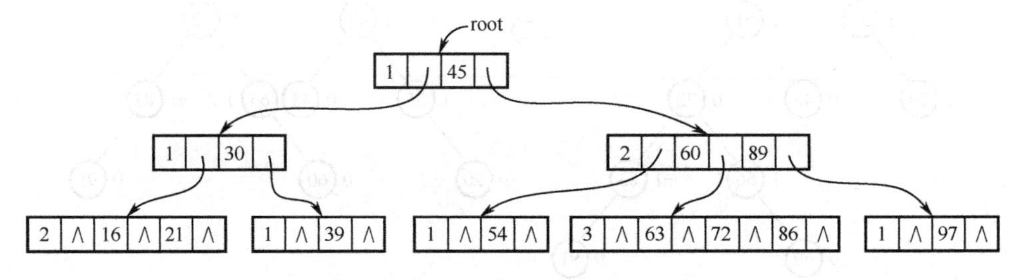

图 7-17 4 阶 B-树示例

图 7-17 中，度为 4 的结点有 1 个，度为 3 的结点有 2 个，度为 2 的结点有 5 个。各结点中的关键字个数为其度数减 1，且所有结点中的关键字是有序的。B-树平衡、多叉、有序的特点保证了查找操作的效率。

2．B-树的查找

要在一棵指定的 B-树中查找关键字为 k 的元素，需将 k 与根结点中的 n 个有序排列的关键字 K_i（i=1,2,…, n）进行比较，比较过程可采用顺序查找或折半查找，根据比较的结果选择执行下列操作：

① 若 $k=K_i$，则查找成功；

② 若 $k<K_1$，则在指针 P_0 所指向的子树中继续查找；

③ 若 $K_i<k<K_{i+1}$，则在指针 P_i 所指向的子树中继续查找；

④ 若 $k>K_n$，则在指针 P_n 所指向的子树中继续查找；

⑤ 若一直查找到了叶子结点，则查找失败。

可以看出，在上述自上而下的查找过程中，每经过一次关键字的比较，查找范围可迅速从当前的 B-树缩小为它的某棵子树，直到查找成功，或者查找范围缩小为空树，说明查找失败。

3．B-树的插入

B-树的插入过程与二叉排序树的插入过程类似。插入前先在树中查找待插元素（关键字）是否存在，只有查找失败时才进行插入。当查找失败时，查找路径中的最后一个非叶子结点即为新元素应该插入的结点位置。由于在 B-树中，每个非叶子结点的关键字个数不能超过 m-1，所以当该结点的关键字个数已达 m-1 时，不能在此结点上直接插入，而是需要对该结点进行分裂操作。

结点分裂的具体方法是：以中间关键字（第 m/2 个关键字）为界将原结点一分为二，中间关键字则向上插入其双亲结点中；若插入会导致其双亲结点的关键字个数超过上限，则按相同的方法继续向上分裂；若分裂一直进行到根结点，则 B-树的高度会因此增 1。

在一棵 4 阶 B-树中依次插入关键字 50 和 80 的过程如图 7-18 所示。为了清晰起见，在图中仅列出各结点的关键字。

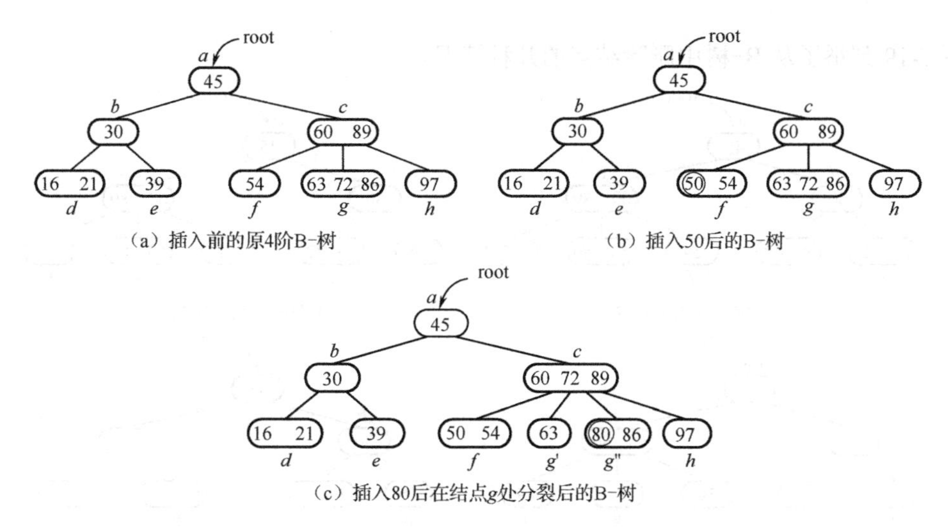

图 7-18 B-树插入示例

插入 50 的过程：先在 B-树中查找关键字 50，到达结点 f 处确认查找失败，将 50 直接插入 f 的恰当位置即可，如图 7-18（b）所示。

插入 80 的过程：先在 B-树中查找关键字 80，在结点 g 处确认查找失败并将 80 插入 g 的恰当位置。但由于插入后 g 的关键字个数达到 4，超过了 4 阶 B-树结点的最大关键字个数 3，因此在该结点处进行了分裂，以中间的第 $m/2$ 个关键字，即第 2 个关键字位置为界将 g 一分为二，分裂为 g' 和 g'' 两个结点，中间关键字 72 向上插入双亲结点 c 中。由于 c 的关键字个数符合 4 阶 B-树的要求，无须继续分裂，插入 80 后的结果如图 7-18（c）所示。

4. B-树的删除

B-树的删除操作中，最核心的问题是在删除了位于某个结点上的指定关键字后，使该结点的关键字个数仍符合 B-树的定义，即使其关键字个数不小于 $\lceil m/2 \rceil-1$，否则就要通过移动或合并操作进行相应的调整。

具体删除时，若待删关键字位于底层非叶子结点处，可分为以下几种情况进行处理：

1）若该结点的关键字个数大于 $\lceil m/2 \rceil-1$，则直接进行对应元素的删除。

2）若该结点的关键字个数等于 $\lceil m/2 \rceil-1$，则删除后该结点的关键字个数将不符合 B-树的定义，因此需要通过合并或移动操作进行调整。

① 若与该结点相邻的左（或右）兄弟结点的关键字个数大于 $\lceil m/2 \rceil-1$，则将其左（或右）兄弟结点中的最大（或最小）关键字上移到其双亲结点中，并将双亲结点中大于（或小于）上移关键字的相邻关键字下移至该底层非叶子结点处，之后删除待删元素。

② 若与该结点相邻的左（或右）兄弟结点的关键字个数等于 $\lceil m/2 \rceil-1$，则将该底层非叶子结点与其左（或右）兄弟结点及其双亲结点上分割二者的元素在其兄弟结点处进行合并。合并后，若其双亲结点的关键字个数小于 $\lceil m/2 \rceil-1$，则需继续做相应处理。

若待删关键字位于非底层非叶子结点处，直接删除会丢失其子树信息，可用待删元素右（或左）边相邻指针所指向子树中关键字最小（或最大）的元素来替换待删元素。由于待删元素右（或左）边相邻指针所指向子树中关键字最小（或最大）的元素一定位于底层非叶子结点位置，因此替换后原非底层非叶子结点处的删除问题即被转化为底层非叶子结点处的删除问题。

图 7-19 列举了从 B-树中删除结点的几种情况。

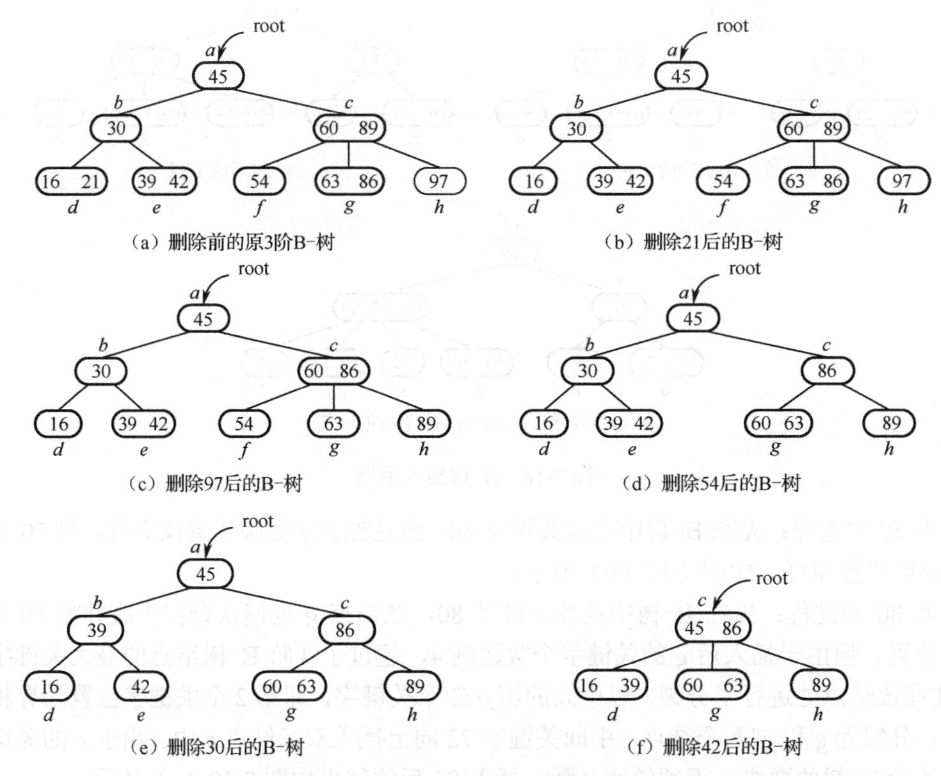

图 7-19　从 B-树中删除结点的几种情况

图 7-19（b）为在原 3 阶 B-树中删除底层非叶子结点 d 中的关键字 21 的结果。由于 d 在删除 21 之前的关键字个数大于$\lceil m/2\rceil$-1，故直接在 d 处删除 21 即可。

图 7-19（c）为在 B-树中继续删除底层非叶子结点 h 中的关键字 97 的结果。由于 h 在删除 97 之前的关键字个数等于$\lceil m/2\rceil$-1，且与其相邻的左兄弟结点 g 的关键字个数大于$\lceil m/2\rceil$-1，故将 g 的最大关键字 86 上移至其双亲结点 c 中，并将 c 中大于关键字 86 的相邻关键字 89 下移至 h 处。

图 7-19（d）为在 B-树中继续删除底层非叶子结点 f 中的关键字 54 的结果。由于 f 在删除 54 之前的关键字个数等于$\lceil m/2\rceil$-1，且与其相邻的兄弟结点 g 的关键字个数也等于$\lceil m/2\rceil$-1，故将 f 与其兄弟结点 g 及其双亲结点 c 上分割二者的关键字 60 合并成一个结点。

图 7-19（e）为在 B-树中继续删除非底层非叶子结点 b 中的关键字 30 的结果。通过用待删关键字 30 右边相邻指针所指向子树中的最小关键字 39 来替换 30，使 30 换到了底层非叶子结点 e 上，从而将问题转化为在底层非叶子结点 e 中删除关键字 30。

图 7-19（f）为在 B-树中继续删除底层非叶子结点 e 中的关键字 42 的结果。由于删除 42 后 e 剩余的关键字个数为 0，需将 e 与其兄弟结点 d 及其双亲结点 b 上分割二者的关键字 39 在 d 处进行合并，合并后 b 的关键字个数变为 0，不符合 B-树的定义，因此需要继续将 b 与其兄弟结点 c 及其双亲结点 a 上分割二者的关键字 45 在 c 处进行合并。

7.3.4 B+树

1. B+树的定义

B+树是B-树的一种变形，主要用于文件索引系统。如图7-20所示为一棵3阶的B+树。m阶B+树与m阶B-树主要存在以下不同：

① B+树中有n棵子树的结点中含有n个关键字，而B-树中有n棵子树的结点中含有n-1个关键字；

② B+树中的叶子结点包含了所有关键字的信息，且各个叶子结点从左向右按照关键字有序链接；

③ B+树中的每个非叶子结点均具有索引作用，仅含有各个关键字所对应的子树中所有结点的最大（或最小）关键字。

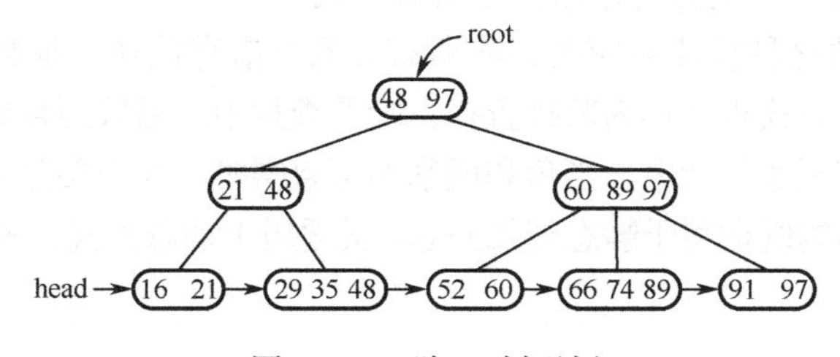

图7-20 3阶B+树示例

B+树中的叶子结点可以看作一个个文件，而非叶子结点则可看作这些文件的索引部分。由图7-20可以看出，B+树的结构已不符合树的定义，但由于它是从B-树演化而来的，因此仍被称为树。为了方便查找，通常会在B+树中设置两个头指针，分别指向根结点和第一个叶子结点，通过指向根结点的头指针可进行随机查找，而通过指向第一个叶子结点的头指针可实现顺序查找。

2. B+树的查找、插入和删除

B+树中从指针 head 开始的顺序查找过程与单链表中的查找过程相同。B+树中的随机查找、插入及删除过程基本与B-树的类似。B+树中的每一次随机查找，都是走了一条从根结点到叶子结点的路径。当非叶子结点上的关键字等于给定关键字时并不结束查找，而是继续向下查找，直到叶子结点处才结束整个查找过程。

B+树中的插入操作仅在叶子结点处进行。当插入操作造成结点的关键字个数超过上限m时，需将其分裂为两个结点，两个结点的关键字个数分别为$\lfloor (m+1)/2 \rfloor$和$\lceil (m+1)/2 \rceil$，并且这两个结点的双亲结点应同时包含它们的最大关键字。

B+树的删除操作也仅在叶子结点处进行。当删除操作造成结点的关键字个数低于下限$\lceil m/2 \rceil$时，需将该结点与其兄弟结点进行合并，合并过程与B-树的类似。当结点中的最大关键字被删除时，其在各上层结点中的值可以作为一个“分界关键字”存在。

7.4　基于哈希表的查找

7.4.1　哈希查找的基本思想

一般的查找方法都是通过若干次的关键字比较才能确定待查元素在存储结构中的存放位置，如前面介绍的顺序查找、折半查找及在树表中的查找。要提高查找算法的效率，比较的次数越少越好，最理想的情况是查找每个元素都只需比较一次。但若元素是随意存放的，即元素的关键字与其存放位置间没有对应关系，则对一个给定的待查关键字，无法得知对应元素的存放位置，所以想经过一次比较完成查找是无法实现的。而如果存放时，在每个元素的关键字和存放位置间建立一定的对应关系，那么查找时只要按照这个对应关系即可根据关键字得到待查元素的存放位置，这样只要比较一次就能实现查找。这种通过建立元素关键字与存放位置的对应关系实现查找的新方法就是哈希查找。

哈希查找中采用的这种按照对应关系将所有元素分散存放在一维数组中的存储结构称为散列存储结构，故哈希查找也被称为散列查找。哈希查找中采用散列存储结构的目的是通过牺牲空间来换取时间。在现实生活中，当鱼和熊掌不可兼得时，同样要分主次，懂取舍。哈希查找所采用的散列存储结构既适用于静态查找问题，又适用于动态查找问题，且查找效率非常高。

1．哈希函数

哈希函数是指线性表中各个元素所建立的关键字与其在一维数组中存放位置之间的函数（对应关系），其形式为：

$$\mathrm{addr}(a_i)=H(k_i)$$

式中，H 为哈希函数名，a_i 为线性表中的第 i 个元素，k_i 为第 i 个元素的关键字。

2．哈希地址

通过哈希函数，对线性表中的每个元素根据关键字所计算出的其在一维数组中的存放位置称为该元素的哈希地址。

3．哈希表

按哈希地址存放每个元素所生成的存储结构称为哈希表。哈希表空间的单元个数称为哈希表表长，表长应大于元素的个数。

注意：哈希表中存放的是元素的所有数据项，而并非只存放元素的关键字。为了描述方便，在下面的各例中哈希表元素的数据项仅考虑关键字。

【例 7-1】 若有一个线性表的关键字集合为{65,47,86,34,12,77}，对其构造的哈希函数为：$H(k)=k/10$，若所开辟的哈希表空间地址范围为 0～9，则形成的哈希表见表 7-1。

表 7-1　哈希表

地址	0	1	2	3	4	5	6	7	8	9
关键字		12		34	47		65	77	86	

4. 冲突

若例 7-1 中的关键字集合改为{65,47,66,34,12,77}，则对关键字 65 和 66 按照哈希函数所计算出的哈希地址均为 6。这种在计算哈希地址时所出现的不同关键字对应到同一个地址的现象，称为冲突。关键字不同但哈希地址相同的元素称为“同义词”，由同义词引起的冲突称为同义词冲突。

在哈希查找中，最理想的情况是没有冲突，但是实际上冲突很难完全避免。冲突的多少直接决定着哈希查找的效率，它主要与以下三个因素有关。

（1）装填因子

装填因子 α 定义为：

$$\alpha=\frac{\text{哈希表中存放的元素个数}}{\text{哈希表表长}}$$

α 越小，哈希表中空闲单元的比例就越大，冲突的可能性就越小，而空间的利用率就越低；α 越大（最大可取 1），哈希表中空闲单元的比例就越小，冲突的可能性就越大，而空间的利用率就越高。通常，α 取值范围为 0.6～0.9 时，可以使冲突较少且兼顾空间利用率。

（2）所采用的哈希函数

对于不同的问题应根据数据的实际情况选择合适的哈希函数，使元素的哈希地址尽可能分布均匀，从而避免或减少冲突的出现。

（3）冲突处理方法

冲突往往难以避免，在出现冲突时需要采取有效的冲突处理方法。

7.4.2 哈希函数的构造

为尽可能减少冲突且兼顾空间利用率，构造哈希函数时应尽可能使所有元素的哈希地址均匀分布在 m 个连续的内存单元上，同时计算过程应尽量简单以便达到较高的时间效率。下面介绍几种常用的哈希函数构造方法。

（1）直接定址法

取关键字本身或其线性函数值作为哈希地址。其形式为：$H(k)=ak+b$，式中，a 和 b 为常数。例 7-1 中的哈希函数采用的就是这种构造方法。此方法构造的哈希函数计算简单，适用于关键字分布基本连续的问题，而当关键字分布不连续时该方法会造成内存单元的大量浪费。

（2）除留余数法

取关键字被某个不大于哈希表表长 m 的数 p 除后所得的余数作为哈希地址，其形式为：$H(k)=k\,\%\,p$。这是一种最简单、最常用的哈希函数构造方法。此方法中，p 的选择十分重要，选择不当会造成大量冲突。研究表明，在一般情况下，p 选取不大于 m 的最大质数效果最好。

（3）数字分析法

取关键字中分布较均匀的 n 个数位作为哈希地址。n 的值应为哈希表地址的位数，如哈希地址范围为 0～99（两位数），则 n 应取 2。此方法通过挑选分布均匀的数位可减少冲突的发生，适用于所有关键字已知的情况。例如，哈希地址位数为 3，对下列一组关键字进行数字分析可知，其第 4、8 和 9 位分布较均匀，于是可取每个元素关键字中的这三个数位构成其哈希地址。

关键字	哈希地址
1**3**194**26**	326
1**7**183**09**	709
1**6**294**43**	643
1**7**586**15**	715
1**9**196**97**	997
1**3**103**29**	329
…	…

除以上介绍的三种方法外，常用的哈希函数构造方法还有平方取中法和折叠法。平方取中法是指取关键字平方后分布比较均匀的中间几位作为哈希地址。由于平方后的中间几位数和关键字的每位都有关，并且数字分布更加均匀，所以平方取中法得到的哈希地址冲突很少，是对数字分析法的一种改进方法。折叠法是指将关键字分割为位数基本相同的若干部分，取这几个部分的叠加和作为哈希地址。折叠法适用于哈希地址位数较短而关键字位数较长的情况。在具体问题中，应根据哈希表的地址空间、元素关键字的分布及特点构造合适的哈希函数，使哈希函数能够映射到哈希表地址空间范围内并且尽量避免冲突的出现。

7.4.3　常见冲突处理方法

构造合适的哈希函数虽然能够减少冲突，但是却无法避免冲突。因此，如何处理冲突是构造哈希表不可缺少的另一个重要方面。这里介绍两种常用的冲突处理方法：开放定址法和链地址法。

注意：在后面列举的哈希表中，为了简单起见，只给出了每个元素的关键字，而在实际问题中哈希表存储的元素均为多个数据项构成的结构体类型，除关键字外，还包括其他的非关键字。

1. 开放定址法

这种方法的基本思想是：从发生冲突的地址出发，沿着一个特定的探测序列为冲突元素在哈希表中探测一个新的空闲单元。其探测的序列可用下式描述：

$$H_i=(H(k)+d_i)\% \, m,\ i=1,2,3,\cdots$$

式中，k 为新关键字，m 为哈希表表长，H_i 为探测序列中的第 i 个地址。

1）当 d_i 取 $1,2,3,\cdots,m-1$ 时，称为线性探测法。线性探测法的优点是简单易行，且只要哈希表未被填满，就保证能找到一个空闲单元来存放有冲突的元素；缺点是容易产生冲突的“堆积”，从而大大降低查找的效率。由于解决同义词冲突而引起的冲突称为非同义词冲突。

2）当 d_i 取 $1^2,-1^2,2^2,-2^2,3^2,-3^2,\cdots,\pm j^2$（$1\leqslant j\leqslant m-1$）时，称为平方探测法。平方探测法由于展开的是前后跳跃性的探测，且跳跃幅度越来越大，因此可有效避免非同义词冲突的堆积；该方法不一定能探测到哈希表中的所有单元，但最少能探测到一半的单元。

在开放定址法处理冲突所生成的哈希表中进行查找时，首先按照哈希函数计算出待查关键字所对应的地址；然后用此地址元素的关键字和待查关键字进行比较，若相等，则查找成功，若不等，则沿着建立哈希表时的探测序列继续在哈希表中查找，直至查找成功或者探测到一个空位（查找失败）为止。显然，用开放定址法处理冲突，在建立哈希表之前必须将表中所有单元置空。

【例7-2】 设有关键字序列{62,30,18,45,21,78,66,32,54,48}，现用除留余数法构造哈希函数，分别用线性探测法和平方探测法处理冲突，将其散列到地址空间为0～10的哈希表中，试画出对应生成的哈希表。

解：取不大于哈希表空间单元个数11的最大质数11作为p的值，则哈希函数为：$H(k)=k\,\%\,11$。按照哈希函数，计算出各关键字对应的地址，见表7-2。

表7-2 地址表

关键字	62	30	18	45	21	78	66	32	54	48
地址	7	8	7	1	10	1	0	10	10	4

① 线性探测法处理冲突：按关键字的先后顺序依次将各个元素放入哈希表中对应的哈希地址处，如果在存放时发生了冲突，则将其放入线性探测法探测到的空闲单元中。最终生成的哈希表见表7-3。

表7-3 线性探测法处理冲突生成的哈希表

地址	0	1	2	3	4	5	6	7	8	9	10
关键字	66	45	78	32	54	48		62	30	18	21

② 平方探测法处理冲突：按关键字的先后顺序依次将各个元素放入哈希表中对应的哈希地址处，如果在存放时发生了冲突，则将其放入平方探测法探测到的空闲单元中。最终生成的哈希表见表7-4。

表7-4 平方探测法处理冲突生成的哈希表

地址	0	1	2	3	4	5	6	7	8	9	10
关键字	66	45	78	54	48		18	62	30	32	21

2. 链地址法

链地址法：为每个哈希地址建立一个单链表，将所有同义词存储在同一个单链表中，单链表的头指针存放在基本表中。在将某个关键字对应的元素向单链表中插入时，既可以插在链尾，也可以插在链头。

在用链地址法处理冲突所生成的哈希表中进行查找时，首先按照哈希函数计算出待查关键字对应的地址；然后在该地址的单链表中进行查找，即从链头出发，逐个将表结点的关键字和待查关键字进行比较，直至查找成功或整个链表查找结束仍未找到（查找失败）为止。

【例7-3】 将例7-2中的冲突处理方法改为链地址法（在链头插入），画出生成的哈希表。

解：首先按照哈希函数，计算出各关键字对应的地址，见表7-2；为每个哈希地址建立单链表，将所有同义词存入同一个单链表中，最终生成的哈希表如图7-21所示。

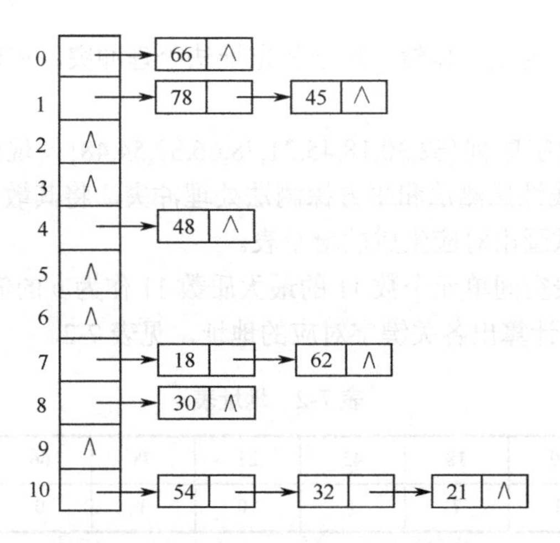

图 7-21 链地址法处理冲突生成的哈希表

下面对前面介绍的冲突处理方法进行简单的比较。

在开放定址法中，由于线性探测法在遇到冲突时总是探测冲突地址的下一个单元，因此会使后面单元的冲突机会加大，即容易使冲突在某个区域“堆积”，而平方探测法则能较好地避免这种情况的发生；但是，只要哈希表未满，线性探测法保证能够找到一个不发生冲突的单元，而平方探测法则不一定能做到这一点。

链地址法与开放定址法相比，不会产生堆积现象；但由于链地址法中要存储大量的指针，因此所用的空间要比开放定址法多。在用链地址法处理冲突时，若结点的插入位置不同（链头或链尾），所生成的链表中结点的先后顺序也不同。

7.4.4 哈希表的基本运算

哈希表的基本运算包括插入、创建、删除和查找等。不同冲突处理方法生成的哈希表的运算算法差异很大，本节仅以开放地址法中的线性探测法为例进行介绍。当哈希表某个单元为空闲状态时，将其关键字置为特殊值 NULLKEY。假定各算法中的哈希函数已定义好，其函数原型为 int Hash(int k)，其中 k 为元素的关键字，函数返回值为元素的哈希地址。注意：在创建哈希表之前，一定要清空所有单元，即将每个单元的关键字都初始化为 NULLKEY。

1. 哈希表的插入

在哈希表中插入一个新元素时，首先求出该元素的哈希地址，若该地址对应的单元空闲则将新元素直接放入此位置，否则按照探测序列为新元素寻找新的空闲单元并将其放入。

```
//在 ht 数组所对应的哈希表中插入一个关键字为 k 的新元素
int   InsertHash(DataType ht[],int m,int k)
{  int   h0,hi,di;
   h0=Hash(k);                    //计算哈希地址
   hi=h0;
   di=1;
   while(ht[hi].key!=NULLKEY&&ht[hi].key!=DELKEY&&ht[hi].key!=k&&di<m)
```

```
    {   hi=(h0+di)%m;               //遇到冲突，采用线性探测法在表中寻找存放位置
        di++;
    }
    if(ht[hi].key!=k&&di<m)         //将新元素放入地址为 hi 的单元中
    {   ht[hi].key=k;
        return  1;
    }
    else
    {   if(ht[hi].key==k)           //处理两种不能插入的特殊情况
            printf("元素%d 已存在!\n",k);
        else
            printf("哈希表已满!\n");
        return  0;
    }
}
```

2．哈希表的创建

哈希表的创建就是在一个空的哈希表基础上，将所有元素通过调用插入算法逐个插入哈希表的过程。

```
//在 ht 数组 0~m-1 地址范围内创建哈希表
void  CreateHash(DataType  ht[],int  m)
{   int  endflag=-99999;
    int  i,x;
    for(i=0;i<m;i++)
        ht[i].key=NULLKEY;          //将哈希表各个单元初始化为空状态
    printf("请输入哈希表中各个元素的值，以 endflag=-99999 结束:\n");
    scanf("%d",&x);
    while(x!=endflag)               //逐个输入元素的值（关键字），直到遇到结束标志
    {   InsertHash(ht,m,x);         //若元素不存在，则将其插入哈希表中
        scanf("%d",&x);
    }
}
```

3．哈希表的删除

在采用开放定址法处理冲突的哈希表中进行删除操作时，不能直接将被删元素的关键字置为空（赋值为 NULLKEY），因为这样会阻断在此之后插入的同义词元素的查找路径。在查找过程中一旦遇到空闲单元，就会认为查找失败。哈希表的删除算法中，通过将被删元素的关键字置为特殊值 DELKEY 来标记该元素已被删除，从而和关键字为 NULLKEY 的空闲单元相区别。

```
//在 ht 数组所对应的哈希表中删除关键字为 k 的元素
int   DeleteHash(DataType   ht[],int   m,int   k)
{   int   i;
    i=SearchHash(ht,m,k);   //查找待删元素在哈希表中的位置
    if(i!=-1)
    {   ht[i].key=DELKEY;   //若待删元素存在，则将其关键字置为删除标记
        return   1;         //返回 1 表示删除成功
    }
    else                    //若待删元素不存在，返回 0 表示删除失败
        return 0;
}
```

4．哈希表的查找

在哈希表建成后，哈希查找的过程实际上比较简单，实质上就是按照建立哈希表时处理冲突的方法，根据哈希地址在哈希表中查找指定关键字的元素。

```
//在 ht 数组所对应的哈希表中查找关键字为 k 的元素
int   SearchHash(DataType   ht[],int   m,int   k)
{
    int   h0,hi,di;
    h0=Hash(k);
    hi=h0;
    di=1;
    while(ht[hi].key!=NULLKEY&&ht[hi].key!=k&&di<m)
    {   hi=(h0+di)%m;
        di++;
    }
    if(ht[hi].key==k)       //查找成功，返回位置
        return   hi;
    else
        return   -1;        //查找失败返回-1
}
```

读者可参照以上算法尝试写出采用平方探测法及链地址法解决冲突所建立的哈希表上的相关算法。

在理想情况下，哈希查找的平均查找长度为 1，即查找任意元素只需比较一次。但是，由于冲突的存在，在哈希查找过程中对关键字的比较次数可能不止一次，故其平均查找长度通常大于 1。冲突处理方法不同，查找效率也会不同。通常，平方探测法优于线性探测法，链地址法优于平方探测法。

例如，在例 7-2 中采用线性探测法处理冲突所建立的哈希表中进行查找的平均查找长度为：

$$ASL=(1+1+3+1+1+2+1+5+6+2)/10=2.3$$

例 7-2 中采用平方探测法处理冲突所建立的哈希表中进行查找的平均查找长度为：

$$ASL=(1+1+3+1+1+2+1+3+4+1)/10=1.8$$

例 7-3 中采用链地址法处理冲突所建立的哈希表中进行查找的平均查找长度为：

$$ASL=(1+1+2+1+1+2+1+1+2+3)/10=1.5$$

7.5 查找算法的应用举例

查找算法的应用十分广泛，采用计算机处理数值或非数值问题时，都会涉及查找操作。特别是在数据量庞大的实时系统中，如火车、飞机订票系统、网页信息检索等，查找算法的好坏直接决定着整个系统的性能。由于线性表中的查找和哈希表中的查找都是基于线性结构的查找方法，理解和应用相对简单，所以本节以基于二叉排序树的查找为例来介绍查找算法的应用。

1. 问题描述

字符串统计问题：输入一个字符串，字符串中可包含键盘上的任意字符，统计其中各个字符的出现次数并按照 ASCII 码值升序输出所有字符的统计结果，此外还需提供字符相关信息的查找功能，即用户输入任意一个字符，程序查找该字符是否出现在字符串中，若是，则输出该字符的出现次数，否则输出相应的提示信息。

2. 数据结构分析及数据类型定义

在这个问题的处理中，首要的问题是确定数据的组织形式。由于字符串中可出现的字符种类繁多，为了便于数据的存储和查找，可以采用二叉排序树来实现。二叉排序树中每个结点的数据域包含两项信息：字符值及其在字符串中的出现次数，其中以字符值作为关键字。统计字符串中各字符出现次数的过程可转化为该二叉排序树的构建过程，而按照 ASCII 码值升序输出统计结果的工作可通过二叉排序树的中序遍历操作很方便地实现。此外，采用二叉排序树来存储各字符的信息，其查找效率也比较高。

二叉排序树中结点类型的定义如下：

```
typedef char KeyType;
typedef struct
{ KeyType key;        //用于存放字符值
  int num;            //用于存放该字符在字符串中的出现次数
} DataType;           //数据域类型定义
typedef struct nodetype
{ DataType data;
  struct nodetype *lchild,*rchild;
}BSTree;              //二叉排序树结点类型定义
```

3. 算法设计

程序涉及的算法包括二叉排序树的查找、插入、生成及中序遍历算法。其中，二叉排序树的查找算法与之前介绍过的标准算法相同。在二叉排序树的插入算法中，由于待插元素一定是在字符串中首次出现的字符，所以对应的新结点数据域的 num 成员项应赋初值为 1。在二叉排序树的中序遍历算法中，采用分别输出数据域中两个成员项的方式对每个结点依次进行访问，从而在屏幕上按 ASCII 码值升序显示每个字符及其在字符串中的出现次数。

在二叉排序树的生成算法中，逐个输入字符串中的每个字符并进行如下处理：

① 调用查找算法在当前二叉排序树中查找当前字符是否存在。

② 若不存在，则说明该字符在字符串中首次出现，调用插入算法将该字符作为新结点插入当前二叉排序树中；若存在，则说明该字符是又一次出现在字符串中，故只需给对应结点数据域的 num 成员项进行加 1 操作即可。

可以看出，以上二叉排序树的生成过程实质上就是对字符串中的每个字符逐个进行动态查找的过程。

扫描二维码可查看完整程序。

7.6 本章小结

查找是数据处理中一种十分常用的操作，本章分别介绍了在线性表、树表和哈希表中实现查找的常用算法。

线性表的数据组织形式主要应用于静态查找，本章所介绍的应用于线性表的查找算法分别为顺序查找、折半查找和分块查找。其中，顺序查找是最基本、最简单的一种查找算法，它通过在线性表中从前向后（或从后向前）逐个元素的比较实现查找，可适用于任何线性表，但其查找效率较低。折半查找是一种仅适用于有序顺序表的查找算法，它通过将待查元素与顺序表中间位置元素进行比较快速缩小查找范围，从而实现高效的查找。分块查找又称索引顺序查找，是一种效率介于顺序查找和折半查找之间的查找算法。它需要按照“块间有序”原则对原线性表分块并根据分块结果建立索引表，其查找过程分为索引表上的查找和块内查找两部分实现。

对于数据表中元素插入或删除操作频繁的动态查找问题，通常采用二叉树结构和树结构的树表组织形式。其中，常用的二叉树结构包括二叉排序树和平衡二叉树，常用的树结构包括 B-树和 B+树。二叉排序树中的查找过程与折半查找极为类似，其性能与二叉排序树形态（深度）有关，当二叉排序树为一棵平衡二叉树时，其性能最佳，而当二叉排序树为一棵单枝树时，其性能最差。为了防止最坏情况的出现，可以通过动态调整二叉排序树的形态使之成为或接近平衡二叉树，具体调整操作可分 LL 型、RR 型、LR 型和 RL 型 4 种情况进行。B-树是一棵多叉排序树，其关键字分布规律及查找过程与二叉排序树类似。B-树平衡、多叉、有序的特点保证了查找操作的效率。B+树是 B-树的一种变形，主要用于文件索引系统。B+树中从指向第一个叶子结点的头指针开始的顺序查找过程与单链表中的查找过程相同，B+树中的随机查找过程基本与 B-树的类似。

哈希查找所基于的哈希表本质上属于线性结构，但其表中的元素是按照关键字与存放位置之间的对应关系散列存放的，其根本目的是以牺牲空间换取时间。在无冲突的理想情况下，哈希查找的平均查找长度可达到 1。哈希查找中最关键的两个问题是哈希函数的构造和冲突的处理方法。哈希查找的效率很高，在程序中，如果需要在 1 秒内查找上千条记录，通常都会使用哈希查找来实现。

习题 7

一、客观习题

1．衡量一个查找算法执行效率高低的最重要的指标是（　　）。

A．查找表中的元素个数　　B．查找过程中关键字比较的最大次数
C．所需的内存大小　　D．平均查找长度

2．对线性表进行二分查找时，要求线性表必须（　　）。

A．采用顺序存储结构
B．采用顺序存储结构且元素按查找关键字有序排列
C．采用链接存储结构
D．采用链接存储结构且元素按查找关键字有序排列

3．哈希查找中的冲突是指（　　）。

A．两个元素具有相同序号　　B．两个元素的关键字不同
C．不同关键字对应相同的存储地址　　D．两个元素的关键字相同

4．对于一棵二叉排序树进行（　　）遍历可得到按关键字有序排列的数据序列。

A．先序　　B．中序　　C．后序　　D．层序

5．顺序查找适合采用（　　）存储结构的线性表。

A．散列　　B．压缩　　C．索引　　D．顺序或链式

6．有一个长度为 12 的有序表，按二分查找法对该表进行查找，在表内各元素等概率的情况下，查找成功所需的平均比较次数为（　　）。

A．35/12　　B．37/12　　C．39/12　　D．43/12

7．设有 100 个元素的有序表，采用折半查找方法，成功时最多的比较次数是（　　）。

A．25　　B．50　　C．10　　D．7

8．在采用分块查找时，若线性表中共有 625 个元素，查找每个元素的概率相同，假设采用顺序查找来确定结点所在的块，则每块分为（　　）个结点最佳。

A．9　　B．25　　C．6　　D．625

9．以下关于二叉排序树的叙述中正确的是（　　）。

A．二叉排序树是动态树表，在插入新结点时会引起树的重新分裂和合并
B．对二叉排序树进行层次遍历可以得到一个有序序列
C．在构造二叉排序树时，若关键字序列有序，则二叉排序树的高度最大
D．在二叉排序树中进行查找，关键字的比较次数不超过结点数的一半

10．在题图 7-1 所示的平衡二叉树中插入关键字 48 后得到一棵新平衡二叉树，在新平衡二叉树中，关键字 37 所在结点的左、右孩子结点中保存的关键字分别是（　　）。

A．13，48　　B．24，48　　C．24，53　　D．24，90

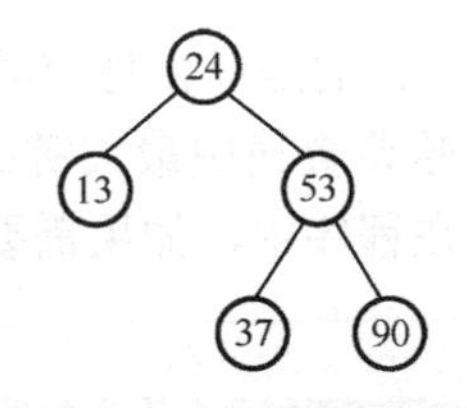

题图 7-1　平衡二叉树

11．对于下列关键字序列，不可能构成某二叉排序树中一条查找路径的序列是（　　）。

A．95，22，91，24，94，71　　B．92，20，91，34，88，35

C．21，89，77，29，36，38　　D．12，25，71，68，33，34

12．在有 *n*（*n*>1000）个元素的升序数组 A 中查找关键字 *x*。查找算法的伪代码如下所示：

```
k=0;
while（k<n 且 A[k]<x）  k=k+3;
if（k<n 且 A[k]==x）              //查找成功
else if（k-1<n 且 A[k-1]==x）       //查找成功
    else if（k-2<n 且 A[k-2]==x）   //查找成功
        else  查找失败;
```

本算法与折半查找算法相比，有可能具有更少比较次数的情形是（　　）。

A．当 *x* 不在数组中　　B．当 *x* 接近数组开头处

C．当 *x* 接近数组结尾处　　D．当 *x* 位于数组中间位置

二、简答题

1．试述顺序查找、二分查找和分块查找算法对被查找表中元素的要求。对长度为 *n* 的表来说，这三种查找算法在查找成功时的平均查找长度各是多少？

2．假定对有序表{3,4,5,7,24,30,42,54,63,72,87,95}进行折半查找，请回答下列问题：

（1）画出描述折半查找过程的判定树；

（2）若查找元素 54，需依次与哪些元素比较？

（3）若查找元素 90，需依次与哪些元素比较？

（4）假定每个元素的查找概率相等，求查找成功时的平均查找长度。

3．设包含 4 个元素的集合 *S*={"do","for","repeat","while"}，各元素的查找概率依次为：p1=0.35，p2=0.15，p3=0.15，p1=0.35。将 *S* 保存在一个长度为 4 的顺序表中，采用折半查找算法，查找成功时的平均查找长度为 2.2。那么：

（1）若采用顺序存储结构保存 *S*，且要求平均查找长度更短，则元素应如何排列？应使用何种查找算法？查找成功时的平均查找长度是多少？

（2）若采用链式存储结构保存 *S*，且要求平均查找长度更短，则元素应如何排列？应使用何种查找算法？查找成功时的平均查找长度是多少？

三、算法设计题

1．写出折半查找的递归算法。

2．写出顺序查找的递归算法。

3．设计一个递归算法，可以从大到小输出二叉排序树 bt 中的所有值不小于 *k* 的关键字。

第 8 章 排序

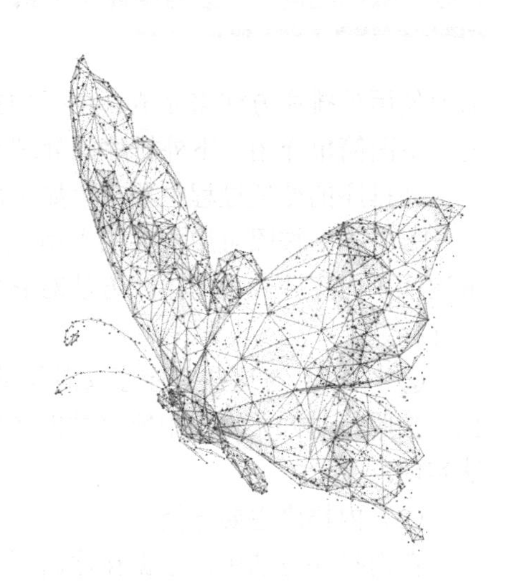

排序是数据处理中经常需要进行的操作，其应用非常广泛，如高考录取工作、百度热搜排行等都要通过排序来完成。本章将学习一些比较经典和常用的排序算法，在对每种排序算法进行学习时，我们不但要掌握算法的具体实现，还需要了解每种排序算法的主要指标和优缺点，以便在具体应用时能够根据问题的实际情况选择最合适的排序算法。

8.1 排序的基本概念

在学习排序算法之前，需要先了解排序涉及的一些基本概念，主要包括排序的定义及分类、排序算法的性能评价指标。

8.1.1 排序的定义及分类

1. 排序的定义

排序是指将一个集合按照元素关键字的大小重新排列成有序序列的操作。有序分为两种：一种是升序，即从小到大的顺序；另一种是降序，即从大到小的顺序。排序的主要目的是便于查找和筛选。

若待排序数据表中元素关键字的顺序与排序所需要达到的顺序相同，则称此数据表中的元素为正序；若待排序数据表中元素关键字的顺序与排序所需要达到的顺序相反，则称此数据表中的元素为逆序。

2. 排序的分类

（1）内排序和外排序

由于排序问题处理的数据量不同，在整个排序过程中所需要使用的存储设备也有所不同。按照排序过程中数据是否使用外存可将所有排序方法分为两大类：内排序和外排序。其中，内排序指待排序数据完全存放在内存中进行处理的排序方法，排序时不涉及数据的内、外存交换；而在外排序方法的排序过程中还需要访问外存。当待排序数据量较小时，采用内排序方法即可完成排序工作。而当待排序数据量庞大，内存无法满足存储所有数据的需求时，则需要使用外排序方法来完成。由于内排序是外排序的基础，本章将只对常用的内排序进行研究。下面简单介绍一下外排序的处理过程。

外排序的处理过程主要分为如下两步。

①“分”：按照可用内存的大小，把外存中待排序的数据文件分成若干长度为 k 的子文件，依次读入内存并利用内排序方法对它们进行排序，之后再将排序后得到的有序子文件重新写入外存。

②“合”：对这些有序子文件逐趟归并，使其逐渐由小到大，直至得到整个有序文件为止。按照每趟归并过程中所合并的子文件个数，可具体采用二路平衡归并或多路平衡归并方法实现。

（2）内排序主要分类

在内排序方法中，根据排序时采用的不同策略，可进一步分为插入排序、交换排序、选择排序、归并排序和基数排序等几大类，每类排序方法在具体实施时又可以有多种不同的实现算法。本章将逐一对主要的排序方法进行详细介绍。

在本章排序算法的具体描述中，待排序数据表所对应的线性表类型同第 7 章，其定义如下：

```
typedef  int  KeyType;                //本章算法中待排序关键字类型，约定为 int 型
typedef  struct                       //线性表元素类型定义
{  KeyType  key;                      //待排序关键字
   OthersType  others;                //其他数据项
}DataType;
typedef  struct                       //顺序表类型定义
{  DataType  list[MAXLEN+1];          //起始下标为 1
   int  length;                       //表长
}SeqList;
```

此外，和第 7 章相同，为了符合一般习惯，数据表元素仍然从数组下标为 1 的单元开始存储。需要说明的一点是，后面讲解各种排序算法时，均以按关键字升序排列为例，读者可仿照写出对应的降序排列算法。

8.1.2 排序算法的性能评价指标

1. 时间复杂度

由于排序算法是计算机应用中最常用和最基本的算法，其执行效率直接影响着整个计算机系统的效率，所以排序算法的执行效率往往是选择算法时要考虑的最重要的因素。通常采用时间复杂度作为衡量排序算法执行效率的指标。大多数排序算法的时间复杂度取决于排序过程中的关键字比较次数和元素移动次数。

2. 空间复杂度

空间复杂度用于衡量排序算法在执行过程中临时占用的辅助存储空间的大小。辅助存储空间是指除存储待排序数据的空间外，在算法执行期间占用的其他存储空间，例如，排序过程移动或交换元素时所要使用的临时单元。理想的空间复杂度为 $O(1)$，此时算法执行期间所需占用的辅助存储空间与待排序数据量的大小无关。

3. 稳定性

若待排序的一组元素中存在多个关键字相同的元素，使用某种排序算法进行排序后，相同关键字的多个元素的相对顺序与排序前相比没有改变，则称此排序算法是稳定的，否则称此排序算法是不稳定的。稳定性是排序算法的一个重要指标，在处理某些复杂排序问题时，例如，后面将介绍的多关键字排序问题，稳定性是选择排序算法的重要衡量因素。

在本章对各种排序算法的学习中，都会讨论它们各自的时间复杂度、空间复杂度及稳定性，这些性能指标对用户根据具体排序问题的要求来选择合适的排序算法是至关重要的。在本章后面各节中，为了说明每种排序算法的稳定性，在排序示例中特意选择包含两个相同关键字的数据序列，请读者留心观察排序前、后它们的相对顺序是否发生了变化。

8.2 插入排序

插入排序的方法：通过将未排序部分的元素逐个按其关键字大小插入已排序部分的恰当位置，最终实现全部元素有序排列。本节将介绍的直接插入排序、折半插入排序和希尔排序都属于插入排序方法。

8.2.1 直接插入排序

直接插入排序是插入排序方法中较为简单和常用的一种。

1. 基本思想

将整个数据表（n 个元素）看成由无序表和有序表两个部分组成，初始时，有序表中仅有第一个元素，排序共需进行 n-1 趟，每趟排序时将无序表中的一个元素插入有序表中的恰当位置，最终使整个数据表有序排列。日常生活中，大多数人在打扑克时将分配给自己的牌整理有序的过程运用的就是这种排序的思想。

2. 排序过程

对于关键字序列{38,20,46,38,74,91,12,25}进行直接插入排序，排序过程中每趟排序的结果如图 8-1 所示。待排序关键字序列中存在两个相同的关键字 38，这里在后一个 38 的下面加双线以示区别。

初始状态	[38] [20 46 38 74 91 12 25]
第1趟	[20 38] [46 38 74 91 12 25]
第2趟	[20 38 46] [38 74 91 12 25]
第3趟	[20 38 38 46] [74 91 12 25]
第4趟	[20 38 38 46 74] [91 12 25]
第5趟	[20 38 38 46 74 91] [12 25]
第6趟	[12 20 38 38 46 74 91] [25]
第7趟	[12 20 25 38 38 46 74 91]

图 8-1　直接插入排序过程

3．算法实现

```
//采用直接插入排序实现升序排列，L 为顺序表指针
void  InsertSort(SeqList  *L)
{  int    i,j,n;
   n=L->length;
   for(i=2;i<=n;i++)                    //外循环控制排序的总趟数
   {  L->list[0]=L->list[i];            //用数组中下标为 0 的单元存放待插元素
      j=i-1;                            //从有序表的最后一个位置开始向前查找插入位置
      while (L->list[0].key<L->list[j].key)
      {  L->list[j+1]= L->list[j];      //将有序表中比待插元素关键字大的元素后移
         j--;                           //继续向前查找
      }
      L->list[j+1]= L->list[0];
      //将待插元素放在有序表中第一个关键字小于或等于待插元素的元素之后
   }
}
```

算法中，L->list[0]有两个作用：一是保存待插元素 L->list[i]的值，以免在后移过程中被覆盖而丢失；二是作为“监视哨”，这个作用和前面介绍的顺序查找中 L->list[0]的作用相同。外循环控制排序共进行 n-1 趟，每趟将无序表中的第一个元素插入有序表中，算法最终实现数据表按关键字升序排列。

4．算法分析

直接插入排序算法的执行效率与数据表的初态有关。当数据表的初态有序排列时，效率最高，每趟排序都不执行内循环（元素不后移），时间复杂度为 $O(n)$；当数据表的初态逆序排列时，效率最低，每趟排序都需进行 i 次（i 为外循环控制变量）比较和 i-1 次后移，时间复杂度为 $O(n^2)$。在平均情况下，其时间复杂度为 $O(n^2)$。该算法适用于 n 较小且初态基本有序的数据表。

直接插入排序中需要使用 L->list[0]作为辅助存储空间，故空间复杂度为 $O(1)$。

由于每趟排序中，待插元素总是被放在有序表中从后向前所发现的第一个关键字小于或等于它的元素之后，所以直接插入排序是稳定的。

8.2.2 折半插入排序

折半插入排序又称为二分插入排序，是对直接插入排序的一种改进方法，其在有序表中查找元素插入位置时采用了效率更高的折半查找思想实现。

1．算法思想

折半插入排序的思想与直接插入排序十分类似，也是将待排序数据表看成由无序表和有序表两个部分组成，其差别仅在于：将一个无序表中的元素向有序表中插入时，采用折半查找方法寻找插入位置。

2．排序过程

对于同一组数据，折半插入排序得到的各趟结果与直接插入排序的完全相同。

3．算法实现

```
//采用折半插入排序实现升序排列，L 为顺序表指针
void  BinaryInsertSort(SeqList  *L)
{  int  i,j,n,low,high,mid;  //low,high,mid 分别为查找区间的左、右端点及中间点位置
   n=L->length;
   for(i=2;i<=n;i++)              //外循环控制排序的总趟数
   {  L->list[0]=L->list[i];      //用数组中下标为 0 的单元存放待插元素
      low=1;  high=i-1;           //在有序表中采用折半查找方法确定插入位置
      while(low<=high)
      {  mid=(low+high)/2;
         if(L->list[0].key< L->list[mid].key)
            high=mid-1;           //缩小查找区间至前半个子区间
         else
            low=mid+1;            //缩小查找区间至后半个子区间
      }
      for(j=i-1;j>=low;j--)
         L->list[j+1]= L->list[j]; //将有序表中比待插元素关键字大的元素后移
      L->list[low]= L->list[0];
      //将待插元素放在有序表中第一个关键字小于或等于待插元素的元素之后
   }
}
```

在有序表中采用折半查找方法为待插元素寻找插入位置时，查找区间迅速缩小。当查找区间缩小为空，即 low>high 时，查找过程结束，low 对应的位置就是待插元素在有序表中的正确位置。

4．算法分析

由于折半查找比顺序查找的效率高，因此折半插入排序的平均性能比直接插入排序要好。折半插入排序过程中，关键字的比较次数与数据表初态无关，在插入第 i 个元素时，需要进行$\lfloor \log_2 i \rfloor+1$ 次比较，才能确定该元素的插入位置。因此，当数据表初态正序排列时，折半插入排序的关键字比较次数比直接插入排序的多。此外，虽然折半插入排序减少了排序过程中的关键字比较次数，但元素的移动次数与直接插入排序的相同，即在最好情况下（正序）元素后移次数为 0，在最坏情况下（逆序）元素后移次数为 $n(n-1)/2$。因此在平均情况下，折半插入排序的时间复杂度与直接插入排序的相同，仍为 $O(n^2)$。

折半插入排序中需要使用 L->list[0]作为辅助存储空间，故空间复杂度为 $O(1)$。

与直接插入排序相同，折半插入排序也是稳定的。

由于在有序表中查找元素插入位置时采用了二分查找实现，折半插入排序只能应用于顺序存储结构。

8.2.3 希尔排序

直接插入排序在数据表中元素个数较少且基本有序时，效率很高，而当元素个数增加且完全无序排列时，效率会大大降低。本节所介绍的希尔排序在通过减少数据表中待排序元素个数和使数据表基本有序两个方面对直接插入排序进行了改进。希尔（Shell）排序以它的发明者 Donald Shell 的名字命名，又称缩小增量排序，是基于分组概念的直接插入排序。

1．基本思想

将待排序的整个数据表（n 个元素）按照一个递减的增量序列($d_1,d_2,d_3,\cdots,d_{\mathrm{num}}$)中的 num 个增量分别进行各趟分组和排序，式中，$d_1<n$，$d_{\mathrm{num}}=1$。第 1 趟取 d_1 作为增量，将全部元素分成 d_1 个组（前后位置间隔为 d_1 的元素被分在同一组中），对每个组内的元素分别采用直接插入排序的思想进行排序；后面各趟排序逐步缩小增量（间隔），分别取新的增量 d_i（$d_i<d_{i-1}, i=2,3,\cdots$），重复前面的过程，直至所取的增量为 d_{num}（增量为 1）为止，即所有 n 个元素在同一组内，此时整个数据表中的元素就实现了有序排列。

2．排序过程

例如，对关键字序列{39,80,76,41,13,29,50,78,30,11,100,7,41,86}实现升序排列（增量序列取值依次为 5,3,1），排序过程中每趟排序的结果如图 8-2 所示。

从图 8-2 可以看出，对于 14 个元素构成的数据表，若初始时以 5 为间隔进行分组，共分为 5 组，每组 2～3 个元素；在各组分别进行直接插入排序后，再缩小间隔为 3，共分为 3 组，每组 4～5 个元素；对这 3 个组分别排序后，再将间隔缩小为 1，此时所有元素都在同一组内，再进行排序后就可以使得整个数据表有序排列。

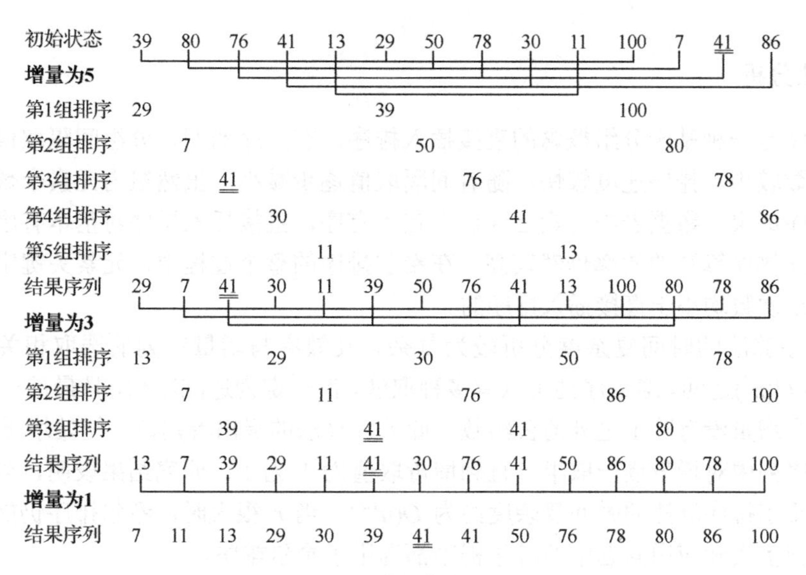

图 8-2 希尔排序过程

3. 算法描述

由于希尔排序每趟均采用直接插入排序实现各分组中元素的有序排列，因此其算法实质上是通过改写原有直接插入排序算法实现的。当增量序列为（$d_1,d_2,d_3,\cdots,d_{\mathrm{num}}$）时，希尔排序共需进行 num 趟，每趟排序中对于每个分组中的元素分别进行直接插入排序。需要注意的是，在第 i 趟排序时，同一组中相邻元素的位置间隔为 d_i，而不是 1。

```
//按照 d 数组中的 num 个增量序列进行希尔排序，L 为顺序表指针
void  ShellSort(SeqList  *L,int  d[],int  num)
{  int  i,j,k,m,gap;
   for(m=0;m<num;m++)           //按照不同的增量分别进行 num 趟分组插入排序
   {  gap=d[m];                 //gap 保存每次分组的增量 d[0]~d[num-1]
      for(k=1;k<=gap;k++)       //每趟排序的分组数为 gap 个
      //对每组中的元素进行直接插入排序，组内相邻元素的间隔为 gap
      for(i=k+gap;i<=L->length;i+=gap)
      {  L->list[0]=L->list[i];           //保存待插元素
         j=i;
         while(j-gap>0&&L->list[j-gap].key>L->list[0].key)  //在有序表中查找插入位置
         {  L->list[j]=L->list[j-gap];    //当前位置的元素后移
            j-=gap;                       //在组内向前查找下一个元素
         }
         L->list[j]= L->list[0];          //将待插元素插入有序表中
      }
   }
}
```

4. 算法分析

希尔排序是一种基于分组概念的直接插入排序。在排序初期，分组间隔取值较大，每组中的元素个数较少，排序速度较快；随着间隔取值逐步减小，虽然组内元素个数增加，但由于前期的排序成果，数据表中元素已经逐步趋于有序，直接插入排序对基本有序的数据表效果很好，因此排序算法的效率仍然较高。在希尔排序的整个过程中，元素关键字的比较次数和元素的移动次数均小于直接插入排序的。

希尔排序算法的时间复杂度分析较为复杂，其效率与增量序列的选取相关，通常介于 $O(n\log_2 n)$和 $O(n^2)$之间。增量序列可以有多种取法，但一定为递减序列，且最后一个取值为 1，并尽量使各个增量没有除 1 之外的公约数。此外，算法的提出者建议，初始增量选择为 $n/2$，并且在增量序列中对增量逐一取半，直到增量取值为 1 为止。研究结果表明，当增量序列取值合理时，希尔排序算法的时间复杂度约为 $O(n^{1.3})$。当 n 很大时，希尔排序仍能具有很高的效率，因此很多实际应用问题中的排序程序都选用了希尔排序。

希尔排序与直接插入排序相同，也使用了 L->list[0]作为辅助存储空间，故空间复杂度也为 $O(1)$。与直接插入排序不同的是，L->list[0]在希尔排序算法中只用于暂存待插元素，无监视哨的作用，算法只在当前查找位置 j>gap 时继续向前查找。

由于在希尔排序中，关键字相同的元素可能被分在不同组中进行排序，可能会造成排序后相对顺序的改变，因此希尔排序是一种不稳定的排序算法。

希尔排序只能用于顺序存储结构，对于 n 较大且初始无序的数据表，其总的比较和移动次数明显少于直接插入排序。

8.3 交换排序

交换排序的方法是：对数据表待排序范围内元素的关键字进行两两比较，若发现逆序则进行交换，实现元素的有序排列。本节介绍两种常用的交换排序方法：冒泡排序和快速排序。

8.3.1 冒泡排序

冒泡排序是一种最简单的交换排序方法，因其排序过程与水中气泡上升的过程类似而得名。

1. 基本思想

冒泡排序的基本思想是：将待排序的数据表中的元素看作是按纵向排列的，每趟排序时自下至上对排序范围内每对相邻元素的关键字进行比较，若出现逆序则进行交换。每趟排序结束时，使待排序范围内关键字最小的元素像水中的气泡一样“冒”到待排序范围的最上端。

2. 排序过程

对于关键字序列{38,20,46,<u>38</u>,74,91,12,25}采用冒泡排序方法进行升序排列，排序过程中每趟排序的结果如图 8-3 所示。

初始状态	第1趟	第2趟	第3趟	第4趟	第5趟	第6趟	第7趟
38	12	12	12	12	12	12	12
20	38	20	20	20	20	20	20
46	20	38	25	25	25	25	25
<u>38</u>	46	25	38	38	38	38	38
74	<u>38</u>	46	<u>38</u>	<u>38</u>	<u>38</u>	<u>38</u>	<u>38</u>
91	74	<u>38</u>	46	46	46	46	46
12	91	74	74	74	74	74	74
25	25	91	91	91	91	91	91

图 8-3 冒泡排序过程

根据冒泡排序的基本思想可知，对于一个具有 n 个元素的数据表，排序共需进行 $n-1$ 趟。但在如图 8-3 所示的冒泡排序过程中，我们发现在第 4 趟排序时，所有进行比较的相邻元素均无逆序，即此时数据表已升序排列，因此后面的各趟排序都不需要再进行。为了在数据表已排列有序的情况下，能够提前结束排序过程，在下面的冒泡排序算法中使用了 flag 变量来实现这一目的。

3．算法实现

```
//采用冒泡排序算法实现升序排列，L 为顺序表指针
void  BubbleSort(SeqList  *L)
{  int  i,j,n,flag;                          //flag 用于区分数据表无序/有序（1/0）的状态
   DataType  temp;
   n=L->length;
   flag=1;                                   //排序前将数据表初始状态置为无序
   i=1;
   while((i<n)&&(flag==1))                   //外循环控制排序的总趟数
   {  flag=0;                                //每趟排序时先假设数据表状态为有序
      for(j=n;j>i;j--)                       //内循环控制一趟排序的进行
        if(L->list[j].key< L->list[j-1].key)  //相邻元素进行比较，若逆序就交换
        {  flag=1;                           //发现逆序后立即将数据表状态置为无序
           temp= L->list [j];
           L->list [j]= L->list [j-1];
           L->list [j-1]=temp;
        }
        i++;
   }
}
```

以上算法中用于控制排序总趟数的外循环使用了两个循环控制条件，其中“i<n”控制排序最多进行 $n-1$ 趟，而“flag==1”控制在数据表已有序时提前结束排序。若在某趟排序过程中未发现任何逆序情况，即未进行任何交换，就可确定数据表已有序排列，此时通过将 flag 置为 0 即可结束排序过程。

4．算法分析

冒泡排序算法的执行效率与数据表的初态有关。当数据表初态正序排列时，效率最高，排序只需进行一趟，时间复杂度为 $O(n)$；当数据表初态逆序排列时，效率最低，需进行 $n-1$ 趟排序且每次比较都要进行交换，时间复杂度为 $O(n^2)$。在平均情况下，其时间复杂度为 $O(n^2)$。

冒泡排序在交换相邻元素时需要使用变量 temp 作为辅助存储空间，故其空间复杂度为 $O(1)$。

在冒泡排序中，由于相邻元素比较时只要不出现逆序就不会进行交换，因此关键字相同的元素的相对顺序在排序之后不会发生改变，即冒泡排序算法是稳定的。

冒泡排序的元素移动次数较多，每次相邻元素的交换都需要移动元素 3 次，其平均性能低于直接插入排序，特别是当 n 较大，且数据表初态无序时，不适合采用冒泡排序。

科学研究中缺少不了精益求精、不断探索的工匠精神，研究者们又对经典的冒泡排序进行了不断的改进。例如，通过加入记录每趟排序中最后一次进行交换位置的变量来迅速缩小排序范围，通过采取自上至下和自下至上交替的双向冒泡的方法来减少排序的总趟数等。有兴趣的读者可尝试编写这些冒泡排序的改进算法。

8.3.2　快速排序

冒泡排序通过一次相邻元素的交换仅能消除一个逆序，而本节所介绍的快速排序可通过对两个不相邻元素的一次交换同时消除多个逆序，大大加快了排序的速度。当数据表规模较大时，在平均情况下，快速排序是所有内部排序方法中速度最快的一种。

1．基本思想

快速排序的基本思想是：取数据表待排序范围内任意一个元素作为基准（通常取第一个元素），将待排序数据表划分为左、右两个子表，在划分过程中，通过元素的交换使左子表中元素的关键字均小于或等于基准元素的关键字，使右子表中元素的关键字均大于或等于基准元素的关键字。接着再对两个子表分别进行这样的操作。重复此过程，直到每个子表的长度均小于或等于 1 时排序结束。

2．排序过程

对于一个数据表待排序范围 list[*s*]～list[*t*]，通过左、右交替方向扫描的方法来寻找 list[*s*]中的插入位置，并对其他元素进行调整，一次划分的具体过程如下：

1）首先将 list[*s*]的值保存到 list[0]中，即 list[0] = list[*s*]，在扫描前 i 和 j 分别指示表的最左端和最右端，即 $i = s$，$j = t$。

2）先从 j 所指的位置开始向左扫描。若 list[*j*].key≥list[0].key，则 j=j−1，继续向左扫描；若 list[*j*].key<list[0].key，则将 list[*j*]调整到左子表中，即 list[*i*]=list[*j*]，之后改变扫描方向，i=i+1，从 i 所指的位置开始向右扫描。

3）向右扫描时，若 list[*i*].key<list[0].key，则 i=i+1，继续向右扫描；若 list[*i*].key>list[0].key，则将 list[*i*]调整到右子表中，即 list[*j*]=list[*i*]，之后改变扫描方向，j=j−1，从 j 所指的位置开始向左扫描。

4）重复向左扫描步骤 2）和向右扫描步骤 3），直至 $i=j$，即为划分点位置。由于在扫描过程中对各元素进行了调整，此时该位置之前各元素的关键字均小于或等于原表中 list[s]的关键字，该位置之后各元素的关键字均大于原表中 list[s]的关键字，这个位置就是为原表中 list[s]所寻找的插入位置。list[s]的值在排序过程中可能已被覆盖，因此步骤 1）首先要将其保存在 list[0]中，再开始扫描和调整过程。最后将 list[0]插入划分点位置，即 list[i]=list[0]，一次划分结束。

对于关键字序列{38,20,46,<u>38</u>,74,91,12,25}进行快速排序，一趟排序的过程和各趟排序的结果如图 8-4 所示。

	list[0]									指针/扫描
初始状态	[38]	38	20	46	<u>38</u>	74	91	12	25	i 指向 38，j 指向 25
第1次交换后	[38]	**25**	20	46	<u>38</u>	74	91	12		i 指向 25，向右扫描，j 指向末位
第2次交换后	[38]	25	20		<u>38</u>	74	91	12	**46**	i 指向第 3 位，向左扫描，j 指向 46
第3次交换后	[38]	25	20	**12**	<u>38</u>	74	91		46	i 指向 12，向右扫描，j 指向第 7 位
第4次交换后	[38]	25	20	12	<u>38</u>		91	**74**	46	i 指向第 5 位，向左扫描，j 指向 74
扫描结束	[38]	25	20	12	<u>38</u>		91	74	46	i j
完成一次划分	[38]	25	20	12	<u>38</u>	**38**	91	**74**	46	i j

（a）快速排序一次划分的过程

初始状态	38	20	46	<u>38</u>	74	91	12	25
第1趟	[25	20	12	<u>38</u>]	**38**	[91	74	46]
第2趟	[12	20]	**25**	[<u>38</u>]	38	[46	74]	**91**
第3趟	**12**	[20]	25	<u>38</u>	38	**46**	[74]	91
最后的排序结果	12	20	25	<u>38</u>	38	46	74	91

（b）快速排序各趟排序结果

图 8-4　快速排序的过程

3. 算法实现

```
//实现快速排序中对范围 L->list[low] ~ L->list[high]的一次划分，L 为顺序表指针
int  QuickPass(SeqList  *L,int  low,int  high)
{  int  i,j;
   i=low;  j=high;          //i 指示扫描区间的最左端，j 指示扫描区间的最右端
   L->list[0]=L->list[i];   //list[0]用于存放基准元素，即表中的第一个元素
   while(i!=j)              //重复向左或向右的交替扫描，直至 i 和 j 重合
   {  while((L->list[j].key>=L->list[0].key)&&(i<j))  //从右向左扫描
```

```
            j--;
            if(i<j)              //若发现小于基准关键字的元素，将其放到左子表中并改变扫描方向
            {   L->list[i]= L->list[j];
                i++;
            }
            while((L->list[i].key<=L->list[0].key)&&(i<j))  //从左向右扫描
                i++;
            if(i<j)              //若发现大于基准关键字的元素，将其放到右子表中并改变扫描方向
            {   L->list[j]=L->list[i];
                j--;
            }
        }
        L->list[i]=L->list[0];          //将基准元素插入划分点位置，完成一次划分
        return   i;                     //返回划分点位置
    }

    //采用快速排序对范围 L->list[s]~L->list[t]进行升序排列，L 为表指针
    void   QuickSort(SeqList   *L,int   s,int   t)
    {   int   i;
        if(s<t)                         //只要排序区间中的元素超过 1 个，仍继续进行快速排序
        {   i=QuickPass(L,s,t);         //对范围 list[s]~list[t]进行一次划分
            QuickSort(L,s,i-1);         //递归调用，分别对划分得到的两个子表进行快速排序
            QuickSort(L,i+1,t);
        }
    }
```

4．算法分析

快速排序实现算法中，每趟排序通过调用 QuickPass 函数实现基准元素的定位，从而实现一次划分，之后通过递归调用 QuickSort 函数分别对划分得到的两个子表进行排序，直至每个子表中的元素个数不超过 1 为止。快速排序的递归过程可通过一棵递归树表示，本节示例所对应的快速排序递归树如图 8-5 所示。

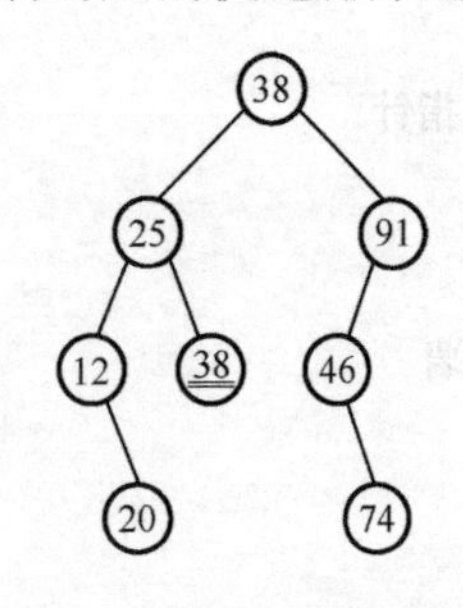

图 8-5　快速排序递归树

快速排序算法的执行效率与数据表的初态相关，排序的趟数取决于递归树的深度。当数据表分布均匀时，每次划分得到的子表长度均衡，对应的递归树为一棵平衡二叉树，算法的效率较高，时间复杂度为 $O(n\log_2 n)$；而当数据表初态有序排列时，划分得到的两个子表一个为空，另一个的长度仅比划分前少 1，对应的递归树为一棵单枝树，此时算法的效率最低，时间复杂度为 $O(n^2)$。在平均情况下，其时间复杂度为 $O(n\log_2 n)$。

快速排序是通过递归实现的，递归过程中需要使用栈来存放每次

调用时断点的相关数据，栈的容量与递归调用次数一致。最好情况的空间复杂度为 $O(\log_2 n)$，最坏情况为 $O(n)$。

快速排序中不相邻元素的比较和交换导致算法具有不稳定性。

快速排序适用于 n 较大且初始无序的数据表，由于排序过程是通过数据表的划分实现的，因此很难应用于链式存储结构。

由于快速排序的时间性能与基准元素的选取直接相关，因此采取合理的选择策略可避免最坏情况的出现。例如，常用的“三者取中”规则是在当前待划分区间内取区间首、尾和中间位置上三个元素的关键字进行比较，取三者中关键字为中间值的元素作为基准元素实现划分。

8.4　选择排序

选择排序通过每一趟排序在数据表待排序范围内选择出关键字最小（大）的元素，将其依次放在数据表前端或后端对应位置上的方法来实现整个数据表的有序排列。常用的选择排序方法主要包括简单选择排序和堆排序两种。

8.4.1　简单选择排序

1. 基本思想

简单选择排序的基本思想是：每趟排序在数据表待排序范围内从前向后通过对元素的关键字逐个进行比较选择出关键字最小的元素，将它与待排序范围内的第一个元素交换位置。对于长度为 n 的数据表，排序共进行 n−1 趟，最终可实现数据表的升序排列。

2. 排序过程

对于关键字序列{38,20,46,38,74,91,12,25}采用简单选择排序进行升序排列，排序过程中的每趟排序结果如图 8-6 所示。

初始状态	38	20	46	38	74	91	12	25
第1趟排序	12	20	46	38	74	91	38	25
第2趟排序	12	20	46	38	74	91	38	25
第3趟排序	12	20	25	38	74	91	38	46
第4趟排序	12	20	25	38	74	91	38	46
第5趟排序	12	20	25	38	38	91	74	46
第6趟排序	12	20	25	38	38	46	74	91
第7趟排序	12	20	25	38	38	46	74	91

图 8-6　简单选择排序过程

从上面排序过程的第 2、4、7 趟排序可以看出，可能某趟排序时所选择的元素正好处于其在有序序列中的对应位置，此时不需要进行交换。因此在下面的算法实现中，在交换元素之前，加入了条件判断以避免不必要的交换操作。

3. 算法实现

```
//采用简单选择排序算法实现升序排列，L 为顺序表指针
void  SelectSort(SeqList  *L)
{  int   i,j,k,n;
   DataType temp;
   n=L->length;
   for(i=1;i<=n-1;i++)               //外循环控制排序的总趟数
   {  k=i;          //k 用于记录当前最小元素的下标，初值为待排序范围内第一个元素的下标
      for (j=i+1;j<=n;j++)              //在待排序范围内寻找关键字最小的元素
         if(L->list[j].key<L->list[k].key)
            k=j;
      if(k!=i)     //将待排序范围内找到的最小元素与表前端对应位置上的元素进行交换
      {  temp=L->list[i];
         L->list[i]=L->list[k];
         L->list[k]=temp;
      }
   }
}
```

4. 算法分析

简单选择排序算法中关键字的比较次数与数据表的初态无关。排序共进行 $n-1$ 趟，在第 i 趟排序中总是需要进行 $n-i$ 次比较，其平均时间复杂度为 $O(n^2)$。

简单选择排序需要使用变量 temp 作为交换元素的辅助存储空间，故其空间复杂度为 $O(1)$。

简单选择排序中，由于元素的交换会造成算法具有不稳定性。

8.4.2 堆排序

在简单选择排序中，元素以线性表形式存放，每次选择元素时都需要对待排序范围内的 n 个元素进行 $n-1$ 次比较，因此算法时间效率较低。若将数据表看作顺序存储的完全二叉树，则每次选择元素（结点）时只需进行树的深度 h（约 $\log_2 n$）次比较，从而可大大提高算法效率。堆排序正是利用了这种树选择的思想，在原有的简单选择排序基础上对其进行了改进，才设计出这种高效的排序算法。因此在从事科学研究时，应敢于打破常规思维，勇于创新。

1. 基本思想

堆排序的实现可以分为两个步骤：

① 创建初始堆；

② 通过多次结点交换及重新调整堆实现排序。

堆排序中采用的堆有两种，大顶堆（也称大根堆）和小顶堆（也称小根堆）。在大顶堆中，每个结点的关键字均不小于其孩子结点的关键字；类似地，在小顶堆中，每个结点的关键字均不大于其孩子结点的关键字。显然，在大（小）顶堆中，堆顶结点的关键字为堆中所有结点中的最大（小）值。利用大顶堆可实现数据表的升序排列，利用小顶堆可实现数据表的降序排列。由于本章介绍排序算法均以升序为例，在此仅介绍利用大顶堆实现堆排序的相关算法。

（1）创建堆

为了使采用顺序结构存储的完全二叉树中的 n 个结点满足大顶堆的定义，需要从完全二叉树的叶子结点开始逐个对每个结点的位置进行调整。由于叶子结点无孩子，本身就符合大顶堆的定义，所以对结点的调整只需从第一个非叶子结点开始即可。在 n 个结点对应的完全二叉树中，由于所有序号大于$\lfloor n/2 \rfloor$的结点都是叶子结点，故只需将序号为$\lfloor n/2 \rfloor$,$\lfloor n/2 \rfloor-1$,$\lfloor n/2 \rfloor-2,\cdots,2,1$ 的结点作为根结点的子树调整为大顶堆。

对于长度为 n 的数据表 list，将根结点序号为 i 的子树调整为大顶堆时，首先选出其左孩子结点 list[2*i*]（序号为 2*i*）和右孩子结点 list[2*i*+1]（序号为 2*i*+1）中关键字较大的一个；之后将其与对应的根结点 list[*i*]进行比较，若其关键字大于根结点的，则将其与根结点进行交换，否则不交换。若结点 list[*i*]的左、右孩子均为叶子结点，只需要一次调整即可，否则由于前面对根结点的调整使其左、右子树可能不再符合大顶堆的定义，因此还需要按照同样的过程继续进行下面各层的调整，使各个子树重新成为大顶堆。

对于关键字序列{38,20,46,$\underline{38}$,74,91,12,25}创建大顶堆的过程如图 8-7 所示。关键字序列所对应的原始二叉树如图 8-7（a）所示，对应的结点序号分别为 1～8，创建过程依次将以序号为 4、3、2、1 为根结点的子树调整为大顶堆。以 $4^{\#}$结点为根结点的子树本身符合大顶堆要求，不需要进行调整；以 $3^{\#}$结点为根结点的子树需要将根结点与其左孩子结点进行调整，如图 8-7（b）所示；以 $2^{\#}$结点为根结点的子树需要将根结点与其右孩子结点进行调整，如图 8-7（c）所示；以 $1^{\#}$结点为根结点的子树需要先将根结点与其右孩子结点进行调整，如图 8-7（d）所示，之后继续向下对其右子树进行调整，如图 8-7（e）所示。最终生成的大顶堆如图 8-7（f）所示。

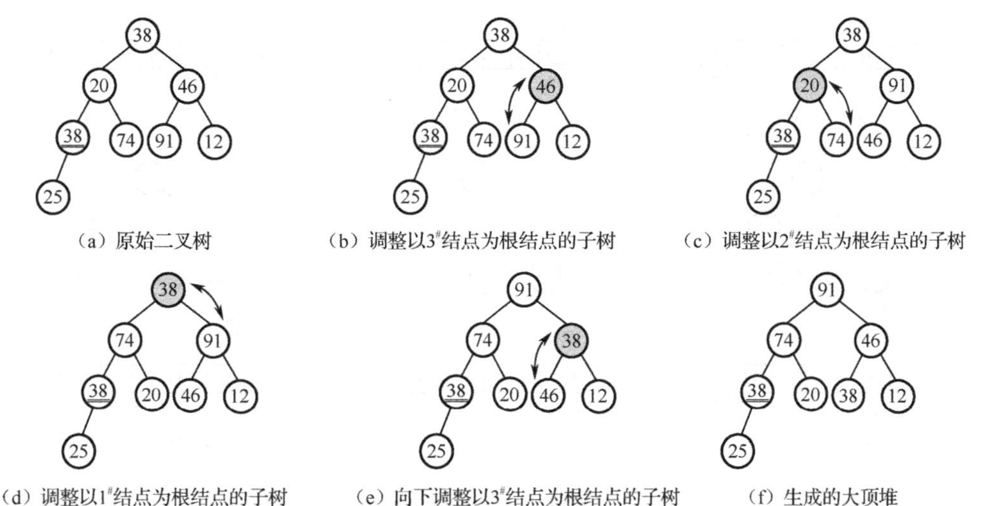

图 8-7 大顶堆的创建过程

（2）进行堆排序

在初始堆已经建立好的前提下，堆顶结点 list[1]即为待排序序列中选择出的关键字最大的结点，将其与数据表中的最后一个结点 list[*n*]进行交换，完成第 1 趟排序；接下来，在第 2 趟排序中，将剩下的结点序列 list[1]～list[*n*−1]重新调整为大顶堆，再将堆顶结点 list[1]与 list[*n*−1]进行交换；重复此过程，直至整个数据表有序排列，共需进行 *n*−1 趟排序。显然，在某一趟堆排序中，当堆顶结点被交换到数据表后面的对应位置后，重新将以 list[1]为根结点的子树调整为大顶堆的方法与创建大顶堆时所用的调整算法完全相同。

2．排序过程

对于关键字序列{38,20,46,<u>38</u>,74,91,12,25}采用堆排序进行升序排列，初始堆如图 8-7（f）所示，排序共进行 7 趟，每趟排序在待排序范围内生成大顶堆并将堆顶结点交换到数据表后端对应位置。具体排序过程的大顶堆调整情况及对应的顺序存储结构如图 8-8 所示，排序过程中待排序范围逐步缩小，不再参与排序的结点在图中用虚线框标出。

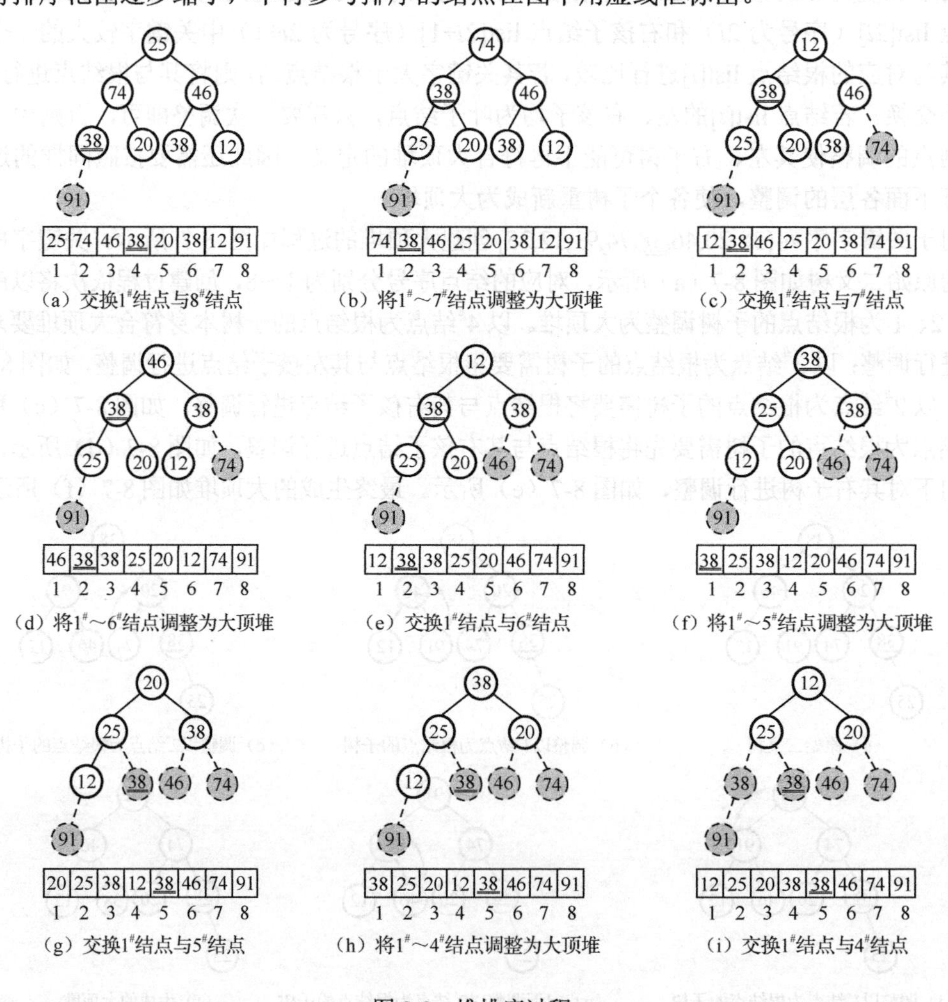

图 8-8 堆排序过程

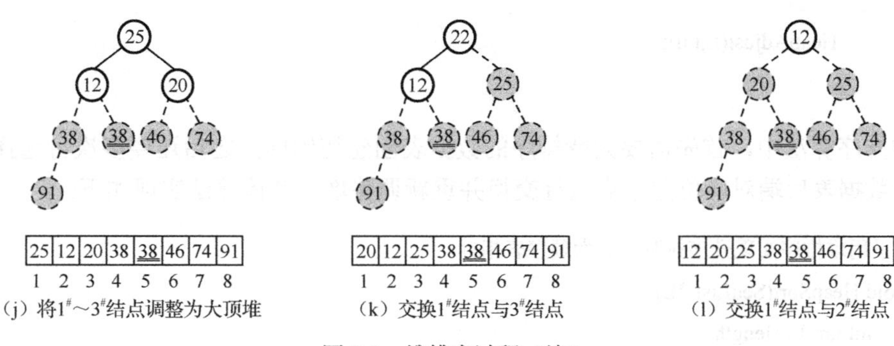

（j）将1#～3#结点调整为大顶堆　（k）交换1#结点与3#结点　（l）交换1#结点与2#结点

图 8-8　堆排序过程（续）

3. 算法实现

在整个堆排序中，涉及三个具体算法：堆调整算法、堆创建算法及堆排序算法。在堆排序中，无论创建初始堆还是重新调整堆都需要通过堆调整算法来实现。

```
//将顺序表从 low 到 high 区间中的结点自顶向下调整为大顶堆，L 为顺序表指针
void  HeapAdjust(SeqList  *L, int  low, int  high)
{  int  i,j;
   DataType  temp;
   i=low;                        //i 为最初被调整的结点序号
   j=2*i;                        //j 为第 i 个结点的左孩子结点序号
   temp=L->list[i];              //temp 保存最初被调整的结点关键字，即根结点关键字
   for(;j<=high;j*=2)            //自顶向下对结点进行调整
   {  if(j<high&&L->list[j].key<L->list[j+1].key)
           j++;  //找出 i 号结点的左、右孩子结点中关键字较大的一个并用 j 保存其下标
      if(temp.key>=L->list[j].key)    //j 号结点与其双亲结点进行比较
           break;
      else                            //将 j 号结点上移至其双亲结点的位置
        {  L->list[i]=L->list[j];
           i=j;                       //调整继续向下层进行
        }
   }
   L->list[i]=temp;                   //把最初被调整的结点放在合适位置
}
```

创建初始堆的过程，就是反复调用 HeapAdjust 函数，从后向前依次将以每个非叶子结点为根结点的子树调整为大顶堆的过程。

```
//创建大顶堆，L 为顺序表指针
void  HeapCreate(SeqList  *L)
{  int  i,n;
   n=L->length;
   for(i=n/2;i>0;i--) //调用 HeapAdjust 函数从后向前调整所有非叶子结点，形成大顶堆
```

```
        HeapAdjust(L,i,n);
    }
```

在堆排序算法中，首先需要为待排序的数据表创建初始堆，之后还要多次将选择出的堆顶结点与数据表后端对应位置结点进行交换并重新调整堆。具体算法实现如下：

```
//采用堆排序实现升序排列，L 为顺序表指针
void HeapSort(SeqList *L)
{  int i,n=L->length;
   DataType temp;
   HeapCreate(L);              //创建大顶堆
   for(i=n;i>1;i--)            //控制堆排序共进行 n-1 趟
   {  //将当前大顶堆的堆顶结点与数据表后端对应位置上的结点进行交换
      temp=L->list[1];
      L->list[1]=L->list[i];
      L->list[i]=temp;
      HeapAdjust(L,1,i-1);     //将前面 i-1 个结点重新调整形成新的大顶堆
   }
}
```

4. 算法分析

在堆排序算法中，运行时间主要耗费在创建初始堆和每趟排序调整堆的工作上，总的关键字比较次数等于创建初始堆所需比较次数与每趟排序调整堆所需的比较次数之和。由于堆排序是基于完全二叉树的排序，把一个以非叶子结点为根结点的完全二叉树调整为堆及每次堆顶结点交换后进行堆调整时的比较和交换次数不会超过树的深度，其时间复杂度均为 $O(\log_2 n)$，因此整个算法的时间复杂度为 $O(n\log_2 n)$。堆排序的时间性能与数据表的初态无关，其最好、最坏和平均情况的时间复杂度均为 $O(n\log_2 n)$。

堆排序中，需要使用变量 temp 作为交换结点的辅助存储空间，故其空间复杂度为 $O(1)$。

堆排序中，堆调整过程的交换结点操作可能会改变关键字相同的结点的相对顺序，因此该算法具有不稳定性。例如，对于数据表{35,16,<u>35</u>}，堆排序后的结果为{16,<u>35</u>,35}。

堆排序是基于完全二叉树的顺序存储结构的一种选择排序方法，其不适用于链式存储结构。由于创建初始堆的时间耗费较大，对于元素个数较少的数据表不宜采用。

8.5 归并排序

归并排序是通过逐步合并多个有序子表进行排序的一种方法。本节将讨论归并排序中最常用的二路归并排序。

1. 基本思想

二路归并排序的基本思想是：首先将待排序的 n 个元素看作 n 个长度为 1 的有序子表，

然后从第一个子表开始，对相邻的子表进行两两合并，接着再对合并后的有序子表继续进行两两合并，重复以上过程，直至得到一个长度为 ***n*** 的有序表。

2．排序过程

对于关键字序列{38,20,46,$\underline{38}$,74,91,12,25}采用归并排序进行升序排列，排序过程中每趟排序的结果如图 8-9 所示。

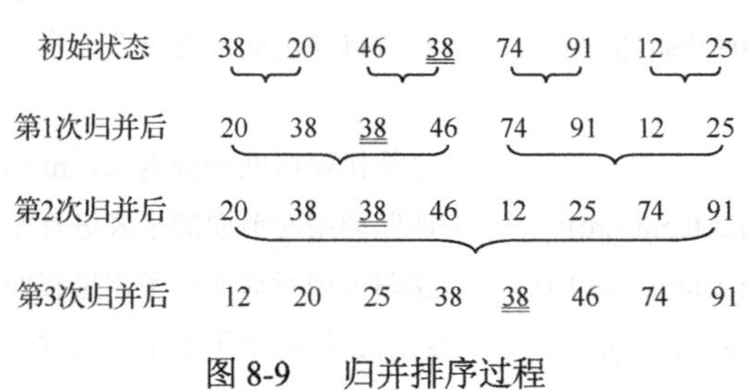

图 8-9 归并排序过程

3．算法实现

通过图 8-9 可以看出，要实现归并排序需要编写两个算法：一是完成一趟二路归并排序的算法，二是完成归并两个有序子表的算法。

```
//合并 sr 两个有序子表的算法，结果存放于 tr 所对应的顺序表中
//子表 1 为 sr->list[s]~sr->list[m]，子表 2 为 sr->list[m+1]~sr->list[t]
void  Merge(SeqList  *sr,int s,int  m,int  t, SeqList  *tr)
{  int  i,j,k;
   i=s;        //i 用于保存 sr 对应的前面子表中当前元素的位置
   j=m+1;      //j 用于保存 sr 对应的后面子表中当前元素的位置
   k=s;        //k 用于保存归并后 tr 对应的顺序表中当前元素的位置
   while((i<=m)&&(j<=t))  //若前、后两个子表中的元素均未全部合并
   {  //将 sr 所对应前、后两个子表中关键字较小的元素放入 tr 对应的顺序表中
       if(sr->list[i].key<=sr->list[j].key)
            tr->list[k]=sr->list[i++];
       else
           tr->list[k]=sr->list[j++];
       k++;  //将 tr 对应的顺序表中当前元素的位置后移
   }
//将 sr 对应的前面子表中的剩余元素放入 tr 对应的顺序表中
while(i<=m)
   tr->list[k++]=sr->list[i++];
//将 sr 对应的后面子表中的剩余元素放入 tr 对应的顺序表中
   while(j<=t)
      tr->list[k++]=sr->list[j++];
}
```

```
//二路归并排序的递归算法，sr 和 tr 分别指向排序前、后的顺序表
//s 和 t 分别用于存放 sr 指向的待排序区间的左、右端点
void  MergeSort(SeqList  *sr,SeqList  *tr,int  s,int  t)
{  int  m;
   SeqList  temp;                        //temp 为暂存中间结果的辅助顺序表
   if(s==t)
        tr->list[s]=sr->list[s];         //若待排序区间仅有一个元素
   else
    {  m=(s+t)/2;                        //将待排序区间一分为二，m 用于保存中间位置
       MergeSort(sr,&temp,s,m);          //递归调用对前面的子表进行归并排序
       MergeSort(sr,&temp,m+1,t);        //递归调用对后面的子表进行归并排序
       Merge(&temp,s,m,t,tr);            //对前、后两个子表进行合并
    }
}
```

MergeSort 函数将原待排序区间一分为二，通过先对前、后两个子表分别递归排序再合并的方法来实现每趟排序过程。在归并过程中需要一个辅助顺序表 temp，用于存放归并时得到的中间结果，以免在归并过程中造成有效元素的丢失。

4．算法分析

初始时，待排序的数据表可看成 n 个长度为 1 的有序表，第 1 次归并后得到的有序表个数减半，长度变为 2，第 2 次归并后有序表的长度增至 2^2，第 i 次归并后有序表的长度为 2^i，当 $2^i \geqslant n$ 时归并排序结束。对于 n 个元素的数据表，共需进行 $\lceil \log_2 n \rceil$ 趟归并排序，每一趟排序中元素移动次数均为 n，因此，其时间复杂度为 $O(n\log_2 n)$。

在归并过程中需要一个和待排序数据表等规模的顺序表 temp 作为辅助空间，故二路归并排序的空间复杂度为 $O(n)$。

由于在二路归并排序过程中，关键字相同的元素在合并过程中其相对顺序保持不变，因此它是一个稳定的排序算法。

8.6 多关键字排序

前面介绍的排序算法都是按某个关键字进行排序的，但在实际应用中可能会遇到关键字不止一个的复杂排序问题。本节将在学习多关键字排序基本概念的基础上，介绍一种将多关键字排序的思想运用在单关键字排序问题上的独特排序方法——基数排序。

8.6.1 多关键字排序的基本概念

多关键字排序是指按照多个关键字的大小对数据表中的元素进行有序排列的操作。例如，对某个班的学生按考试成绩（见表 8-1）排名。要求按总分由高到低排列；若总分相同，则按数学成绩由高到低排列；若总分和数学成绩都相同，则按英语成绩由高到低排列。可以看出，多关键字排序问题具有以下两个特点：

① 用于排序的关键字不止一个，而是有 d 个，分别为 $K_0,K_1,\cdots,K_{d-2},K_{d-1}$。例如，考试成绩排名问题中的关键字包括总分、数学成绩和英语成绩三项。

② 关键字的级别有高低之分，其中级别最高的 K_0 称为最主位关键字，级别最低的 K_{d-1} 称为最次位关键字。例如，考试成绩排名问题中，总分为最主位关键字，英语成绩为最次位关键字。

表 8-1 学生成绩表

学 号	姓 名	数学成绩	英语成绩	语文成绩	总 分
1	张三	80	80	80	240
2	李四	70	70	70	210
…	…	…	…	…	…
18	王五	90	80	70	240
…	…	…	…	…	…
30	赵六	90	70	80	240

多关键字排序问题的解决方法有以下两种。

（1）最高位优先（MSD）法

其核心思想是：按级别从高到低的顺序分别对不同关键字进行排序。具体做法为：先对最主位关键字 K_0 进行排序，并按 K_0 的不同值将待排序元素分成若干子序列，之后分别对 K_1 进行排序，……，直至对最次位关键字 K_{d-1} 排序完成为止。考试成绩排名问题若采用此方法，则先按照总分对所有学生进行排序，之后对总分相同的各组学生按照数学成绩进行排序，最后对总分和数学成绩均相同的各组学生按照英语成绩进行排序。

（2）最低位优先（LSD）法

其核心思想是：按级别从低到高的顺序分别对不同关键字进行排序。具体做法为：在整个数据表范围内，先对最次位关键字 K_{d-1} 进行排序，然后对 K_{d-2} 进行排序，……，直至对最主位关键字 K_0 排序完成为止。考试成绩排名问题若采用此方法，则依次按照英语成绩、数学成绩、总分分别对所有学生进行排序。显然，与最高位优先法相比，最低位优先法最大的优点是所有关键字的排序范围为整个数据表的全部元素。此外，为了保证高级别关键字相同的元素的排列顺序由前面较低级别关键字的排序结果决定，在按照高级别关键字排序时不能改变关键字相同的元素的相对顺序，这就要求在最低位优先法中，除最次位关键字外，对其余关键字的排序必须采用稳定的排序算法。

8.6.2 基数排序

基数排序是一种借助于多关键字排序思想解决单关键字排序问题的方法，在其排序过程中无须对待排序元素进行关键字的比较，而是通过多趟“分配”和“收集”实现排序，属于典型的分配类排序。

1. 基本思想

基数排序的基本思想是：将原关键字看作由多个子关键字组合而成（例如，当关键字为

d 位整数时，可将构成它的每个数位都看作一个子关键字），之后根据原关键字中的每个子关键字，通过对待排序元素进行若干趟“分配”与“收集”来完成数据表的有序排列。基数排序中大多采用最低位优先法实现，整个排序的趟数由子关键字的个数 *d* 决定。

2．排序过程

设原关键字为一个 *d* 位的十进制正整数，分解可得到 *d* 个介于 0～9 之间的子关键字。采用最低位优先法时，基数排序各趟按照数位权值从低到高的顺序进行。首先根据某个子关键字将待排序的各个元素分配到编号为 0～9 的各个子序列（可将其形象地称为“桶”）中，之后再按照桶号从小到大和进入桶中的先后顺序收集各个桶中的元素，从而完成一趟排序过程。这样的过程共重复 *d* 次，从而按照原关键字分解得到的每个子关键字实现分配和收集，最终即可完成基数排序。

在基数排序中，所谓的“基”是指分解之后的每个子关键字可能的取值，例如，对于下面例子中的十进制数，每个子关键字的取值范围为 0～9，其基数为 10。显然，在基数排序中，分配所需的桶的个数取决于基数。

对关键字序列{426,210,107,89,256,325,563,210,732,841}进行基数排序，排序过程如图 8-10 所示。

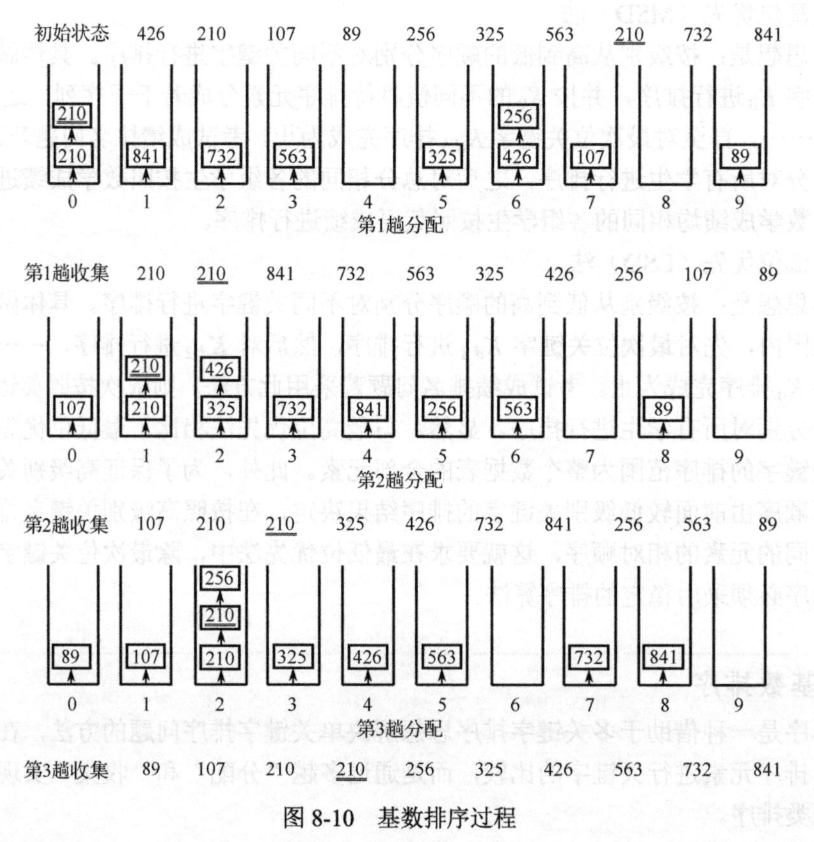

图 8-10 基数排序过程

3．算法实现

由于收集各个桶中的元素时，是按照分配过程进入桶中的先后顺序进行的，即各个元素在进/出桶时满足先进先出的原则，所以各个桶中元素的存储需借助队列实现。在下面的基数排序算法中，用于分配和收集元素的 rd 个桶（rd 为 10，对应于子关键字 0～9）均采用链式队列结构，且各个链队列的队头和队尾被组织到一个一维数组 q 中。

```
#define  d  3        //关键字的位数决定了排序趟数
#define  rd  10      //基数决定了分配和收集时所使用的桶的个数
//提取整数 x 中从左向右的第 k 位的值
int  GetDigit(int  x, int  k)
{  int  i;
   for(i=1;i<=d-k;i++)
      x/=10;
   return  x%10;
}
//采用基数排序实现升序排列，L 为顺序表指针
//LinkQueue 和 LQNode 类型定义及 Enqueue 和 Dequeue 函数定义见 3.4.3 节
void  RadixSort(SeqList  *L)
{  int  i,j,k;
   DataType  x;
   LinkQueue  q[rd];                  //采用队列保证桶中元素存取顺序为先进先出
   for(i=0;i<rd;i++)                  //初始化 rd 个用于存放元素的空桶
   {  q[i].front=(LQNode*)malloc(sizeof(LQNode));  //为每个队列的头结点申请空间
      if(q[i].front==NULL)     exit(1);
      q[i].front->next=NULL;          //置空队列
      q[i].rear=q[i].front;
 }
for(k=d;k>=1;k--)                     //按照数位权值 k 从低到高进行各趟排序
 {  for(i=1;i<=L->length;i++)         //分配元素
    {  j=GetDigit(L->list[i].key,k);  //获得当前元素关键字中第 k 位的值
       Enqueue(&q[j],L->list[i]);     //将当前元素分配到对应的桶中
    }
    j=0;
    for(i=0;i<rd;i++)                 //收集元素
       while(q[i].front->next!=NULL)  //若当前桶非空
       {  Dequeue(&q[i],&x);          //按照先进先出的顺序收集各个桶中的元素
          L->list[++j]=x;             //将收集到的各个元素放回顺序表中
       }
   }
}
```

4. 算法分析

对于 n 个元素的数据表采用基数排序算法进行排序，若每个元素的子关键字个数为 d，由于一趟分配和收集的时间复杂度为 $O(n)$，整个排序共进行了 d 趟分配和收集，因此该算法的时间复杂度为 $O(dn)$。

基数排序中需要使用队列作为辅助存储空间临时存放 n 个元素，故其空间复杂度为 $O(n)$。

由于队列具有先进先出的特性，因此保证了基数排序的稳定性。

基数排序需要在已知各个子关键字的级别高低及取值范围的前提条件下使用。

由于基数排序的分配和收集需要借助于队列完成，若采用链式存储结构存储数据表中的元素，则无须为队列元素开辟新的存储单元，而是通过修改链表对应结点的指针域来实现元素的入队和出队，从而使得算法的时间复杂度及空间复杂度进一步降低，因此基数排序更加适合使用链式存储结构。

8.7 排序算法的应用举例

排序算法在商业数据处理、现代科学计算等领域均具有重要地位，其应用非常广泛。本节以高考招生中的成绩排名问题为例来介绍排序算法的具体应用。

1. 问题描述

平行志愿投档原则，即“分数优先，遵循志愿。”所有学生的投档顺序完全依据高考成绩位次的先后进行。虽然各省教育考试院制定的高考成绩排名具体规则有所不同，但共同的特点都是先按照总分的高低进行排序，总分相同时再按照其他单科成绩进行排序。例如，某省高考成绩位次的排序规则为：文史/理工类学生高考成绩排序关键字依次为总分、语文成绩、数学成绩和文科/理科综合成绩，即总分相同时先看语文成绩；若语文成绩也相同，则看数学成绩；若数学成绩也相同，再看文科综合成绩或理科综合成绩。

解决上述问题时需要注意：首先，这是一个典型的多关键字排序问题；其次，待排序的数据表规模庞大，通常一个省某年的高考学生人数约为几十万人。

对于多关键字排序问题，8.6.1 节介绍了两种解决策略，分别是最高位优先法和最低位优先法。由于最低位优先法对于各个关键字的排序范围均为整个数据表，实现起来较为方便，所以在用计算机解决此类问题时经常被采用。本例中也采用了这种方法。在采用最低位优先法解决多关键字排序时，需要注意的是，除最次位关键字外，对其余关键字的排序必须选择稳定的排序算法。为了提高代码的重用率，通常对不同关键字的排序方法均选用具有稳定性的同一种算法。

由于高考成绩排序问题数据表规模庞大，且排序关键字远远小于表中的元素个数，排序过程中对大量相同关键字的元素的比较毫无意义，因此可选择时间效率较高且排序过程无须对元素进行比较的基数排序方法。此外，选择基数排序方法也符合最低位优先法中对算法稳定性的要求。

2. 数据类型定义

由于每位考生的高考成绩信息中除包含考生的个人基本信息（为了使程序简洁清晰，本例中仅列出准考证号、姓名、性别、身份证号、毕业学校、报考科类 6 项）外，还包含 5 个类型相同的成绩数据项，分别是总分、语文成绩、数学成绩、文科/理科综合成绩和外语成绩。为了便于多关键字排序算法的实现，可将这 5 个成绩数据项定义为一个大小为 5 的一维数组，并且按照关键字级别高低顺序依次存放在数组的各个单元中。具体的考生信息数据类型定义如下：

```
typedef struct
{  char  num[12], name[20], sex[3];      //准考证号、姓名、性别
   char  id[20],school[30];              //身份证号、毕业学校
   char  category[6];      //报考科类
   int  score[5];          //高考成绩
//按关键字级别从高到低，score[0]到 score[4]分别存放总分、语文成绩、数学成绩、文科/理科综合成绩和外语成绩
}DataType;
```

对于文史类和理工类考生信息均可采用上面的数据类型进行描述。虽然具体排序时要对文史类和理工类考生分别进行，但由于数据类型定义相同，对两类学生分别进行排序时采用的算法完全相同。

3. 算法的具体实现

采用基数排序实现高考成绩的多关键字排序问题时，由于各个关键字已经按照级别从高到低的顺序依次存放在 score 数组的各个单元中，因此只需在调用基数排序算法时改变 score 数组的下标即可实现对于不同关键字的排序。由于例子中的多关键字排序采用了最低位优先法，所以应先按照级别最低的文科/理科综合成绩进行排序，即以 score[3]作为关键字；接下来依次以数学成绩、语文成绩和总分进行排序，即依次以 score[2]、score[1]、score[0]作为关键字。为了实现按成绩降序排列，需要在基数排序的收集元素过程中采用与分配元素过程相反的方向进行，即按照桶号从大到小的顺序将各个队列中的元素放入顺序表中。由于高考学生人数众多，考生信息数据在例子中以文件形式存放。排序前，需要将文件中的考生信息读入，排序后得到的结果数据需要保存在另一个文件中。

扫描二维码可查看完整程序。

8.8 本章小结

本章介绍了多种内部排序算法，包括插入排序中的直接插入排序、折半插入排序和希尔排序，交换排序中的冒泡排序和快速排序，选择排序中的简单选择排序和堆排序，以及归并排序和基数排序。在学习这些排序算法时，应关注每种排序算法的基本思想、排序过程、具体实现、时间复杂度、空间复杂度及稳定性。在具体应用中，应根据数据表的规模、存储结构、关键字的初始排列情况，以及实际问题对算法性能的各方面要求，选择较为合适的排序算法。为了便于对本章学习的各种排序算法的性能进行较全面的比较，在表 8-2 中列出了这些算法的时间复杂度、空间复杂度及稳定性。（鉴于希尔排序在最好情况和最坏情况下的时间

复杂度在不同增量选取策略下相差较大，在表中未列出具体数值。）

表 8-2　排序算法的比较

排序算法	时间复杂度			空间复杂度	稳定性
	最好情况	最坏情况	平均复杂度		
直接插入排序	$O(n)$	$O(n^2)$	$O(n^2)$	$O(1)$	稳定
折半插入排序	$O(n\log_2 n)$	$O(n^2)$	$O(n^2)$	$O(1)$	稳定
希尔排序	—	—	$O(n^{1.25})$	$O(1)$	不稳定
冒泡排序	$O(n)$	$O(n^2)$	$O(n^2)$	$O(1)$	稳定
快速排序	$O(n\log_2 n)$	$O(n^2)$	$O(n\log_2 n)$	$O(\log_2 n)$	不稳定
简单选择排序	$O(n^2)$	$O(n^2)$	$O(n^2)$	$O(1)$	不稳定
堆排序	$O(n\log_2 n)$	$O(n\log_2 n)$	$O(n\log_2 n)$	$O(1)$	不稳定
归并排序	$O(n\log_2 n)$	$O(n\log_2 n)$	$O(n\log_2 n)$	$O(n)$	稳定
基数排序	$O(d(n+rd))$	$O(d(n+rd))$	$O(dn)$	$O(n)$	稳定

通过表 8-2 可以看出，算法实现较简单的直接插入排序、折半插入排序、冒泡排序和简单选择排序算法的时间效率较低，而算法实现较复杂的其他几种排序算法的时间效率较高。空间复杂度较高的快速排序、归并排序和基数排序都是时间效率较高的算法。这些算法各有优缺点，在实际应用中应权衡多种因素进行选择，需考虑的主要因素如下。

（1）数据表的规模

当数据表规模 n 较小，n 与 $\log_2 n$ 差别不大时，可选择时间复杂度为 $O(n^2)$的简单排序算法，如直接插入排序、简单选择排序、冒泡排序等；而当数据表规模较大时，应选择时间效率更高的排序算法，如快速排序、堆排序、归并排序或基数排序。

（2）稳定性要求

若排序关键字为主关键字，则无须考虑排序算法的稳定性；若排序关键字为次关键字，则通常需要选择稳定的排序算法。对于某些特定问题，如多关键字排序，则必须采用稳定的排序算法。

（3）数据表的存储结构

本章所介绍的所有排序算法，虽然都是采用顺序表实现的，但直接插入排序、冒泡排序、简单选择排序和归并排序等算法均可以方便地应用于链表上。特别是当数据表中元素个数较多且需要频繁进行增、删操作时，可考虑采用链式存储结构实现。但是本章介绍的某些排序算法，如折半插入排序、希尔排序、快速排序和堆排序是难以在链表上实现的。

（4）数据表的初态

大多数排序算法的效率高低与待排序的数据表初态相关。例如，当数据表初态基本有序时，采用直接插入排序、冒泡排序这样的简单排序算法即可实现高效的排序，而采用快速排序则速度较慢；而当数据表初态分布均匀时，采用快速排序可以获得较高的效率。

下面通过两个简单案例具体介绍如何根据实际问题的特点来选择合适的排序算法。

案例一：假设某专业同一年级共有 10 个班级，在学期结束时每个班级的成绩排名已产生，在此基础上，应采用何种排序算法获得本专业 10 个班级的成绩总排名？

在这个问题的处理中，由于各个班级的成绩排名均为有序的数据表，因此采用归并排序来实现对这些有序表的合并最为合适。

案例二：假设某搜索引擎已对当日各个搜索关键字的搜索次数进行了统计，如何获得该搜索引擎当日的热搜关键字 top10？

在这个问题的处理中，由于需要在数以万计的搜索关键字中找出前 10 名，最好的方法是通过堆排序实现。首先建立一个大小为 10 的初始小顶堆，之后逐个将数据表中的其他元素与当前堆顶元素进行比较，如果它比堆顶元素大，则将堆顶元素删除，并将此元素插入小顶堆中；如果它比堆顶元素小，则不做处理。重复此过程，当数据表中所有元素都遍历完之后，最终小顶堆中的元素就是需要得到的 top10 了。

习题 8

一、客观习题

1．直接插入排序在有序表中为待插元素寻找插入位置时，采用的是（　　）。

A．从前向后的顺序查找　　B．从后向前的顺序查找

C．折半查找　　D．分块查找

2．折半插入排序与直接插入排序的区别是（　　）。

A．查找插入位置的方法不同　　B．排序趟数不同

C．元素移动次数不同　　D．稳定性不同

3．对 n 个不同的关键字由小到大进行冒泡排序，在下列（　　）情况下比较的次数最多。

A．从小到大排列好　　B．从大到小排列好

C．元素无序　　D．元素基本有序

4．下列关键字序列中，（　　）是堆。

A．16,72,31,23,94,53　　B．94,23,31,72,16,53

C．16,53,23,94,31,72　　D．16,23,53,31,94,72

5．下列几种排序方法中，（　　）是稳定的排序方法。

A．希尔排序　　B．快速排序　　C．归并排序　　D．堆排序

6．采用递归方式对顺序表进行快速排序，下列关于递归次数的叙述中，正确的是（　　）。

A．递归次数与初始数据的排列次数无关

B．每次划分后，先处理较长的分区可以减少递归次数

C．每次划分后，先处理较短的分区可以减少递归次数

D．递归次数与每次划分后得到的分区处理顺序无关

7．对一组数据{2,12,16,88,5,10}进行排序，若前 3 趟排序结果如下：

第 1 趟：{2,12,16,5,10,88}

第 2 趟：{2,12,5,10,16,88}

第 3 趟：{2,5,10,12,16,88}

则采用的排序方法可能是（　　）。

A．冒泡排序法　　B．希尔排序法　　C．归并排序法　　D．基数排序法

8．下列排序方法中，若待排序的数据已经有序，花费时间反而最多的是（　　）。

A．快速排序　　B．希尔排序　　C．冒泡排序　　D．堆排序

9．对同一个待排序序列分别进行折半插入排序和直接插入排序，两者之间可能的不同之处是（　　）。

A．排序的总趟数　　B．元素的移动次数

C．使用辅助空间的数量　　D．元素之间的比较次数

10．若对给定的关键字序列{110,119,007,911,114,120,122}进行基数排序，则第 2 趟分配收集后得到的关键字序列是（　　）。

A．{007,110,119,114,911,120,122}　　B．{007,110,119,114,911,122,120}

C．{007,110,911,114,119,120,122}　　D．{110,120,911,122,114,007,119}

11．内排序方法的稳定性是指（　　）。

A．该排序算法不允许有相同的关键字记录

B．该排序算法允许有相同的关键字记录

C．平均时间为 $O(n\log_2 n)$的排序方法

D．以上都不对

12．对一个序列{48,36,68,99,75,24,28,52}进行快速排序，要求结果按从小到大顺序排列，则进行一次划分之后的结果为（　　）。

A．[24 28 36] 48 [52 68 75 99]　　B．[28 36 24] 48 [75 99 68 52]

C．[36 88 99] 48 [75 24 28 52]　　D．[28 36 24] 48 [99 75 68 52]

二、简答题

1．设待排序的关键字序列为{12,2,16,30,28,10,16,20,6,18}，分别写出使用以下排序方法，每趟排序结束后关键字序列的状态。

（1）直接插入排序；

（2）折半插入排序；

（3）希尔排序（增量选取 5、3 和 1）；

（4）冒泡排序；

（5）快速排序；

（6）简单选择排序。

2．说明堆和二叉排序树的区别。

三、算法设计题

1．编写一个程序，对 n 个关键字取整数值的记录序列进行整理，以使所有关键字为负值的记录排在关键字为非负值的记录之前，要求：

（1）采用顺序存储结构，至多使用一个记录的辅助存储空间；

（2）算法的时间复杂度为 $O(n)$。

2．借助于快速排序的算法思想，在一组无序的记录中查找给定关键字等于 key 的记录。设此组记录存放于数组 r[1..n]中。若查找成功，则返回该记录在数组 r 中的位置，否则显示“not find”信息。

3．有一种简单的排序算法，叫计数排序。这种排序算法对一个待排序的表进行排序，并将排序结果存放到另一个新的表中。要注意的是，表中所有待排序的关键字互不相同，计数排序算法针对表中的每个记录，扫描待排序的表一趟，统

计表中有多少个记录的关键字比该记录的关键字小。假设针对某个记录，统计出的计数值为 c，那么，这个记录在新的有序表中的合适的存放位置即为 c。

（1）给出适用于计数排序的顺序表定义；

（2）编写程序实现计数排序的算法；

（3）对于有 n 个记录的表，关键字比较次数是多少？

（4）与简单选择排序相比较，这种算法是否更好？为什么？

4. 电商平台每天会进行大量的商品交易行为，每个交易的背后都包含了成千上万条的交易信息与数据。因此，可以对这些信息进行相应分析与处理，例如，对不同类别的商品销量进行排名。

（1）如果数据规模较大，不能将所有数据都加载到内存中，可以采用哪种算法对某一类别所有商品的销量从高到低进行排名？编写程序实现该算法。

（2）如果数据规模较小，可将所有数据加载到内存中，可以采用哪种算法对某一类别销量前 100 的商品进行排名？编写程序实现该算法。

（3）如果数据规模较大，但可将所有数据加载到内存中，可以采用哪种算法对某一类别销量前 10000 的商品进行排名？编写程序实现该算法。

参考文献

[1] 胡元义，黑新宏. 数据结构教程. 北京：电子工业出版社，2018.

[2] 黑新宏，胡元义. 数据结构教程习题解析与上机指导. 北京：电子工业出版社，2018.

[3] 严蔚敏，李东梅，吴伟民. 数据结构（C 语言版）. 2 版. 北京：人民邮电出版社，2015.

[4] 张晓莉，王苗，罗文劼，等. 数据结构与算法. 北京：机械工业出版社，2002.

[5] 耿国华，张德同，周明金，等. 数据结构（用 C 语言描述）. 2 版. 北京：高等教育出版社，2015.

[6] 李晔. 数据结构（C 语言描述）. 北京：化学工业出版社，2019.

[7] 李春葆. 数据结构教程. 5 版. 北京：清华大学出版社，2017.

[8] 李冬梅，张琪. 数据结构习题解析与实验指导. 北京：人民邮电出版社，2017.

[9] 张军，詹志辉，等. 计算智能. 北京：清华大学出版社，2009.

[10] 殷人昆. 数据结构（C 语言版）. 2 版. 北京：清华大学出版社，2017.

[11] 彼得鲁 M，彼得鲁 C. 图像处理基础. 2 版. 北京：清华大学出版社，2013.

[12] 科曼，等. 算法导论. 3 版. 北京：机械工业出版社，2012.

[13] 阿霍，等. 编译原理. 2 版. 北京：机械工业出版社，2011.

[14] COMPEAU P，PEVZNER P. Bioinformatics Algorithms: An Active Learning Approach. Active Learning Publishers，2014.